大数据应用人才能力培养
新形态系列

Python

数据分析与可视化教程

微课版

夏敏捷 尚展垒◎编著

人民邮电出版社
北　京

图书在版编目（ＣＩＰ）数据

Python数据分析与可视化教程：微课版 / 夏敏捷，
尚展垒编著. -- 北京：人民邮电出版社，2024.1
　（大数据应用人才能力培养新形态系列）
　ISBN 978-7-115-62684-4

Ⅰ．①P… Ⅱ．①夏… ②尚… Ⅲ．①软件工具－程序
设计－教材 Ⅳ．①TP311.561

中国国家版本馆CIP数据核字(2023)第179541号

内 容 提 要

本书以 Python 3.9 为编程环境，从 Python 编程基础到扩展库，再到数据分析，逐步展开 Python 数据分析与可视化教学。本书首先简要介绍数据分析与可视化的相关概念，并介绍 Python 基础知识；然后按照数据分析的主要步骤，重点介绍与数据获取、数据处理、数据分析、数据可视化以及机器学习建模过程相关的扩展库，包括 NumPy、Pandas、BeautifulSoup、sklearn、Matplotlib、seaborn、pyecharts 等；最后通过股票数据量化分析和销售业客户价值数据分析两个案例实战演示 Python 和相关扩展库的应用，将 Python 数据分析和可视化知识与实用案例有机结合。

本书适合作为高等院校本科生“数据分析”等课程的教材，也适合作为数据分析初学者的自学用书，还适合从事数据分析相关工作的工程师和爱好者阅读。

　◆ 编　　著　夏敏捷　尚展垒
　　　责任编辑　刘　博
　　　责任印制　王　郁　陈　犇
　◆ 人民邮电出版社出版发行　　北京市丰台区成寿寺路 11 号
　　　邮编　100164　电子邮件　315@ptpress.com.cn
　　　网址　https://www.ptpress.com.cn
　　　涿州市京南印刷厂印刷
　◆ 开本：787×1092　1/16
　　　印张：20.75　　　　　　　2024 年 1 月第 1 版
　　　字数：501 千字　　　　　2024 年 1 月河北第 1 次印刷

定价：69.80 元
读者服务热线：(010)81055256　印装质量热线：(010)81055316
反盗版热线：(010)81055315
广告经营许可证：京东市监广登字 20170147 号

前言
Preface

  自 20 世纪 90 年代初 Python 发布至今，它逐渐被广泛应用于处理系统管理任务和科学计算，是最受欢迎的程序设计语言之一。

  在众多程序设计语言中，Python 越来越受数据分析人员的喜爱。由于 Python 具备简洁的语法、强大的功能、丰富的扩展库和开源免费、简单易学等特点，越来越多的公司使用 Python 进行数据分析领域的软件开发。目前，Python 是最适合做数据分析与数据可视化的语言之一。本书编者长期从事程序设计语言教学与数据分析开发，了解学习的时候选用什么样的书才能提高使用 Python 进行数据分析的能力。

  本书特点如下。

  （1）Python 数据分析与可视化涉及的范围非常广泛，编者在编排本书内容时并不求全、求深，而是综合考虑零基础读者的接受能力，以够用、实用为原则，选择 Python 数据分析与可视化中必备的知识进行讲解，重视程序思维和数据分析能力的培养。

  （2）应用案例的选取贴近生活，有助于提高读者学习兴趣。

  （3）案例实战中每个案例均提供详细的程序设计思路、关键技术分析以及具体的设计步骤。

  需要说明的是，学习 Python 数据分析是一个需要实践的过程，而不仅仅是看书、看资料的过程，亲自动手编写、调试程序是至关重要的。通过实际的编写、调试以及积极的思考，读者可以很快地积累许多宝贵的编程经验，这种编程经验对开发者来说不可或缺。

  本书由夏敏捷（中原工学院）和尚展垒（郑州轻工业大学）主持编写，参加编写的有中原工学院的张睿萍、王琳、刘姝和金秋，郑州轻工业大学的吴庆岗、彭东来、赵进超，河南测绘职业学院的邓翔。其中，夏敏捷、尚展垒任主编，吴庆岗、彭东来、赵进超任副主编。邓翔编写第 1 章，吴庆岗编写第 2 章，尚展垒编写第 3 章，赵进超编写第 4～5 章，彭东来编写第 8 章，金秋、王琳、刘姝和张睿萍编写第 6～7 章和第 9～10 章并参与微课视频制作。在编写本书的过程中，为确保内容的正确性，编者参阅了很多资料，并且得到了资深 Python 程序员的支持，在此，谨向他们表示衷心的感谢。本书的相关学习资源可以在人邮教育社区（www.ryjiaoyu.com）下载。由于编者水平有限，书中难免存在疏漏，敬请广大读者批评指正，在此表示感谢。

若愿意与编者进行交流，请与编者联系。电子邮件地址：xmj@zut.edu.cn。

夏敏捷

2024 年 1 月

目录
Contents

## 第 1 章

数据分析与可视化概述

近些年，随着网络信息技术与云计算技术的快速发展，网络数据得到了爆发式的增长，人们的生活被巨量的数据包围，这一切标志着人类进入了"大数据时代"。在大数据环境下，能够从数据里面发现并挖掘有价值的信息变得重要，数据分析技术应运而生。数据分析可以通过计算机工具和数学知识处理数据，并从中发现具有规律性的信息，以辅助人们做出具有针对性的决策。由此可见，数据分析在大数据技术中扮演着至关重要的角色，接下来，我们就正式进入数据分析与可视化的学习吧!

数据分析与可视化概述

1.1 数据与大数据

大数据时代，信息化、数据化、数字化、智能化等概念层出不穷，人人都在谈数据，但数据究竟是什么? 大数据又是什么? 数据与大数据有哪些区别? 1946 年，数据（Data）首次被明确定义为"可传输和可存储的计算机信息"。因此，数据通常被认为是随着计算机的发展而发展的。随着计算机技术的快速发展，计算机可加工、处理、存储和传输的信息已涵盖数字、图像、文字、声音、视频等多种对象。数据也已不再局限于计算机领域，泛指所有定性或者定量的描述。

早期数据处理与分析的对象无非是几张表格、几个字段、上百抑或上万条数据，因此数据处理与分析的工具比较简单，而且能够满足人们的需求。早期微软公司推出的 Excel，是数据分析中最为基础、最易掌握的软件，虽然其图形工具强大且完善，但不适用于大型统计分析。后来出现的 SPSS、SAS 则是专门为统计分析而开发的软件。相较于 Excel，它们集成了更多数据处理与分析的方法与功能，对于面向业务的数据分析师，是不错的进阶选择。它们一般用于大型统计分析，但图形工具不太全面，不易掌握。

随着计算机和互联网的广泛使用，人类所产生的数据呈爆发式增长。我国拥有海量的数据资源和丰富的数据应用场景，目前已是世界上产生和积累数据体量最大、数据类型最丰富的国家之一，具备发展大数据的先天优势。依托庞大的数据资源与用户市场，我国对数据的应用，已渗透到我们生活的各个角落。我国企业在大数据的应用驱动创新方面更具优势，大量新应用和服务层出不穷并迅速普及，我们的生产和生活方式也随之发生巨大改变，我国正以前所未有的速度迎来大数据时代。

大数据（Big Data），从字面意义理解就是巨量数据的集合，来源于海量用户一次次的行为数据，如企业用户的信息管理系统的用户数据，电子商务系统、社交网络、社会媒体、搜索引擎等网络信息系统中所产生的用户数据，新一代物联网通过传感技术获取的外界的物理、化学和生物数据，以及科学实验系统中由真实实验产生的数据和通过模拟方式获取的仿真数据。

事实上，海量数据仅仅是大数据的特征之一，大数据真正的价值体现在数据挖掘的深度和应用的广度。麦肯锡全球研究院在其报告《大数据：创新、竞争和生产力的下一个前沿》（*Big data: The next frontier for innovation, competition, and productivity*）中，将大数据定义为"一种规模大到在获取、存储、管理、分析方面大大超出了传统数据库软件工具能力范围的数据集合"。

在大数据时代，任何微小的数据都可能产生不可思议的价值。大数据具有庞大的数据规模、快速的数据流转、多样的数据类型和价值密度低四大特征。

尽管在现实世界中产生了大量数据，但是其中有价值的数据所占比例很小，挖掘大数据的价值正如大浪淘沙，"千淘万漉虽辛苦，吹尽狂沙始到金"。例如，在视频监控过程所采集到的连续视频数据中，有用的数据时长可能仅有一两秒，但是这一两秒的视频内容却有着非常重要的作用。

相比于传统的小数据，大数据最大的价值在于从大量不相关的各种类型的数据中，挖掘出对未来趋势与模式的预测与分析有价值的数据，再通过人工智能方法或数据挖掘方法深度分析，发现新规律和新知识，并运用于农业、工业、金融、医疗等各个领域，从而最终达到改善社会治理、提高生产效率、推进科学研究的效果。

无论是"大数据""小数据""全量数据"，还是"抽样数据"，我们都应该用科学的方法、流程、算法和系统从多种形式的结构化数据、半结构化数据和非结构化数据中挖掘知识以形成结论，而这个过程就是数据分析的过程。

1.2 数据分析

数据分析（Data Analysis）是数学与计算机科学相结合的产物，指使用适当的统计分析方法对收集来的大量数据进行分析，提取有用信息并形成结论，从而对数据加以详细研究和概括总结的过程。

数据分析的目的是把隐藏在一大批看起来杂乱无章的数据中的信息集中并提炼出来，从而找出所研究对象的内在规律。在实际应用中，数据分析可帮助人们做出判断，以便采取适当行动。数据分析是有组织、有目的地收集数据、分析数据、提取信息的过程。

数据分析有狭义和广义之分。狭义的数据分析指根据分析目的，采用对比分析、分组分析、交叉分析和回归分析等分析方法，对收集的数据进行处理分析，提取有价值的信息，发挥数据的作用，并得到一个或多个特征统计量结果的过程。一般情况下人们说的数据分析就是指狭义的数据分析。而广义的数据分析指针对收集的数据运用基础探索、统计分析、深层挖掘（应用机器学习技术），发现数据中有用的信息和未知的规律与模式，为下一步业务决策提供理论与实践依据。

在当今时代，相信大多数人都能明白数据的重要性，数据就是信息，而数据分析就是让我们发挥这些信息作用的重要手段。

对于数据分析能干什么，其实可以简单地举几个例子。

（1）淘宝可以通过观察用户的购买记录、搜索记录等选择商品进行推荐。

（2）在股票市场，人们可以根据相应的股票数据进行分析、预测，从而做出买进还是卖出的决策。

（3）今日头条可以将数据分析应用到新闻推送算法当中。

（4）爱奇艺可以为用户提供个性化电影推荐服务。

其实数据分析不仅可以助力上述系统的形成，也可以运用在制药行业，帮助人们预测什么样的化合物更有可能制成高效药物等。

可以说数据分析相关岗位是未来所有公司不可或缺的。目前社会上获取数据的方式繁多，面对如此巨量的数据，从业者只有拥有相应的数据分析技能，才可满足众多岗位的职责需求。

1.3 数据可视化

数据可视化是数据描述的图形表示，是当今数据分析当中发展最快速也最引人注目的领域之一。数据可视化与信息图形、信息可视化、科学可视化以及统计图形密切相关。当前，在研究、教学和开发领域，数据可视化均是表现极为活跃而又关键的方面。

数据可视化旨在借助图形化手段，清晰、有效地传达与沟通信息。为了有效地传达信息，美学形式与功能需要齐头并进，并通过直观地传达关键的特征，帮助人们实现对于相当稀疏而又复杂的数据集的深入洞察。

数据可视化的基本思想是将数据库中每一个数据项作为单个图元表示，大量的数据项构成数据图像；同时将数据的各个属性值以多维数据的形式表示，从不同的维度观察数据，从而对数据进行更深入的观察和分析。

1.3.1 数据可视化的目标

数据可视化就是运用计算机图形和图像处理技术，将数据转化为图形、图像显示出来。其根本目的是实现对稀疏、杂乱、复杂数据的深入洞察，呈现数据背后有价值的信息，并不是简单地将数据转化为可见的图形符号和图表。数据可视化能将不可见的数据现象转化为可见的图形和图表，能将错综复杂、看起来没法解释和没有关联的数据联系起来，从而帮助人们发现规律和特征，获得更有商业价值的洞见。数据可视化利用合适的图表清晰而直观地表达信息，实现让数据自我解释、让数据说话的目的。人类右脑记忆图像的速度比左脑记忆抽象的文字的速度快约 100 万倍，因此数据可视化能够加深和强化受众对于数据的理解和记忆。

通俗地说，数据可视化的目的是"让数据说话"。数据可视化已经发展成为一种很好的故事讲述方式。马特·迈特在"图解博士是什么"图示中运用这一点，且达到了很好的效果（见图 1-1）。他制作图 1-1 是为了对研究生进行指导，当然图 1-1 也适用于所有正在学习并且想要在自己领域中获得进步的人。

图 1-1　图解博士是什么

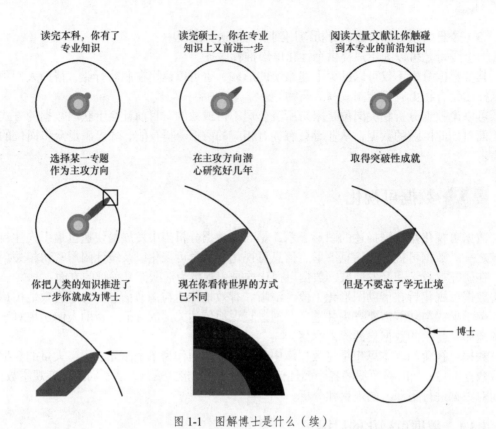

图 1-1 图解博士是什么（续）

1.3.2 数据可视化的作用

数据可视化的作用如下。

1．提供感性的认知方式

视觉是人们感知世界的主要途径之一。数据可视化提供了一种感性的认知方式，是提高人们感知能力的重要途径。因此，数据可视化可以扩大人们的感知，增加人们对海量数据的分析想法和分析经验，从而对人们的感知和学习提供参考或者帮助。

通常为了通过交互式操作从庞大的数据集中提取出大量条目，信息可视化系统提供紧凑的图形表示和用户界面。人们有时称信息可视化为视觉数据挖掘，它利用人类巨大的视觉处理带宽和非凡的感知系统，使用户能够对模式、条目分组或单个条目有所发现，从而做出决定或提出解释。

人类具有非凡的感知能力，这种感知能力在当前的大多数界面设计中远未被充分利用。人类能够快速地浏览、识别和回忆图像，能够察觉大小、颜色、形状、位置或质地的微妙变化。在图形用户界面（Graphical User Interface，GUI）中呈现的核心信息大部分仍旧是文字（虽然已用吸引人的图标和优雅的插图增强吸引力），倘若探索更视觉化的方法，吸引人的新机会就会出现。

2．信息推理和分析

数据可视化的多样性和表现力吸引了许多从业者，可视化图形创作过程中的每一环节都有强大的专业背景支持。无论是动态的还是静态的可视化图形，都为我们搭建了新的桥梁，让我们能洞察世界、发现形形色色的关系，感受每时每刻围绕在我们身边的信息变化；还能让我们理解其他表现形式下不易发掘的事物。

在数据可视化分析中常用的图表有很多种，如条形图、折线图、饼图、环图、GIS（Geographical Information System，地理信息系统）地图等，它们可用于描绘多维度、多指标的数据，大大地方便了使用者观察和分析数据。通过图表表现数据，实际上比传统的统计分析法更加精确和有启发性。我们可以借助可视化的图表寻找数据规律、分析推理、预测未来趋势。另外，我们可以利用可视化技术实时监控业务的运行状况，及时发现问题，第一时间做出应对。例如，天猫的"双11"数据大屏实况直播，通过可视化数据大屏展示大数据平台的资源利用率、任务成功率、实时数据量等。

3．信息传播和辅助说明

数据可视化能实现准确而高效、精简而全面地传播信息和知识。数据可视化应用于教育、宣传领域时，可制作课件、海报，应用在教学和集会上。数据可视化拥有强大的说服力，使用强烈对比、置换等手段，可以创造出极具冲击力、直指人心的图像。在国外，许多媒体会根据新闻主题或数据，雇用设计师来创建可视化图表对新闻主题进行辅助说明。

1.3.3　数据可视化的优势

数据可视化的优势如下。

1．提高信息处理速度

人脑对图表信息的处理速度要比对文字信息的快约 10 倍。使用图表来呈现复杂的数据，可以确保人们对关系的理解要比使用那些混乱的报告或电子表格更快。

2．数据显示的多维性

数据可视化将每一维度的值分类、排序、组合和显示，这样我们就可以看到表示对象或事件的数据的多个属性或变量。

3．更直观地展示信息

数据可视化使我们能用一些简单的图形展现那些复杂的信息，甚至单个图形也能做到。决策者使用数据可视化可以轻松地解释各种不同的数据源。丰富而有意义的图形有助于忙碌的主管和业务伙伴了解现在的问题和未来的计划。

4．突破大脑记忆能力的限制

实际上，在观察物体的时候，我们的大脑和计算机一样有长期记忆（硬盘）和短期记忆（内存）。我们看到文字和图表，再一遍一遍地进行短期记忆之后，它们就可能成为长期记忆。

很多研究已经表明，图文结合能够帮助读者更好地了解所要学习的内容。图表更容易理解、更有趣，也更容易让人们记住。

1.4　数据分析流程

数据分析是指用适当的统计分析方法对收集来的大量数据进行分析，提取有用信息和形成结论，并对数据加以详细研究和概括总结的过程。数据分析的目的有很多，概括起来有 3 种：现状分析、原因分析、预测分析。简单来说，现状分析就是告诉你过去发生了什么，原因分析就是告诉你某一现状为什么发生，预测分析就是预测未来会发生什么。

完整的数据分析流程主要有 5 个步骤。

1．明确目标

明确数据分析的目标，为后面的分析过程做好铺垫。

在进行数据分析之前，我们必须要搞清楚几个问题，比如：数据对象是谁？要解决什么业务问题？我们需要基于对项目的理解，整理出分析的思路和框架，订立目标，如减少客户的流失、优化活动效果、提高客户响应率等。不同的项目的目标是不一样的，使用的分析手段也是不一样的。

2．数据获取

数据获取是按照确定的数据分析思路和框架内容，有目的地收集、整合相关数据的一个过程，它是数据分析的基础。人们常常通过爬虫、商务合作的方式，获取想要的数据。

3．数据处理

数据处理是对获取的数据进行处理和清理，把不需要的数据剔除掉，把需要的数据加工成我们想要的，方便后面的分析。这个阶段在整个数据分析过程中是最耗时的，也在一定程度上保证了数据分析的质量。

4．数据分析

数据分析是指通过各种手段、方法和技巧对准备好的数据进行探索、分析，从中发现因果关系、内部联系和业务规划，供决策参考。到了这个阶段，要想驾驭数据并开展数据分析，其一是要熟悉数据分析方法及原理，其二是要熟悉专业数据分析工具的使用，如Pandas、MATLAB 等，以便进行一些专业的数据统计、数据建模等。

5．数据可视化

"字不如表，表不如图"。通常情况下，数据分析的结果都会通过图表进行展现。借助图表，数据分析师可以更加直观地表述想要呈现的信息、观点和建议。

1.5 Python 数据分析与可视化

1.5.1 为什么选择 Python 做数据分析

近年来，数据分析正在改变我们的工作方式，数据分析的相关工作也逐渐受到人们的青睐。很多程序设计语言都可以做数据分析，如 Python、R 等。Python 凭借着自身无可比拟的优势，被广泛地应用到数据科学领域中，并逐渐成为主流语言。选择 Python 做数据分析，主要考虑的是 Python 具有以下优势。

（1）语法简单，适合初学者入门

比起其他程序设计语言，Python 的语法非常简单，代码的可读性很高，非常有利于初学者的学习。例如，在处理数据的时候，如果希望将用户的性别数据数值化，也就是变成计算机可以运算的数字形式，便可以直接用一行列表生成式完成，十分简洁。

（2）拥有一个巨大且活跃的科学计算社区

Python 在数据分析、探索性计算、数据可视化等方面都有非常成熟的库和活跃的社区，这使得 Python 成为数据处理的主要解决方案。在科学计算方面，Python 拥有 NumPy、Pandas、Matplotlib、scikit-learn、IPython 等一系列非常优秀的库和工具，特别是 Pandas 在处理中型数据方面可以说有着无与伦比的优势，逐渐成为各行业数据处理任务的首选库。

（3）拥有强大的通用编程能力

Python 的强大不仅体现在数据分析方面，其在网络爬虫、Web 等领域也有着广泛的应用。对于公司来说，只需要使用一种开发语言就可以使完成全部业务成为可能。例如，我们可以使用爬虫框架 Scrapy 收集数据，然后使用 Pandas 库做数据处理，最后使用 Web 框架 Django 做展示。这一系列的任务可以全部用 Python 完成，大大地提高了公司的业务效率。

（4）人工智能领域的通用语言

在人工智能领域中，Python 已经成为最受欢迎的程序设计语言之一，这主要得益于其语法简洁、具有丰富的库和社区。目前大部分深度学习框架都优先支持 Python 语言。比如当今热门的深度学习框架 TensorFlow，它虽然是使用 C++语言编写的，但是对 Python 语言支持得最好。

（5）方便对接其他语言

Python 作为一门"胶水"语言，能够以多种方式与其他语言（如 C 或 Java）的组件"粘"在一起，可以轻松地操作用其他语言编写的库。这就意味着用户可以根据需要给 Python 程序添加功能，或者在其他环境系统中使用 Python 语言。

1.5.2　Python 数据分析与可视化常用类库

1．NumPy

NumPy 是 Python 生态系统中数据分析、机器学习和科学计算的"主力军"。它极大地简化了向量和矩阵的操作处理。使用 NumPy 除了能对数值数据进行切片（Slice）和切块（Dice）外，还能为处理和调试高级实例带来极大便利。

NumPy 一般被很多大型金融公司使用，一些科学计算组织，如 LLNL（Lawrence Livermore National Laboratory，劳伦斯-利弗莫尔国家实验室）、NASA（National Aeronautics and Space Administration，国家航空航天局）等，用其处理一些本来使用 C++、Fortran 或 MATLAB 等完成的任务。

2．SciPy

SciPy 是基于 NumPy 开发的，提供了许多数学算法和函数的实现，可便捷、快速地解决科学计算中的一些标准问题，如数值积分和微分方程求解、最优化求解，甚至信号处理等。

作为标准科学计算程序库，SciPy 是 Python 科学计算程序的核心包，包含适用于科学计算中常见问题的各个功能模块，不同模块适用于不同的应用。

3．Pandas

Pandas 提供了大量可快速、便捷处理数据的函数和方法。它是使 Python 成为强大而高效的数据分析程序设计语言的重要因素之一。

Pandas 中主要的数据结构有 Series、DataFrame 和 Panel。其中 Series 是一维数组，与 NumPy

中的一维数组以及 Python 基本的数据结构 list 类似；DataFrame 是二维的表格型数据结构，可以将 DataFrame 理解为 Series 的容器；Panel 是三维数组，可看作 DataFrame 的容器。

4．Matplotlib

Matplotlib 是 Python 的绘图库，是用于生成出版质量级别图形的桌面绘图包，让用户能很轻松地将数据图形化，同时提供多样化的输出格式。

5．seaborn

seaborn 在 Matplotlib 的基础上提供了一个绘制统计图形的高级接口，为数据的可视化分析工作提供了极大的方便，使得绘图更加容易。

使用 Matplotlib 最大的困难是理解和设置其默认的各种参数，而 seaborn 则完全避免了这一问题。一般来说，seaborn 能满足数据分析中 90%的绘图需求。

6．scikit-learn

scikit-learn 是专门面向机器学习的 Python 开源框架，它实现了各种成熟的算法，容易安装和使用。

scikit-learn 的基本功能有分类、回归、聚类、数据降维、模型选择和数据预处理六大部分。

7．BeautifulSoup

BeautifulSoup 是 Python 的 HTML 和 XML 解析库，用于从复杂文档中提取信息。通过构建文档树形结构，用户能轻松搜索、遍历和提取所需数据。BeautifulSoup 支持多种解析器，如 html.parser、lxml，可适应不同需求，常用于网络爬虫和数据分析，提供方便的应用程序接口（Application Program Interface，API）和修复文档结构的功能，是数据处理的重要工具。

8．pyecharts

pyecharts 是一个基于 ECharts JavaScript 库的 Python 图表库，用于创建交互性强、可视化功能丰富的图表。它通过提供 Python API 简化了使用 ECharts 的过程，用户无须深入了解 JavaScript 即可用 pyecharts 生成各种图表，包括折线图、条形图、散点图、地图等。pyecharts 支持丰富的配置选项，用户可以通过调整参数来自定义图表外观和行为。

1.6　Jupyter Notebook 的安装和使用

Jupyter Notebook 是基于网页的应用，可以在网页中直接编写代码和运行代码，代码的运行结果也会直接在同一网页的代码块下显示。

Jupyter Notebook 网页应用结合了编写说明文档和数学公式、实现交互计算和其他富媒体形式的工具，其输入和输出都是以文档的形式体现的。这些文档是扩展名为.ipynb 的 JSON 格式文件，不仅便于版本控制，也便于与他人共享。此外，文档还可以导出为 HTML、LaTeX、PDF 等格式。

1.6.1　Jupyter Notebook 的安装

安装 Jupyter Notebook 的前提是安装了 Python（3.3 版本及以上）。

安装 Jupyter Notebook 时，可在命令提示符窗口执行如下命令：

```
pip install jupyter
```

命令提示符窗口如图 1-2 所示。

图 1-2　Jupyter Notebook 的安装

pip 安装时需要在线下载安装包，默认从国外网站下载，由于网络的原因，国内下载经常很慢。

1.6.2　Jupyter Notebook 的使用

使用 Jupyter Notebook 时，一般在命令提示符窗口输入：

```
jupyter notebook
```

执行命令之后，在命令提示符窗口中将会显示一系列 Jupyter Notebook 的服务器信息，同时浏览器将会启动 Jupyter Notebook，自动跳转到主界面。

或者在浏览器地址栏输入：

```
http://localhost:8888/tree
```

按"Enter"键打开 Jupyter Notebook 的主界面，如图 1-3 所示。

图 1-3　Jupyter Notebook 的主界面

在图 1-3 所示的界面中，单击右上角"New"，选择"Python 3 (ipykernel)"（见图 1-4），然后就会跳转到 Jupyter Notebook 的使用界面（见图 1-5）。

在图 1-5 所示界面输入代码：

```
print("Hello World")
```

按"Ctrl+Enter"键运行就可以了，结果如图 1-5 所示。

图 1-4　"New"下拉菜单

图 1-5　Jupyter Notebook 的使用界面

Jupyter Notebook 的使用界面从上而下由 4 个区域组成：名称栏（单击"Untitled"即可修改）、菜单栏、快捷工具栏（见图 1-6）、单元格区域。

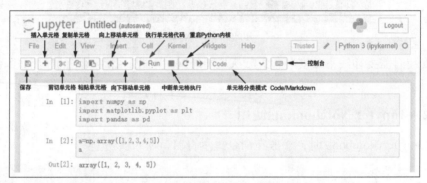

图 1-6　快捷工具栏按钮功能

下面的以"In [1]:"开头的框叫作单元格（Cell），可以单击快捷工具栏"+"按钮把代码分成一个一个的单元格输入，然后逐个单元格地独立运行，十分方便。注意，这个功能是非常友好的，在只修改了中间的一小段代码，又不想将全部代码都重新运行的时候，这个功能就非常有用了。另外，单元格是可以改变顺序的，功能非常强大。

整个 Jupyter Notebook 的使用界面最为重要的就是单元格区域。单元格有多种类型，包括表示代码的 Code 单元格与格式化文本的 Markdown 单元格（就像在 Word 里设置文本格式一样），它们均可运行。区别是 Code 单元格的运行结果为程序结果，Markdown 单元格的运行结果为格式化的文本，包括正文、标题等。Markdown 单元格除文本外，还可嵌入公式、表格、图片、音乐、视频、网页等，这里不具体展开。

单元格除移动、剪切外，还可以合并，从而一次性执行大段代码。

在 Jupyter Notebook 中使用 Matplotlib 时，图片是直接显示在网页中的，无法通过一个新窗口显示，进而无法对图片进行放大、拖动等操作。例如：

```python
import matplotlib.pyplot as plt
import numpy as np
x = np.linspace(-1,1,50)  #在[-1,1]中生成 50 个等间距的样本点
y = x**2
plt.plot(x,y)
plt.show()
```

运行效果如图 1-7 所示。

解决方法是在导入库的语句的后面添加一句"%matplotlib"，同时将 plt.show()改为 plt.show(block=True)避免图片窗口无响应，如图 1-8 所示。

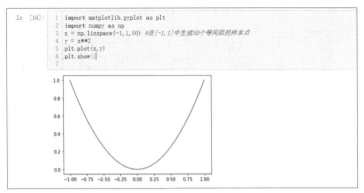

图 1-7　使用 Matplotlib 绘图

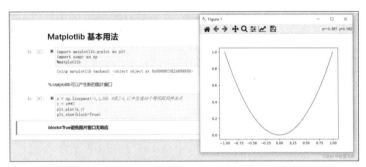

图 1-8　使用 Matplotlib 绘制图片在新窗口显示

1.7　PyCharm 的安装和使用

PyCharm 的使用

PyCharm 是一款功能强大的 Python IDE（Integrated Development Environment，集成开发环境），带有一整套可以帮助用户在使用 Python 语言开发时提高效率的工具，包括调试、语法高亮、项目管理、代码跳转、智能提示、自动完成、单元测试、版本控制等。另外，PyCharm 还提供了一些很好的功能，用于支持基于 Django 的 Web 开发。这些功能使 PyCharm 成为 Python 专业开发人员和初学者的首选开发工具。

1．安装 PyCharm

进入 PyCharm 官网后，可以看到有"Professional"（专业版）和"Community"（社区版），推荐安装社区版，因为是免费使用的。双击下载好的 EXE 文件进行安装，首先选择安装目录，PyCharm 需要的磁盘空间较大，建议将其安装在 D 盘或者 E 盘，安装过程中根据自己的计算机选择 32 位或 64 位；然后单击"Install"按钮就开始安装了。

2．新建 Python 程序项目

在 PyCharm 中选择"File"→"Create New Project"，打开"Create Project"对话框，其中的"Location"用于选择新建的 Python 程序项目存储的位置和项目名（如 D:\PythonProjects\my1），选择好后，单击"Create"按钮。

在进入图 1-9 所示的界面后，右击项目名"my1"，然后选择"New"→"Python File"，在弹出的对话框中填写文件名（如 first.py）后按"Enter"键。

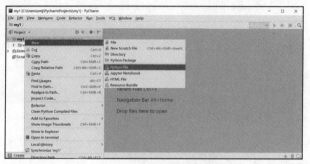

图 1-9　PyCharm 界面

文件创建成功后便进入图 1-10 所示的界面，在右侧代码编辑区中便可以编写自己的程序。

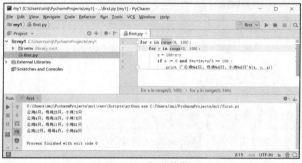

图 1-10　代码编辑区

3．运行和调试 Python 程序

编写好 Python 程序代码以后，在代码编辑区中右击，然后选择"Run 'first'（程序的文件名）"，就可以运行 Python 程序。或者选择"Run"→"Run 'first'（程序的文件名）"运行 Python 程序。在图 1-10 所示界面的下部可以看到运行的结果。

调试 Python 程序时，步骤如下。

（1）设置断点：找到需要调试的代码块，在行号右边单击，出现的红色圆点标志就是断点，如图 1-11 中第 3 行所示。

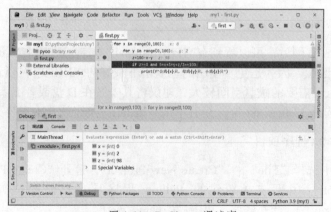

图 1-11　PyCharm 调试窗口

（2）在代码编辑区空白处右击后选择"Debug'first'（程序的文件名）"调试程序；或在工具栏选择运行的文件"first.py"，单击工具栏中"Debug"按钮 🐞 调试程序。

（3）图 1-11 中底部显示出调试器。单击"Step Over"按钮 ⌒ 开始单步调试，每单击一次执行一步，并在解释区显示变量内容。

（4）执行完最后一步，解释区会被清空。整个过程中用户能清楚地看到代码的运行位置。

习　题

1. 请简述数据分析的概念及流程。
2. 请简述数据可视化的目标、作用和优势。
3. Python 语言有哪些优点和缺点？
4. 在计算机上安装 Jupyter Notebook 和 PyCharm 开发环境。

实验一　熟悉 Python 开发环境

一、实验目的

通过实验熟悉 Python 开发环境 PyCharm，开发和调试简单的 Python 程序。

二、实验要求

1. 熟悉使用 PyCharm 创建项目和 Python 文件的方法。
2. 掌握 Python 程序文件的运行和调试方法。

三、实验内容与步骤

1. 在 D 盘新建文件夹 myproject。
2. 启动 PyCharm 软件，新建项目，位置指向 myproject 文件夹。
3. 在 PyCharm 的左侧控制台中，右击项目名"myproject"，新建 Python 文件，文件命名为 test.py。
4. 在打开的 test.py 文件中，输入代码：

```
print("hello world!")
```

5. 运行 test.py 文件。在代码编辑区的空白处右击，然后选择运行该文件，能观察到"hello world!"已在 PyCharm 界面下部的运行结果区输出。

6. 修改 test.py 文件，将代码修改为

```
#encoding=utf-8
print("输出 10 个字母: ")
for i in range(10):
    print(chr(65+i))
```

7. 调试 test.py 文件。在代码行"print(chr(65+i))"的左侧单击，添加断点，然后在代码编辑区的空白处右击，然后选择调试该文件，在 PyCharm 界面下部的调试器中观察到图 1-12 所示的内容。不断单击按钮逐行执行代码，能观察到变量 i 的变化过程。如果切换到控制台，能看到字母被逐个输出。

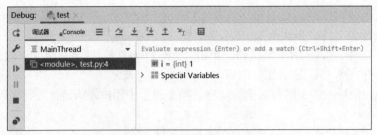

图 1-12　PyCharm 调试器

四、编程并上机调试

在项目 myproject 中，新建 Python 文件，文件名是"温度转换.py"。

（1）假设温度为 26℃，编写程序将摄氏温度转换为华氏温度并输出。

（2）如果由用户输入摄氏温度值，程序转换后输出华氏温度值，代码如何修改？

（3）用户可以多次输入摄氏温度值，程序处理后输出，在用户输入"!"后，程序结束，代码如何修改？

第2章 Python 编程基础

Python 是一门跨平台、开源、免费的解释型高级动态程序设计语言，它作为动态程序设计语言更适合编程初学者。Python 可以让初学者把精力集中在编程对象和思维方法上，而不用担心语法、类型等外在因素。此外，Python 易于学习，拥有大量的库，可以高效地开发各种应用程序。

2.1 Python 语言简介

Python 由其创始人吉多·范罗苏姆（Guido van Rossum）于 1989 年底发明，被广泛应用于处理系统管理任务和科学计算，是最受欢迎的程序设计语言之一。2011 年 1 月，它被 TIOBE 程序设计语言排行榜评为 2010 年度语言。2004 年以后，Python 的使用率呈线性增长，在 TIOBE 公司公布的 2022 年 12 月的程序设计语言排行榜中，Python 处于第一位（前 3 位是 Python、C、C++）。根据学术期刊 *IEEE Spectrum* 2022 年发布的研究报告，Python 已经成为世界上最受欢迎的程序设计语言之一。

Python 支持命令式编程、函数式编程，完全支持面向对象程序设计，语法简洁、清晰，并且拥有大量的几乎支持所有领域应用开发的成熟扩展库。

Python 为我们提供了非常完善的基础代码库，覆盖了网络编程、文件操作、GUI 开发、数据库应用、文本处理等应用领域。用 Python 开发时，许多功能不必从零编写，直接使用现成的即可。除了内置的库，Python 还有大量的第三方库，也就是别人开发的，你可直接使用的库。当然，你开发的代码经过很好的封装，也可以作为第三方库给别人使用。Python 就像胶水一样，可以把多种不同语言编写的程序融合到一起实现无缝拼接，更好地发挥不同语言和工具的优势，满足不同应用领域的需求。所以 Python 程序看上去总是简单易懂，初学者学 Python，不但入门容易，而且将来深入学习后，可以编写那些非常复杂的程序。

Python 也支持伪编译，将 Python 源程序转换为字节码来优化程序和提高运行速度，编译好的文件可以在没有安装 Python 解释器和相关依赖包的平台上运行。

Python 语言的应用领域主要有以下几类。

（1）Web 开发。Python 语言支持网站开发，比较流行的网站开发框架有 web2py、Django 等。许多大型网站就是用 Python 开发的。Google（谷歌）、Yahoo（雅虎）等，甚至 NASA 都大量地使用 Python。

（2）网络编程。Python 语言提供了 socket 模块，对 Socket（套接字）接口进行了两次封装，支持 Socket 接口的访问；还提供了 urllib、httplib、Scrapy 等大量的模块，用于对网页内容进行读取和处理，结合多线程编程以及其他有关模块可以快速开发网页爬虫之类的应用程序。人们可以使用 Python 语言编写公共网关接口（Common Gateway Interface，CGI）程序，也可以把 Python 程序嵌入网页中运行。

（3）科学计算与数据可视化。Python 中用于科学计算与数据可视化的模块很多，如 NumPy、SciPy、Matplotlib、Traits、TVTK、Mayavi、VPython、OpenCV 等，可实现数值计算、符号计算、二维图表展示、三维数据可视化、三维动画演示、图像处理以及界面设计等。

（4）数据库应用。Python 数据库模块有很多，例如，可以使用内置的 sqlite3 模块访问 SQLite 数据库，使用 pywin32 模块访问 Access 数据库，使用 pymysql 模块访问 MySQL 数据库，使用 pywin32 和 pymssql 模块访问 SQL Sever 数据库。

（5）多媒体开发。PyMedia 模块可以对 WAV、MP3、AVI 等多媒体格式文件进行编码、解码和播放；PyOpenGL 模块封装了 OpenGL API，通过该模块可在 Python 程序中集成二维或三维图形；Python 图形库（Python Imaging Library，PIL）为 Python 提供了强大的图像处理功能，并且支持广泛的图像文件格式。

（6）电子游戏应用。Pygame 就是用来开发电子游戏应用的 Python 模块。使用 Pygame 模块，可以在 Python 程序中创建功能丰富的游戏和多媒体程序。

Python 有大量的第三方库，可以说需要什么应用就能找到对应的 Python 库。

2.2 Python 语言基本语法

2.2.1 Python 基础数据类型

计算机程序可以处理各种数据。计算机能处理的远不止数值，还有文本、图形、音频、视频、网页等各种各样的数据。针对不同的数据，需要定义不同的数据类型，常见的有如下几种。

1．数值类型

Python 数值类型用于存储数值。Python 支持以下的数值类型。
- 整型（int）：通常被称为整型或整数，是零、正整数或负整数，不带小数点。Python 3 里只有一种整数类型，即 int，没有 Python 2 中的 long。
- 浮点型（float）：可以由整数部分与小数部分组成，也可以使用科学记数法表示（2.78e2 就是 $2.78×10^2 = 278$）。
- 复数型（complex）：由实数部分和虚数部分构成，可以用 a+bj 或者 complex(a,b) 表示，复数的虚部以字母 j 或 J 结尾，如 2+3j。

数值类型的数据是不允许改变的，这就意味着如果改变数值类型数据的值，系统将重新分配内存空间。

2．字符串类型

字符串类型是 Python 中最常用的数据类型之一。我们可以使用引号来创建字符串。Python 不支持字符类型，单字符在 Python 中也是作为一个字符串来使用的。Python 使用单引号和双引号来表示字符串，效果一样。

3．布尔类型

Python 支持布尔类型的数据。布尔类型只有 True 和 False 两种值，但是布尔类型有以下几种运算。

and——与运算：只有两个布尔值都为 True 时，计算结果才为 True。

```
True and True      #结果是 True
True and False     #结果是 False
False and True     #结果是 False
False and False    #结果是 False
```

or——或运算：只要有一个布尔值为 True，计算结果就是 True。

```
True or True       #结果是 True
True or False      #结果是 True
False or True      #结果是 True
False or False     #结果是 False
```

not——非运算：把 True 变为 False，或者把 False 变为 True。

```
not True       #结果是 False
not False      #结果是 True
```

布尔运算在计算机中用来做条件判断。根据计算结果为 True 或者 False，计算机可以自动执行不同的后续代码。

在 Python 中，布尔类型还可以与其他数据类型做与、或和非运算，这时下面的几种情况会被认为是 False：为 0 的数字，包括 0、0.0；空字符串''、" "；表示空值的 None；空集合，包括空元组()、空序列[]、空字典{}。其他的值都为 True。例如：

```
a = 'python'
print(a and True)     #结果是 True
b = ''
print(b or False)     #结果是 False
```

4．空值

空值是 Python 里一个特殊的值，用 None 表示。它不支持任何运算，也没有任何内置函数、方法。None 和任何其他的数据类型相比较永远返回 False。在 Python 中未指定返回值的函数会自动返回 None。

2.2.2　Python 数据结构

数据结构是计算机存储、组织数据的方式。序列是 Python 中最基本的数据结构之一。序列中的每个元素都被分配一个数字，即它的位置或索引，第一个元素的索引是 0，第二个元素的索引是 1，依次类推。也可以使用负数索引访问元素，-1 表示最后一个元素，-2 表示倒数第二个元素。序列都可以进行的操作包括索引、截取（切片）、加、乘、成员检查。此外，Python 已经内置了确定序列的长度以及确定最大元素和最小元素的方法。Python 内置序列中常见的是列表、元组和字符串。另外，Python 提供了字典和集合这样的数据结构，它们属于无顺序的数据集合体，不能通过索引来访问数据元素。

1．列表

列表（list）是最常用的 Python 数据结构之一，列表的元素不需要具有相同的数据类型。

列表类似其他语言的数组，但功能比数组强大得多。

创建一个列表，只要把逗号分隔的不同的元素使用方括号括起来即可。实例如下。

```
list1 = ['中国', '美国', 1997, 2000]
list2 = [1, 2, 3, 4, 5 ]
list3 = ["a", "b", "c", "d"]
```

列表索引从 0 开始。列表可以进行切片、组合等。

（1）访问列表

可以使用索引来访问列表中的元素，也可以使用方括号切片的形式，实例如下。

```
list1 = ['中国', '美国', 1997, 2000]
list2 = [1, 2, 3, 4, 5, 6, 7 ]
print("list1[0]: ", list1[0])
print("list2[1:5]: ", list2[1:5])
print("list2[1:-2]: ", list2[1:-2])        #索引-2，实际就是正索引 5
print("list2[1:5:2]: ", list2[1:5:2])      #步长是 2，当步长为负数时，表示反向切片
print("list2[::-1]: ", list2[::-1])        #切片实现倒序输出
```

以上实例输出结果：

```
list1[0]: 中国
list2[1:5]:[2, 3, 4, 5]
list2[1:-2]:[2, 3, 4, 5]
list2[1:5:2]:[2, 4]
list2[::-1]:[7, 6, 5, 4, 3, 2, 1]
```

（2）更新列表

可以对列表的元素进行修改或更新，实例如下。

```
list = ['中国', 'chemistry', 1997, 2000]
print("Value available at index 2 : ")
print(list[2])
list[2] = 2001
print("New value available at index 2 : ")
print(list[2])
```

以上实例输出结果：

```
Value available at index 2 :
1997
New value available at index 2 :
2001
```

（3）删除列表元素

方法一：可以使用 del 语句来删除列表中的元素，实例如下。

```
list1 = ['中国', '美国', 1997, 2000]
print(list1)
del list1[2]
print("After deleting value at index 2 : ")
```

```
print(list1)
```

以上实例输出结果：

```
['中国', '美国', 1997, 2000]
After deleting value at index 2 :
['中国', '美国', 2000]
```

方法二：可以使用 remove()方法来删除列表的元素，实例如下。

```
list1 = ['中国', '美国', 1997, 2000]
list1.remove(1997)
list1.remove('美国')
print(list1)
```

以上实例输出结果：

```
['中国', 2000]
```

方法三：可以使用 pop()方法来删除列表的指定索引的元素，无参数时删除最后一个元素，实例如下。

```
list1 = ['中国', '美国', 1997, 2000]
list1.pop(2)                        #删除索引为 2 的元素 1997
list1.pop()                         #删除最后一个元素 2000
print(list1)
```

以上实例输出结果：

```
['中国', '美国']
```

（4）添加列表元素

可以使用 append()方法在列表末尾添加元素，实例如下。

```
list1 = ['中国', '美国', 1997, 2000]
list1.append(2003)
print(list1)
```

以上实例输出结果：

```
['中国', '美国', 1997, 2000, 2003]
```

（5）列表排序

Python 列表有一个内置的 sort()方法可以对原列表进行排序。还有一个 sorted()内置函数，它会根据原列表构建一个新的排序列表。例如：

```
list1 =[5, 2, 3, 1, 4]
list1.sort()                        # list1是[1, 2, 3, 4, 5]
```

调用 sorted()函数即可返回一个新的已排序列表。

```
list1 =[5, 2, 3, 1, 4]
list2 =sorted([5, 2, 3, 1, 4])      # list2是[1, 2, 3, 4, 5], list1不变
```

sort()和 sorted()接受布尔类型的 reverse 参数，用于标记是否降序排序。

```
list1 =[5, 2, 3, 1, 4]
list1.sort(reverse=True)          # list1 是[5, 4, 3, 2, 1]，True 表示降序排序，False 表
示升序排序
```

（6）定义多维列表

可以将多维列表视为列表的嵌套，即多维列表的元素值也是一个列表，只是维度比父列表的小一。二维列表（即其他语言的二维数组）的元素值是一维列表，三维列表的元素值是二维列表，例如，定义 1 个二维列表：

```
list2 = [["CPU", "内存"], ["硬盘","声卡"]]
```

二维列表比一维列表多一个索引，可以这样获取元素：

```
列表名[索引1][索引2]
```

例如，定义 3 行 6 列的二维列表，输出元素值：

```
rows=3
cols=6
matrix = [[0 for col in range(cols)] for row in range(rows)]   #用列表生成式生成二维列表
for i in range(rows):
        for j in range(cols):
                matrix[i][j]=i*3+j
                print(matrix[i][j],end=",")
        print('\n')
```

以上实例输出结果：

```
0,1,2,3,4,5,
3,4,5,6,7,8,
6,7,8,9,10,11,
```

列表生成式（List Comprehensions）是 Python 内置的一种极其强大的用于生成列表的表达式。如果要生成[1，2，3，4，5，6，7，8，9]，可以用 range(1，10)：

```
>>> L= list(range(1, 10))              #L 是[1, 2, 3, 4, 5, 6, 7, 8, 9]
```

如果要生成[1×1，2×2，3×3，…，10×10]，可以使用循环：

```
>>> L= []
>>> for x in range(1,11):
        L.append(x*x)
>>> L
[1, 4, 9, 16, 25, 36, 49, 64, 81, 100]
```

如果改用列表生成式来生成同样的列表，代码会简洁很多：

```
>>> [x*x for x in range(1, 11)]
[1, 4, 9, 16, 25, 36, 49, 64, 81, 100]
```

列表生成式的书写格式是，把要生成的元素 x*x 放到前面，后面跟上 for 循环。这样就可以把列表创建出来。for 循环后面还可以添加 if 判断语句，例如，筛选出偶数的平方：

```
>>> [x*x for x in range(1, 11) if x % 2 == 0]
[4, 16, 36, 64, 100]
```

再如，把一个列表中所有的字符串变成小写形式：

```
>>> L = ['Hello', 'World', 'IBM', 'Apple']
>>> [s.lower() for s in L]
['hello', 'world', 'ibm', 'apple']
```

当然，列表生成式也可以使用两层 for 循环，例如，生成'ABC'和'XYZ'中字母的全部组合：

```
>>> print([m + n for m in 'ABC' for n in 'XYZ'])
['AX', 'AY', 'AZ', 'BX', 'BY', 'BZ', 'CX', 'CY', 'CZ']
```

for 循环其实可以同时使用两个甚至多个变量，例如，字典的 items()可以同时迭代键（Key）和值（Value）：

```
>>> d = {'x': 'A', 'y': 'B', 'z': 'C' }    #字典
>>> for k, v in d.items():
  print(k, '键=', v, endl=';')
```

程序运行结果：

```
y 键= B; x 键= A; z 键= C;
```

因此，列表生成式也可以使用两个变量来生成列表：

```
>>> d = {'x': 'A', 'y': 'B', 'z': 'C'}
>>> [k + '=' + v for k, v in d.items()]
['y=B', 'x=A', 'z=C']
```

2．元组

Python 的元组（tuple）与列表类似，不同之处在于元组的元素不能修改。元组使用圆括号标识，列表使用方括号标识。元组中元素的数据类型也可以不相同。

（1）创建元组

元组的创建很简单，只需要在圆括号中添加元素，并使用逗号隔开。实例如下。

```
tup1 = ('中国', '美国', 1997, 2000)
tup2 = (1, 2, 3, 4, 5 )
tup3 = "a", "b", "c", "d"
```

如果创建空元组，使用空圆括号即可。

```
tup1 = ()
```

元组中只包含一个元素时，需要在第一个元素后面添加逗号。

```
tup1 = (50,)
```

元组与字符串类似，索引从 0 开始，可以进行切片、组合等。

（2）访问元组

可以使用索引来访问元组中的值，实例如下。

```
tup1 = ('中国', '美国', 1997, 2000)
tup2 = (1, 2, 3, 4, 5, 6, 7)
print("tup1[0]: ", tup1[0])              #输出元组的第一个元素
print("tup2[1:5]: ", tup2[1:5])          #切片，输出第二个元素到第五个元素
print(tup2[2:])                          #切片，输出从第三个元素开始的所有元素
print(tup2 * 2)                          #两次输出元组
```

以上实例输出结果：

```
tup1[0]:中国
tup2[1:5]:(2, 3, 4, 5)
(3, 4, 5, 6, 7)
(1, 2, 3, 4, 5, 6, 7, 1, 2, 3, 4, 5, 6, 7)
```

（3）元组连接

元组中的元素是不允许修改的，但可以对元组进行连接，实例如下。

```
tup1 = (12, 34,56)
tup2 = (78, 90)
#tup1[0] = 100              #修改元组元素的操作是非法的
tup3 = tup1 + tup2          #连接元组，创建一个新的元组
print(tup3)
```

以上实例输出结果：

```
(12, 34,56, 78, 90)
```

（4）删除元组

元组中的元素是不允许删除的，但可以使用 del 语句来删除整个元组，实例如下。

```
tup = ('中国', '美国', 1997, 2000)
print(tup)
del tup
print("After deleting tup : ")
print(tup)
```

以上实例中元组被删除后，输出元组会有异常信息，输出结果如下所示：

```
('中国', '美国', 1997, 2000)
After deleting tup :
NameError: name 'tup' is not defined
```

（5）元组与列表转换

因为元组的元素不能改变，所以可以将元组转换为列表从而改变元素。实际上列表、元组和字符串之间可以互相转换，需要使用 3 个函数：str()、tuple()和 list()。

可以使用下面的方法将元组转换为列表：

列表对象=list（元组对象）

```
tup=(1, 2, 3, 4, 5)
list1=list(tup)                  #元组转换为列表
print(list1)                     #返回[1, 2, 3, 4, 5]
```

可以使用下面的方法将列表转换为元组：

元组对象=tuple（列表对象）

```
nums=[1, 3, 5, 7, 8, 13, 20]
print(tuple(nums))                      #列表转换为元组，返回(1, 3, 5, 7, 8, 13, 20)
```

将列表转换成字符串如下：

```
nums=[1, 3, 5, 7, 8, 13, 20]
str1=str(nums)                          #列表转换为字符串，返回含方括号及逗号的 '[1, 3, 5, 7, 8,
13, 20]' 字符串
print(str1[2])                          #输出逗号，因为字符串中索引为 2 的元素是逗号
num2=['中国', '美国','日本', '加拿大']
str2= "%"
str2=str2.join(num2)                    #用百分号连接起来的字符串——'中国%美国%日本%加拿大'
str2= ""
str2=str2.join(num2)                    #用空字符连接起来的字符串——'中国美国日本加拿大'
```

3. 字典

Python 字典（dict）是一种可变容器模型，且可存储任意数据类型的对象，如字符串、数字、元组等。字典也被称作关联数组或哈希表。

（1）创建字典

字典由键和对应值组成。字典的每个键值对里面的键和值用冒号分隔，键值对之间用逗号分隔，整个字典包括在花括号中。基本语法如下：

```
d = {key1 : value1, key2 : value2 }
```

注意：键必须是唯一的，但值则不必。值可以取任何数据类型，但键必须是不可变数据类型，如字符串、数字或元组。

一个简单的字典实例：

```
dict = {'xmj': 40 ,'zhang': 91,'wang': 80}
```

也可这样创建字典：

```
dict1 = { 'abc': 456 }
dict2 = { 'abc': 123, 98.6: 37 }
dict3={}; dict3['a']=1; dict3['b']=2; dict3['c']=3# 得 到 字 典 dict3: {'a':1, 'b':2,
'c':3}
```

字典有如下特性。

① 字典的值可以是任何 Python 对象，如字符串、数字、元组等。

② 不允许同一个键出现两次。创建时如果同一个键被赋值两次，则后一个值会覆盖前一个值。

```
dict = {'Name': 'xmj', 'Age': 17, 'Name': 'Manni'}
print("dict['Name']: ", dict['Name'])
```

以上实例输出结果：

```
dict['Name']:  Manni
```

③ 键必须不可变，所以可以用字符串、数字或元组，用列表就不行，实例如下。

```
dict = {['Name']: 'Zara', 'Age': 7};
```

以上实例输出错误结果：

```
Traceback (most recent call last):
  File "<pyshell#0>", line 1, in <module>
    dict = {['Name']: 'Zara', 'Age': 7}
TypeError: unhashable type: 'list'
```

（2）访问字典里的值

访问字典里的值时把相应的键放入方括号，实例如下。

```
dict = {'Name': '王海', 'Age': 17, 'Class': '计算机一班'}
print("dict['Name']: ", dict['Name'])
print("dict['Age']: ", dict['Age'])
```

以上实例输出结果：

```
dict['Name']: 王海
dict['Age']: 17
```

如果用字典里没有的键，会输出错误结果，实例如下。

```
dict = {'Name': '王海', 'Age': 17, 'Class': '计算机一班'}
print("dict['sex']: ", dict['sex'])
```

由于字典里没有 sex 键，以上实例输出错误结果：

```
Traceback (most recent call last):
  File "<pyshell#10>", line 1, in <module>
    print("dict['sex']: ", dict['sex'] )
KeyError: 'sex'
```

（3）修改字典

修改字典的方法是增加新的键值对、更新已有键值对，实例如下。

```
dict = {'Name': '王海', 'Age': 17, 'Class': '计算机一班'}
dict['Age'] = 18                 #更新键值对
dict['School'] = "中原工学院"      #增加新的键值对
print("dict['Age']: ", dict['Age'] )
print("dict['School']: ", dict['School'] )
```

以上实例输出结果：

```
dict['Age']: 18
dict['School']: 中原工学院
```

（4）删除字典元素

del 命令用于使用键从字典中删除元素（条目）。clear()方法用于清空字典的所有元素。删除一个字典用 del 命令，实例如下。

```
dict = {'Name': '王海', 'Age': 17, 'Class': '计算机一班'}
```

```
del dict['Name']              #删除键是'Name'的元素
dict.clear()                  #清空字典的所有元素
del dict                      #用del删除字典后,字典不再存在
```

（5）in 运算

字典的 in 运算用于判断某键是否在字典里,对于值不适用,其功能与 has_key()方法的相似。

```
dict = {'Name': '王海', 'Age': 17, 'Class': '计算机一班'}
print('Age' in dict )         #等价于 print(dict.has_key('Age'))
```

以上实例输出结果:

```
True
```

（6）获取字典中的所有值

values()方法以列表形式返回字典中的所有值。

```
dict = {'Name': '王海', 'Age': 17, 'Class': '计算机一班'}
print(dict.values())
```

以上实例输出结果:

```
[17, '王海', '计算机一班']
```

（7）获取字典中的所有键值对

items()方法把字典中所有键值对组成一个元组,并把元组放在列表中返回。

```
dict = {'Name': '王海', 'Age': 17, 'Class': '计算机一班'}
for key,value in dict.items():
    print( key,value)
print(dict.items())
```

以上实例输出结果:

```
Name 王海
Class 计算机一班
Age 17
dict_items([('Name', '王海'), ('Age', 17), ('Class', '计算机一班')])
```

我们注意到,字典输出的顺序与创建之初的顺序不同,这不是错误。字典中各个元素并没有顺序（因为不需要通过位置查找元素）。因此,字典在存储元素时进行了优化,使存储和查询效率最高。这也是字典和列表的另一个区别:列表保持元素的相对关系,即序列关系;而字典是完全无序的,也称为非序列。如果想保持元素的顺序,需要使用列表,而不是字典。从 Python 3.6 开始,字典进行优化后变成有顺序的,字典输出的顺序与创建之初的顺序相同,但仍不能使用索引访问。

4．集合

集合（set）是包含无序不重复元素的序列。集合的基本功能是进行成员关系测试和集合运算。

（1）创建集合

可以使用花括号或者 set()函数创建集合。注意:创建一个空集合必须用 set()而不是花括号,因为花括号是用来创建一个空字典的。

```
student = {'Tom', 'Jim', 'Mary', 'Tom', 'Jack', 'Rose'}
print(student)    # 输出集合，重复的元素被自动去掉
```

以上实例输出结果：

```
{'Jack', 'Rose', 'Mary', 'Jim', 'Tom'}
```

（2）成员关系测试

in 运算可判断指定元素是否在集合中存在。如果存在，则返回 True，否则返回 False。

```
if 'Rose' in  student :
    print('Rose 在集合中')
else :
    print('Rose 不在集合中')
```

以上实例输出结果：

```
Rose 在集合中
```

（3）集合运算

可以使用"-""|""&""^"运算符进行集合的差集、并集、交集和补集运算。

```
# 可以进行集合运算
a = set('abcd')
b = set('cdef')
print(a)
print("a 和 b 的差集: ", a - b)            # 输出 a 和 b 的差集
print("a 和 b 的并集: ", a | b)            # 输出 a 和 b 的并集
print("a 和 b 的交集: ", a & b)            # 输出 a 和 b 的交集
print("a 和 b 中不同时存在的元素: ", a ^ b)  # 输出 a 和 b 中不同时存在的元素
```

以上实例输出结果：

```
{'a', 'c', 'd', 'b'}
a 和 b 的差集: {'a', 'b'}
a 和 b 的并集: {'b', 'a', 'f', 'd', 'c', 'e'}
a 和 b 的交集: {'c', 'd'}
a 和 b 中不同时存在的元素: {'a', 'e', 'f', 'b'}
```

2.2.3 Python 控制语句

Python 程序中的语句，默认是按照书写顺序依次执行的，我们称这样的语句是顺序结构的。但是，仅有顺序结构是不够的，因为有时候我们需要根据特定的情况，有选择地执行某些语句，这时我们就需要选择结构的语句。另外，有时候我们还可以在给定条件下往复执行某些语句，我们称这些语句是循环结构的。有了这 3 种基本的结构，我们就能够构建任意复杂的程序了。

Python 控制语句

1．选择结构

选择结构可用 if 语句、if…else 语句和 if…elif…else 语句实现。

if 语句是一种单分支结构，它选择的是做与不做。if 语句的语法形式如下所示：

```
if 表达式:
    语句1
```

if 语句的流程图如图 2-1 所示。

而 if…else 语句是一种双分支结构，在两种备选行动中选择一个。if…else 语句的语法形式如下所示：

```
if 表达式:
    语句1
else :
    语句2
```

if…else 语句的流程图如图 2-2 所示。

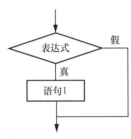

图 2-1　if 语句的流程图

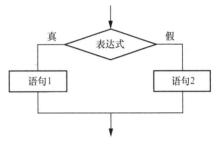

图 2-2　if…else 语句的流程图

【例 2-1】输入一个年份值，判断其是否为闰年。闰年必须满足以下两个条件之一。

（1）年份值能被 4 整除，但不能被 100 整除。

（2）能被 400 整除。

分析：设变量 year 表示年份，判断 year 是否满足以下逻辑表达式。

条件（1）的逻辑表达式是 year%4== 0 and year%100!=0。

条件（2）的逻辑表达式是 year%400==0。

两者取"或"，可得到判断闰年的逻辑表达式为

```
(year % 4 == 0 and year % 100 != 0) or year % 400==0
```

程序代码：

```
year = int(input('输入年份:'))    #输入后，input()获取的是字符串，所以需要转换成整数
if  year%4 == 0 and year%100 != 0 or year%400 == 0:    #根据运算符的优先级开始执行
    print(year, "是闰年")
else:
    print(year, "不是闰年")
```

判断是否为闰年后，还可以输入某年某月某日，判断这一天是这一年的第多少天。以 3 月 5 日为例，应该先把前两个月的天数加起来，再加上 5，即本年的第多少天。特殊情况是闰年，在输入月份大于 3 时需考虑多加一天。

程序代码：

```
year = int(input('year:'))           #输入年
```

```
month = int(input('month:'))              #输入月
day = int(input('day:'))                  #输入日
months = (0,31,59,90,120,151,181,212,243,273,304,334)
if 0 <= month <= 12:
    sum = months[month - 1]
else:
    print('月份输入错误')
sum += day
leap = 0
if (year % 400 == 0) or ((year % 4 == 0) and (year % 100 != 0)):
    leap = 1
if (leap == 1) and (month > 2):
    sum += 1
print('这一天是这一年的第%d天'%sum)
```

有时候，我们需要在多组动作中选择一组执行，这时就会用到多分支结构，对于 Python 语言来说就是 if…elif…else 语句。该语句的语法形式如下所示：

```
if 表达式1:
    语句1
elif 表达式2:
    语句2
…
elif 表达式n:
    语句n
else:
    语句n+1
```

注意，最后一个 elif 子句之后的 else 子句没有进行条件判断，它处理的是与前面所有条件都不匹配的情况，所以 else 子句必须放在最后。if…elif…else 语句的流程图如图 2-3 所示。

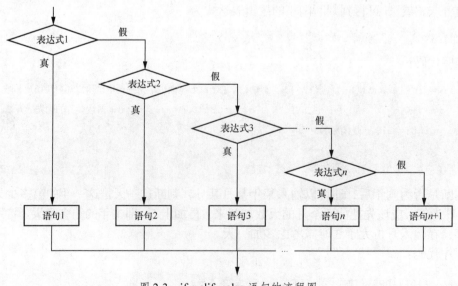

图 2-3 if…elif…else 语句的流程图

【例 2-2】输入学生的分数 score，按分数输出其等级：score≥90 对应的等级为优，90＞score≥80 对应的等级为良，80＞score≥70 对应的等级为中，70＞score≥60 对应的等级为及格，score＜60 对应的等级为不及格。

```
score=int(input("请输入成绩"))        # 转换字符串为整数
if score >= 90:
    print("优")
elif  score >= 80:
    print("良")
elif  score >= 70:
    print("中")
elif  score >= 60:
    print("及格")
else :
    print("不及格")
```

说明：3 种选择结构中，条件表达式都是必不可少的组成部分。当条件表达式的值为零时，表示条件为假；当条件表达式的值为非零时，表示条件为真。那么哪些表达式可以作为条件表达式呢？基本上，常用的是关系表达式和逻辑表达式，例如：

```
if  a == x  and  b == y :
    print("a = x, b = y")
```

除此之外，条件表达式可以是任何数值类型的表达式，甚至可以是字符串：

```
if  'a':    #'abc'也可以，表示逻辑值 True
    print("a = x, b = y")
```

C 语言是用花括号来区分语句体的，但是 Python 的语句体是用缩进形式来区分的，缩进不正确会导致逻辑错误。

2．循环结构

程序在一般情况下是按顺序执行的。程序设计语言提供了各种循环结构，允许实现更复杂的执行路径。循环结构允许我们执行一个语句或语句体多次，Python 提供了 while 循环和 for 循环（Python 中没有 do…while 循环）。

（1）while 循环

Python 编程中 while 循环用于循环执行程序，即在某条件下，循环执行某段程序，以处理需要重复处理的相同任务。其语法形式如下：

```
while 判断条件:
    执行语句
```

执行语句可以是单个语句或语句体。判断条件可以是任何表达式，任何非零非空的值均为真。当判断条件为假时，循环结束。while 循环的流程图如图 2-4 所示。

同样，需要注意冒号和缩进。例如：

```
count = 0
while count <5:
```

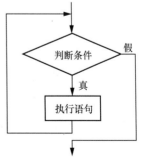

图 2-4　while 循环的流程图

```
    print('The count is:', count)
    count = count + 1
print("Good bye!")
```

（2）for 循环

for 循环可以遍历任何序列，如一个列表、元组或者字符串。for 循环的语法形式如下：

```
for 循环索引值 in 序列:
    循环体
```

for 循环把列表中的元素遍历出来。例如：

```
fruits = ['banana', 'apple', 'mango']
for fruit in fruits:              # 遍历列表 fruits
    print('元素:', fruit)
print("Good bye!")
```

程序运行结果：

```
元素: banana
元素: apple
元素: mango
Good bye!
```

【例 2-3】计算 1~10 的整数之和，可以用一个 sum 变量做累加。

程序代码：

```
sum = 0
for x in [1, 2, 3, 4, 5, 6, 7, 8, 9, 10]:
    sum = sum + x
print(sum)
```

如果要计算 1~100 的整数之和，从 1 写到 100 有点耗时。Python 提供的 range()内置函数可以生成一个整数序列，再通过 list()函数将其转换为列表。

range(0, 5)或 range(5)生成的序列是从 0 开始小于 5 的整数，不包括 5。例如：

```
>>> list(range(5))
[0, 1, 2, 3, 4]
```

range(1, 101)可以生成 1~100 的整数序列，计算 1~100 的整数之和：

```
sum = 0
for x in range(1,101):
    sum = sum + x
print(sum)
```

（3）continue 和 break 语句

continue 语句的作用是终止当前循环，并忽略 continue 之后的语句，然后回到循环的顶端，提前开始下一次循环。

break 语句在 while 循环和 for 循环中都可以使用，一般放在选择结构中，一旦 break 语句被执行，整个循环将提前结束。

除非 break 语句让代码更简单或更清晰，否则不要轻易使用。

【例2-4】continue 和 break 用法示例。

```
# continue 和 break 用法
i = 1
while i < 10:
    i += 1
    if i%2 > 0:            #奇数时跳过输出
        continue
    print(i)              #输出偶数2、4、6、8、10

i = 1                     #重置 i 值为 1
while True:               #循环条件为 True, True 还可以写为 1
    print(i)              #输出 1~10
    i += 1
    if i > 10:            #当 i 大于 10 时跳出整个循环
        break
```

2.2.4 Python 函数与模块

Python 开发者将完成某一特定功能并经常使用的代码编写成函数，放在函数库（模块）中供大家选用，在需要使用时可直接调用，这就是程序中的函数。开发人员要善于使用函数，以提高编码效率，减少编写程序段的工作量。

例如，求一个数的阶乘，需要在一个程序中的不同位置重复执行代码，这样会造成代码重复率高，应用程序代码烦琐。解决这个问题的方法就是使用函数。无论在哪种程序设计语言中，函数（在类中也称作方法，意义是相同的）都扮演着至关重要的角色。模块是 Python 的代码组织单元，它将函数、类和数据封装起来以便重复使用。模块往往对应 Python 程序文件，Python 标准库和第三方库提供了大量的模块。

1．函数定义

在 Python 中，函数定义的基本形式如下：

```
def 函数名(函数参数):
    函数体
    return 表达式或者值
```

在这里说明几点。

（1）在 Python 中采用 def 关键字进行函数的定义，不用指定返回值的数据类型。

（2）函数参数可以是零个、一个或者多个，同样，函数参数也不用指定数据类型。因为在 Python 中变量都是弱类型的，Python 会自动根据值来维护其数据类型。

（3）函数定义中缩进的部分是函数体。

（4）函数的返回值是通过函数中的 return 语句获得的。return 语句是可选的，它可以在函数体内任何地方出现，表示函数调用执行到此结束。如果没有 return 语句，函数会自动返回 None（空值）；如果有 return 语句，但是 return 后面没有接表达式或者值，也是返回 None。

下面定义 3 个函数：

```
def printHello():            #输出'hello'字符串
```

```
            print('hello')

def printNum():                         #输出 0～9
    for i in range(0,10):
        print(i)
    return


def add(a,b):                           #实现两个数相加，返回求和结果
    return a+b
```

2. 函数的使用

在定义函数之后，就可以使用该函数了。但是在 Python 中要注意一个问题，就是在 Python 中不允许前向引用，即在函数定义之前，不允许调用该函数。看一个例子就明白了。

```
print(add(1,2))
def add(a,b):
    return a+b
```

这段程序运行的结果：

```
Traceback (most recent call last):
  File "C:/Users/xmj/2-1.py", line 1, in <module>
    print(add(1,2))
NameError: name 'add' is not defined
```

从报错信息可以知道，名字为 "add" 的函数未进行定义。所以在任何时候调用某个函数，必须确保其定义在调用之前。

【例 2-5】编写函数，计算形式如 a + aa + aaa + aaaa +…+ aaa…aaa 的表达式的值，其中 a 为小于 10 的自然数。例如，2+22+222+2222+22222（此时 n=5），a、n 由用户从键盘输入。

分析：关键是计算出求和中每一项的值。容易看出每一项都是前一项扩大 10 倍后加 a。

程序代码：

```
defsum (a, n):
    result, t = 0, 0        #同时将 result、t 赋值为 0，这种形式比较简洁
    for i in range(n):
        t = t*10 + a
        result += t
    return result
#用户输入两个数字
a = int(input("输入 a: "))
n = int(input("输入 n: "))
print(sum(a, n))
```

程序运行结果：

```
输入 a: 2✓
输入 n: 5✓
24690
```

3．函数参数

在学习函数的时候，需要注意形参与实参的区别。

形参全称是形式参数，在用 def 关键字定义函数时，函数名后面圆括号里的变量称为形式参数。实参全称为实际参数，在调用函数时，提供的值或者变量称为实际参数。例如：

```
#这里的 a 和 b 就是形参
def add(a,b):
    return a+b
#下面是函数的调用
m=add(1,2)              #这里的 1 和 2 是实参
print(m)                #输出 m 值为 3
x=2
y=3
m=add(x,y)              #这里的 x 和 y 是实参
print(m)                #输出 m 值为 5
```

4．变量的作用域

引入函数的概念之后，需要注意变量的作用域。变量起作用的范围称为变量的作用域。一个变量在函数外部定义和在函数内部定义，其作用域是不同的。

（1）局部变量

在函数内部定义的变量只在该函数内部起作用，被称为局部变量。它们与函数外部具有相同名称的其他变量没有任何关系，即变量名称对于函数来说是局部的。所有局部变量的作用域是它们被定义的块，从它们的名称被定义处开始。函数结束时，其局部变量被自动删除。下面通过一个例子说明局部变量的使用。

```
def fun():
    x=3
    count=2
    while count>0:
        print(x)
        count=count-1
fun()
print(x)                #错误提示：NameError: name 'x' is not defined
```

在函数 fun()中定义变量 x，其作用域仅限于函数内部，在函数外部是不能够调用该变量的，所以在函数外使用 print(x)出现错误提示。

（2）全局变量

还有一种变量叫作全局变量，它是在函数外部定义的，作用域是整个程序。全局变量可以直接在函数内部使用，但是如果要在函数内部修改全局变量的值，必须使用 global 关键字进行声明。

```
x=2                     #全局变量
def fun1():
    print(x,end=" ")
def fun2():
    global x            #在函数内部改变全局变量的值必须使用 global 关键字
```

```
    x=x+1
    print(x,end=" ")
fun1()
fun2()
print(x,end=" ")
```

程序运行结果：

```
2 3 3
```

如果 fun2()函数中没有 global x 声明，则编译器认为 x 是局部变量，而局部变量 x 没有创建，从而出错。

在函数内部直接将一个变量声明为全局变量，而在函数外部没有定义，在调用这个函数之后，变量成为新的全局变量。如果一个局部变量和一个全局变量重名，则局部变量会"屏蔽"全局变量，也就是仅局部变量起作用。

5．函数的递归调用

函数在执行的过程中直接或间接调用自己本身，这种操作称为递归调用。Python 语言允许递归调用。

【例 2-6】求 1~5 的平方和。

```
def f(x):
    if x==1:                     #递归调用结束的条件
        return 1
    else:
        return(f(x-1)+x*x)       #调用 f()函数本身
print(f(5))
```

6．模块

模块（module）能够有逻辑地组织 Python 代码段。把相关的代码分配到一个模块里能让代码更好用、更易懂。简单地说，模块就是保存了 Python 代码的文件。模块里能定义函数、类和变量。

Python 中的模块和 C 语言中的头文件以及 Java 中的包类似，比如在 Python 中要调用 sqrt()函数，必须用 import 关键字导入 math 这个模块。

（1）导入某个模块

在 Python 中用关键字 import 来导入某个模块。方式如下：

```
import 模块名              #导入模块
```

例如，要引用模块 math，就可以在文件开始的地方用 import math 来导入。
在调用模块中的函数时，必须这样调用：

```
模块名.函数名
```

例如：

```
import math                                #导入 math 模块
print("50的平方根: ", math.sqrt(50))       #使用 math 模块的 sqrt()函数
```

为什么必须加上模块名调用呢？因为可能存在这样一种情况：多个模块中有相同名称的函数，此时如果只是通过函数名来调用，解释器无法知道要调用哪个函数。所以在导入模块后，调用函数必须加上模块名。

有时候我们只需要用到模块中的某个函数，则只需要导入该函数，此时使用 from 语句：

```
from 模块名 import 函数名1,函数名2,…
```

通过这种方式导入函数后，调用函数时只能给出函数名，不能给出模块名，但是在两个模块含有相同名称函数的时候，后一次导入会覆盖前一次导入。

也就是说，假如模块 A 中有函数 fun()，模块 B 中也有函数 fun()，如果导入 A 中的 fun()在先、B 中的 fun()在后，那么当调用 fun()函数时，会执行模块 B 中的 fun()函数。

如果想一次性导入 math 模块中所有的内容，还可以通过下面这种方式：

```
from math import *
```

这提供了一种简单的方式来导入模块中的所有项目，然而不建议过多地使用这种方式。

（2）定义自己的模块

在 Python 中，每个 Python 文件都可以作为一个模块，模块的名字就是文件的名字。

【例2-7】有文件 fibo.py，在 fibo.py 中定义了 3 个函数 add()、fib()、fib2()。

```python
# fibo.py
#斐波那契（Fibonacci）数列模块
def fib(n):          #定义函数 fib，输出元素值不大于 n 的斐波那契数列
    a, b = 0, 1
    print(a, end=' ')
    while b < n:
        print(b, end=' ')
        a, b = b, a+b
    print()
def fib2(n):         #定义函数 fib2，返回列表，输出元素值不大于 n 的斐波那契数列
    result = []
    a, b = 0, 1
    result.append(a)
    while b < n:
        result.append(b)
        a, b = b, a+b
    return result
def add(a,b):
    return a+b
```

那么在其他文件（如 test.py）中就可以使用如下方式导入：

```python
# test.py
import fibo
```

加上模块名称来调用函数：

```python
fibo.fib(1000)           #结果是 0 1 1 2 3 5 8 13 21 34 55 89 144 233 377 610 987
print(fibo.fib2(100))    #结果是[0, 1, 1, 2, 3, 5, 8, 13, 21, 34, 55, 89]
```

```
print(fibo.add(2,3))          #结果是 5
```

当然也可以通过 from fibo import add,fib,fib2 来导入。
直接使用函数名来调用函数：

```
fib(500)          #结果是 0 1 1 2 3 5 8 13 21 34 55 89 144 233 377
```

如果想列举 fibo 模块中定义的属性列表，方式如下：

```
import fibo
dir(fibo)          #得到自定义模块 fibo 中定义的变量和函数
```

输出结果：['__name__', 'fib', 'fib2', 'add']。
Python 提供一些常用标准模块，如时间处理的 time 模块、日历相关的 calendar 模块、随机数相关的 random 模块等。常用标准模块中的 math 模块实现了许多浮点数的数学运算函数。另外，Python 提供的 cmath 模块包含一些用于复数运算的函数。cmath 模块的函数跟 math 模块的函数基本一致，区别是 cmath 模块运算是复数运算，math 模块运算是数学运算。

2.3 Python 面向对象程序设计

Python 面向对象
程序设计

面向对象程序设计（Object-Oriented Programming，OOP）主要是针对大型软件设计而提出的，它使得软件设计更加灵活，能够更好地支持代码复用和设计复用，并且使得代码具有更好的可读性和可扩展性。

现实生活中的每一个相对独立的事物都可以看作一个对象，如一个人、一辆车、一台计算机等。对象是具有某些特性和功能的具体事物的抽象。每个对象都具有描述其特征的属性及附属于它的行为。例如，一辆车有车身颜色、车轮数、座椅数等属性，也有启动、行驶、停止等行为；一个人有姓名、性别、年龄、身高、体重等属性，也有走路、说话、学习、开车等行为。一台计算机由主机、显示器、键盘、鼠标等部件组成。

人们生产一台计算机的时候，并不是先生产主机再生产显示器，再生产键盘、鼠标，即不是依次生产的；而是分别生产主机、显示器、键盘、鼠标等，最后把它们组装起来。这些部件通过事先设计好的接口连接，以便协调地工作。这就是面向对象程序设计的基本思路。

每个对象都有一个类。类是创建对象的模板、是对象的抽象和概括，类包含对所创建对象的属性和行为的定义。例如，我们在马路上看到的汽车都是一个一个的汽车对象，它们归属于一个汽车类，那么车身颜色就是该类的属性，怎么启动是它的方法，该保养了或者该报废了就是它的事件。

Python 完全采用了面向对象程序设计的思想，是真正面向对象的高级动态程序设计语言，完全支持面向对象的基本功能，如封装、继承、多态以及对基类方法的覆盖或重写。但与其他面向对象程序设计语言不同的是，Python 中对象的概念很广泛，Python 中的一切内容都可以称为对象。例如，字符串、列表、字典、元组等内置数据类型都具有和类相似的语法和用法。Python 中基于类创建的对象被称为实例或实例对象。

2.3.1　定义和使用类

1．类的定义

创建类时用变量形式表示的对象属性称为数据成员或属性（成员变量），用函数形式表示的对象行为称为成员函数（成员方法），属性和成员函数统称为类的成员。

类定义的简单形式如下：

```
class 类名:
    属性（成员变量）
    …
    成员函数（成员方法）
        …
```

例如，定义一个 Person 类：

```
class Person:
    num=1                    #num 是属性
    def SayHello(self):      #SayHello()是成员函数，self 是成员函数中必须填写的参数
        print("Hello!")
```

Person 类中定义了一个成员函数 SayHello(self)，用于输出字符串"Hello!"。同样，Python 使用缩进标识类的定义代码。

2. 实例对象的定义

实例对象就是类的实例。如果人类是一个类，那么某个具体的人就是一个实例对象。只有定义了具体的对象，才能通过"对象名.成员"来访问其中的数据成员或成员方法。

Python 创建实例的语法如下：

```
实例名 = 类名()
```

例如，下面的代码定义了一个 Person 类的实例 p：

```
p = Person()
p.SayHello()                        #访问成员函数 SayHello()
```

运行结果如下：

```
Hello!
```

2.3.2　构造函数

Python 中类可以定义一个特殊的叫作__init__()的方法（构造函数，以两条下画线"_"开头和结束）。类定义了__init__()方法以后，类实例化时就会自动为新生成的实例对象调用__init__()方法。构造函数一般用于为实例对象的数据成员设置初值或进行其他必要的初始化工作。如果用户未定义构造函数，Python 将提供一个默认的构造函数。

例如，定义一个复数类 Complex，使用构造函数进行类的成员变量的初始化工作：

```
class Complex:
  def __init__(self, realpart, imagpart):
        self.r = realpart
        self.i = imagpart
x = Complex(3.0,-4.5)
print(x.r, x.i)
```

运行结果如下：

```
3.0 -4.5
```

2.3.3 析构函数

Python 中类的析构函数是__del__()，用来释放实例对象占用的资源，在 Python 回收对象空间之前自动执行。如果用户未定义析构函数，Python 将提供一个默认的析构函数进行必要的清理工作。

例如：

```
class Complex:
    def __init__(self, realpart, imagpart):
        self.r = realpart
        self.i = imagpart
    def __del__(self):
        print("Complex 不存在了")
x = Complex(3.0,-4.5)
print(x.r, x.i)
print(x)
del x                          #删除 x，自动调用 x 对象的析构函数
```

运行结果如下：

```
3.0 -4.5
<__main__.Complex object at 0x01F87C90>
Complex 不存在了
```

说明：在删除 x 之前，x 实例对象存在，在内存中的标识为 0x01F87C90；执行"del x"语句后，x 对象不存在了，系统自动调用析构函数，所以输出"Complex 不存在了"。

2.3.4 实例属性和类属性

属性（成员变量）有两种，一种是实例属性，另一种是类属性（类变量）。实例属性是在构造函数__init__()中定义的，定义时以 self 作为开头；类属性是在类的方法之外定义的属性。在主程序中（在类定义的外部），实例属性属于实例对象，只能通过对象名访问；类属性属于类，可以通过类名访问，也可以通过对象名访问，为类的所有实例共享。

【例 2-8】定义含有实例属性（姓名 name，年龄 age）和类属性（人数 num）的 Person 类。

```
class Person:
    num=0                      #类属性，初始为 0，记录 Person 类的实例对象个数(人数)
    def __init__(self,str,n):   #类的构造函数
        self.name=str          #实例属性，姓名
        self.age=n             #实例属性，年龄
        Person.num+=1          #每创建一个类的实例，自动调用构造函数，num 增加 1
    def PrintInfo(self):        #成员函数，输出实例属性值(姓名和年龄)
        print("姓名:",self.name,"年龄:",self.age)
```

```
    def PrintPN(self):                  #成员函数，输出类属性值(num)
        print(Person.num)
p1=Person("夏敏捷",42)
p2=Person("张海",36)
p1.PrintInfo()
p2.PrintInfo()
print("目前人数: ",Person.num)         #在类定义的外部，输出类属性值
p1.PrintPN()
print(p1.num)
Person.PrintPN(p1)
```

运行结果如下：

```
姓名: 夏敏捷年龄: 42
姓名: 张海年龄: 36
目前人数:  2
2
2
2
```

num 变量是类属性，它的值将在这个类的所有实例之间共享。用户可以在类内部或类外部使用 Person.num 访问。

在类的成员函数中可以调用类的其他成员函数，可以访问类属性和实例属性。

在 Python 中比较特殊的是，可以动态地为类和对象增加成员，这一点是和很多面向对象程序设计语言不同的，也是 Python 动态类型特点的重要体现。

2.3.5 私有成员与公有成员

Python 并没有对私有成员提供严格的访问保护机制。在定义类的属性时，如果属性名以两条下画线开头则是私有属性，否则是公有属性。私有属性在类的外部不能直接访问，需要通过调用对象的公有成员方法来访问，或者通过 Python 支持的特殊方式来访问。Python 提供了访问私有属性的特殊方式，可用于程序的测试和调试，成员方法也具有同样的性质。这种方式如下：

```
实例名._类名+私有成员
```

例如，访问 Car 类私有成员__weight：

```
car1._Car__weight
```

私有属性是为了数据封装和保密而设的属性，一般只能在类的成员方法（类的内部）中使用、访问。虽然 Python 支持用一种特殊的方式来从外部直接访问类的私有成员，但是并不推荐这样做。公有属性是可以公开使用的，既可以在类的内部进行访问，也可以在外部程序中使用。

【例 2-9】为 Car 类定义私有成员。

```
class Car:
    price = 100000                      #定义类属性
    def __init__(self, c, w):
```

```
        self.color = c                      #定义公有属性 color
        self.__weight= w                    #定义私有属性__weight
#主程序
car1 = Car("Red",10.5)
car2 = Car("Blue",11.8)
print(car1.color)
print(car1._Car__weight)
print(car1.__weight)                        #运行后会提示 AttributeError, 即程序运行异常
```

运行结果如下:

```
Red
10.5
AttributeError: 'Car' object has no attribute '__weight'
```

2.3.6 方法

在 Python 中, 类的方法可以分为实例方法和类方法两类。

实例方法通过类的实例来调用。在实例方法的定义中, self 关键字用于引用实例, 并可以访问该实例的属性和方法。实例方法用于处理实例的数据, 如更新实例的属性值。

类方法通过类本身来调用, 而不是通过实例。在类方法的定义中, cls 关键字用于引用该类, 并可以访问该类的属性和方法。类方法一般用于处理类的数据, 如创建类的实例对象。类方法定义时需要在方法前添加 @classmethod 装饰器。

类中也可以定义私有方法, 私有方法的名字以两条下画线开始, 在类的内部调用私有方法需要使用 self 关键字, 在类的外部调用私有方法需要使用特殊方式。

静态方法一般用来定义与类无关的方法, 在类的内部可以访问类属性, 而访问实例属性和实例方法时会报错。静态方法在定义时需要添加@ staticmethod 装饰器。

【例 2-10】实例方法、私有方法、静态方法的定义和调用。

```
class Fruit:
    price=0                                 #类属性 price
    def __init__(self):
        self.__color='Red'                  #定义和设置私有属性__color
        self.__city='Kunming'               #定义和设置私有属性__city
    def __outputColor(self):                #定义私有方法__outputColor()
        print(self.__color)                 #访问私有属性__color
    def __outputCity(self):                 #定义私有方法__outputCity()
        print(self.__city)                  #访问私有属性__city
    def output(self):                       #定义实例方法 output()
        self.__outputColor()                #调用私有方法__outputColor()
        self.__outputCity()                 #调用私有方法__outputCity()
    @ staticmethod                          #静态方法装饰器
    def getPrice():                         #定义静态方法 getPrice()
        return Fruit.price                  #访问类属性
    @ staticmethod
    def setPrice(p):                        #定义静态方法 setPrice()
```

```
        Fruit.price=p
#主程序
apple=Fruit()
apple.output()                          #调用实例方法
print(Fruit.getPrice())                 #调用静态方法
Fruit.setPrice(9)
print(Fruit.getPrice())
```

运行结果如下：

```
Red
Kunming
0
9
```

2.3.7 类的继承

类的传承

继承是为代码复用和设计复用而设计的，是面向对象程序设计的重要特性之一。当我们设计一个新类时，如果可以继承一个已有的且设计良好的类，然后进行二次开发，无疑会大幅减少开发工作量。

在继承关系中，已有的、设计好的类称为父类或基类，新设计的类称为子类或派生类。派生类可以继承基类除构造方法之外的所有成员。

类继承语法：

```
class  派生类名(基类名):               #基类名写在圆括号里
       派生类成员
```

Python 中继承的一些特点如下。

（1）继承中基类的构造函数（__init__()方法）不会被自动调用，它需要在其派生类的构造函数中专门调用。

（2）如果需要在派生类中调用基类的方法，可通过"基类名.方法名()"的方式来实现，需要加上基类的类名前缀，且需要带上 self 参数。区别于在类中调用普通函数时，并不需要带上 self 参数。也可以使用内置函数 super()代替基类名实现这一目的。

（3）Python 总是首先查找对应类型的方法，如果不能在派生类中找到对应的方法，就开始到基类中逐个查找。（先在本类中查找调用的方法，找不到才去基类中查找。）

【**例 2-11**】设计 Person 类，并根据 Person 类派生 Student 类，分别创建 Person 类与 Student 类的实例对象。

```
#定义基类（Person 类）
import types
class Person(object):                #基类必须继承于 object，否则在派生类中将无法使用 super()函数
    def __init__(self, name = '', age = 20, sex = 'man'):
        self.setName(name)
        self.setAge(age)
        self.setSex(sex)
    def setName(self, name):
        if type(name) != str:         #内置函数 type()，返回被测对象的数据类型
            print('姓名必须是字符串。')
```

```
                        return
                    self.__name = name
            def setAge(self, age):
                if type(age) != int:
                    print('年龄必须是整数。')
                    return
                self.__age = age
            def setSex(self, sex):
                if sex != '男' and sex != '女':
                    print('性别输入错误')
                    return
                self.__sex = sex
            def show(self):
                print('姓名: ', self.__name, '年龄: ', self.__age ,'性别: ', self.__sex)
    #定义派生类（Student 类），增加一个入学年份私有属性（数据成员）
    class Student (Person):
        def __init__(self, name='', age = 20, sex = 'man', schoolyear = 2016):
            #调用基类的构造方法初始化从基类继承的私有数据成员
            super(Student, self).__init__(name, age, sex)
            #Person.__init__(self, name, age, sex)          #也可以这样初始化从基类继承的私有
数据成员
            self.setSchoolyear(schoolyear)                  #初始化派生类的数据成员
        def setSchoolyear(self, schoolyear):
            self.__schoolyear = schoolyear
        def show(self):
    Person.show(self)                                       #调用基类的 show()方法
    #super(Student, self).show()                            #也可以这样调用基类的 show()方法
            print('入学年份: ', self.__schoolyear)
    #主程序
    if __name__ =='__main__':                               #表示将本文件作为脚本直接执行
        zhangsan = Person('张三', 19, '男')
        zhangsan.show()
        lisi = Student ('李四', 18, '男', 2015)
        lisi.show()
        lisi.setAge(20)                                     #调用从基类继承的方法修改年龄
        lisi.show()
```

运行结果如下：

```
姓名: 张三年龄: 19 性别: 男
姓名: 李四年龄: 18 性别: 男
入学年份: 2015
姓名: 李四年龄: 20 性别: 男
入学年份: 2015
```

方法重写时，重写必须出现在继承中。重写是指在派生类继承了基类的方法之后，因

基类的方法的功能不能满足需求，对基类中的某些方法进行修改。

【例2-12】重写基类的方法。

```
class Animal:                              #定义基类 Animal
    def run(self):#定义基类的方法 run()
        print('Animal is running...')
class Cat(Animal):                         #定义派生类 Cat
    def run(self):#重写基类的方法 run()
        print('Cat is running...')
class Dog(Animal):                         #定义派生类 Dog
    def run(self):#重写基类的方法 run()
        print('Dog is running...')
c = Dog()                                  #定义派生类 Dog 的实例
c. run()                                   #调用派生类实例的方法（重写后的方法）
```

程序运行结果：

```
Dog is running...         #而不是 Animal is running...
```

当派生类 Dog 和基类 Animal 中都存在相同的 run()方法，派生类的实例对象调用 run()方法时，派生类的 run()方法覆盖了基类的 run()；在代码运行时，总是会调用派生类的 run()。这就是面向对象程序设计的另一个特点：多态。

2.4 Python 图形用户界面设计

Python 提供了多个用于开发图形用户界面程序的库，常用的 Python GUI 库如下。

Python 图形用户界面设计

（1）Tkinter：Tkinter 模块（"Tk 接口"）是 Python 的标准 Tk GUI 工具包的接口。Tkinter 可以在大多数的 UNIX 平台下使用，同样可以应用在 Windows 和 macOS 系统里。Tk 8.0 的后续版本可以实现本地窗口风格，设计的窗口能良好地运行在绝大多数平台中。

（2）wxPython：wxPython 是 Python 语言的一个优秀的、开源的 GUI 库，允许 Python 程序员方便地创建完整的、功能健全的 GUI。

Tkinter 是 Python 的标准 GUI 库。由于 Tkinter 是内置到 Python 的安装包中的，因此只要安装好 Python 就能直接导入 Tkinter 库，而且 Python 自带的集成开发和学习环境（Integrated Development and Learning Environment，IDLE）也是用 Tkinter 编写而成的。对于简单的图形用户界面设计，Tkinter 能应付自如，使用 Tkinter 可以快速地创建 GUI 应用程序。本书主要采用 Tkinter 设计图形用户界面。

2.4.1 创建 Windows 窗口

【例2-13】使用 Tkinter 创建一个简单的 GUI 程序。

```
import tkinter                             #导入 Tkinter 模块
root = tkinter.Tk()                        #创建 Windows 窗口对象
root.title("我的第一个 GUI 程序")           #设置窗口标题
```

```
root.mainloop()                      #进入窗口消息循环，保持窗口一直运行、显示
```

注意：代码第一行#encoding=utf-8 用于指明程序编码方式，如果省略此行代码，可能导致程序运行时出现异常。建议在 Tkinter 程序首行添加#encoding=utf-8。

以上代码运行效果如图 2-5 所示。

由此可见，使用 Tkinter 可以很方便地创建 Windows 窗口。

在创建 Windows 窗口对象后，可以使用 geometry() 方法设置窗口的大小，格式如下：

图 2-5　第一个 GUI 程序运行效果

```
窗口对象.geometry(size)
```

size 用于指定窗口大小，格式如下（注：x 是小写字母 x，不是乘号）：

```
宽度 x 高度
```

【例 2-14】创建 Windows 窗口对象，初始大小为"800x600"。

```
from tkinter import *
root = Tk()
root.geometry("800x600")
root.mainloop()
```

还可以使用 minsize()方法设置窗口的最小宽度和高度，使用 maxsize()方法设置窗口的最大宽度和高度，方法如下：

```
窗口对象. minsize（最小宽度，最小高度）
窗口对象. maxsize（最大宽度，最大高度）
```

例如：

```
root. minsize (400,600)
root. maxsize (1440,800)
```

Tkinter 包含许多组件，可供用户使用，2.4.3 小节将详细介绍。

2.4.2　几何布局管理器

Tkinter 的几何布局管理器（Geometry Manager）用于组织和管理父组件（往往是窗口）中子组件的布局方式。如果不为组件指定布局方式，组件将不显示。Tkinter 提供了 3 种不同风格的几何布局管理器：pack、grid 和 place。

1．pack 布局

pack 布局采用块的方式组织组件。pack 布局根据子组件创建时的顺序，将其放在快速生成的界面中，因方法简单而被广泛使用。

调用子组件的方法 pack()，则该子组件在其父组件中采用 pack 布局：

```
pack( option = value,… )
```

pack()方法提供表 2-1 所示的参数。

表 2-1 pack()方法提供的参数

参数	描述	取值说明
side	停靠在父组件的哪一边	'top'（默认值）、'bottom'、'left'、'right'
anchor	停靠位置，对应于上、下、右、左以及4个角	'n'、's'、'e'、'w'、'nw'、'sw'、'se'、'ne'、'center'（默认值）
fill	填充空间	'x'、'y'、'both'、'none'
expand	扩展空间	0 或 1
ipadx、ipady	组件内部在 x/y（水平/垂直）方向上填充的空间大小	单位为 c（厘米）、m（毫米）、i（英寸，1 英寸=2.54 厘米）、p（打印机的点）
padx、pady	组件外部在 x/y 方向上填充的空间大小	单位为 c（厘米）、m（毫米）、i（英寸）、p（打印机的点）

【例 2-15】创建使用 pack 布局的 GUI 程序。运行效果如图 2-6 所示。

```
from tkinter import *
root= Tk()
root.geometry("300x150")
l1= Label(root,text="hello ,Python")        #在 Windows 主窗口中创建标签 l1
l1.pack()                                    #显示标签 l1
btn1=Button(root,text="BUTTON1")            #创建标题文字是 BUTTON1 的 Button 组件实例 btn1
btn1.pack(side=left)                         #设置 btn1 左停靠显示
btn2=Button(root,text="BUTTON2")            #创建标题文字是 BUTTON2 的 Button 组件实例 btn2
btn2.pack(side=right)                        #设置 btn2 右停靠显示
root.mainloop()
```

2．grid 布局

grid 布局采用表格结构组织组件。子组件的位置由行和列确定，子组件可以跨越多行/列。每一列中，列宽由这一列中最宽的单元格确定。grid 布局适合表格形式的布局，可以实现较复杂的界面设计，因而广泛采用。

图 2-6 pack 布局管理

调用子组件的 grid()方法，则该子组件在其父组件中采用 grid 布局：

```
grid( option = value,… )
```

grid()方法提供表 2-2 所示的参数。

表 2-2 grid()方法提供的参数

参数	描述	取值说明
sticky	组件紧贴所在单元格的某一边角，对应于上、下、右、左以及4个角	'n'、's'、'e'、'w'、'nw'、'sw'、'se'、'ne'、'center'（默认值）
row	单元格行号	从 0 开始的正整数
column	单元格列号	从 0 开始的正整数
rowspan	行跨度	正整数
columnspan	列跨度	正整数
ipadx、ipady	组件内部在 x/y 方向上填充的空间大小	单位为 c（厘米）、m（毫米）、i（英寸）、p（打印机的点）
padx、pady	组件外部在 x/y 方向上填充的空间大小	单位为 c（厘米）、m（毫米）、i（英寸）、p（打印机的点）

grid 布局有两个最为重要的参数，一个是 row，另一个是 column。这两个参数用来指定将子组件放置到什么位置，如果不指定 row，会将子组件放置到第一个可用的行上；如果不指定 column，则使用第 0 列（首列）。

【例 2-16】创建使用 grid 布局的 GUI 程序。运行效果如图 2-7 所示。

```
from tkinter import *
root = Tk()
# 设置窗口运行时的位置和大小，窗口大小为 230x230，距离屏幕左侧 300、顶端 280，单位为像素
root.geometry("230x230+300+280")
root.title("计算器示例")
# grid 布局
L1 = Button(root, text = "1", width=5, bg="yellow")      #按钮 1
L2 = Button(root, text = "2", width=5)
L3 = Button(root, text = "3", width=5)
L4 = Button(root, text = "4", width=5)
L5 = Button(root, text = "5", width=5, bg="green")
L6 = Button(root, text = "6", width=5)
L7 = Button(root, text = "7", width=5)
L8 = Button(root, text = "8", width=5)
L9 = Button(root, text = "9", width=5, bg="yellow")
L0 = Button(root, text = "0")
Lp = Button(root, text = ".")
L1.grid(row = 0, column = 0)          #按钮 1 放置在 0 行 0 列
L2.grid(row = 0, column = 1)          #按钮 2 放置在 0 行 1 列
L3.grid(row = 0, column = 2)          #按钮 3 放置在 0 行 2 列
L4.grid(row = 1, column = 0)          #按钮 4 放置在 1 行 0 列
L5.grid(row = 1, column = 1)          #按钮 5 放置在 1 行 1 列
L6.grid(row = 1, column = 2)          #按钮 6 放置在 1 行 2 列
L7.grid(row = 2, column = 0)          #按钮 7 放置在 2 行 0 列
L8.grid(row = 2, column = 1)          #按钮 8 放置在 2 行 1 列
L9.grid(row = 2, column = 2)          #按钮 9 放置在 2 行 2 列
L0.grid(row = 3, column = 0,columnspan=2, sticky='ew')   #按钮 0 跨 2 列，左右贴紧
Lp.grid(row = 3, column = 2, sticky='ew')                #按钮.左右贴紧
root.mainloop()
```

3. place 布局

place 布局允许指定组件的大小与位置。place 布局的优点是可以精确控制组件的位置，缺点是改变窗口大小时，子组件不能随之灵活改变。

调用子组件的方法 place()，则该子组件在其父组件中采用 place 布局：

图 2-7　grid 布局管理

```
place(option = value,… )
```

place()方法提供表 2-3 所示的参数，可以直接给参数赋值加以修改。

表 2-3　place( )方法提供的参数

参数	描述	取值说明
x、y	组件左上角的绝对坐标（相对于窗口）	非负整数
relx、rely	组件左上角的坐标（相对于父组件）	取值范围为 0～1.0，relx 表示相对于父组件的位置，0 表示最左，1 表示最右，0.5 表示正中间
height、width	组件的高度和宽度	非负整数
anchor	对齐方式，对应于上、下、右、左以及 4 个角	'n'、's'、'e'、'w'、'nw'、'sw'、'se'、'ne'、'ew'、'center'（'center'为默认值）

注意，Python 坐标系的左上角为原点(0,0)，向右是 x 轴正方向，向下是 y 轴正方向，这和数学的直角坐标系不同。

【例 2-17】创建使用 place 布局的 GUI 程序。运行效果如图 2-8 所示。

```python
from tkinter import *
root = Tk()
root.title("登录")                              #设置窗口标题
root["width"]=230
root["height"]=110                              #设置窗口大小为 230x110
Label(root,text="用户名",width=6).place(x=1,y=10)    # "用户名"标签的绝对坐标为(1,10)
Entry(root,width=20).place(x=45,y=10)           #单行文本框的绝对坐标为(45,10)
Label(root,text="密码",width=6).place(x=1,y=40)      # "密码"标签的绝对坐标为(1,40)
Entry(root,width=20, show='*').place(x=45,y=40) #单行文本框的绝对坐标为(45,40)
Button(root,text="登录",width=8).place(x=40,y=70)    # "登录"按钮的绝对坐标为(40,70)
Button(root,text="取消",width=8).place(x=110,y=70)   # "取消"按钮的绝对坐标为(110,70)
root.mainloop()
```

图 2-8　place 布局管理

2.4.3　Tkinter 组件

在 GUI 程序中可以使用 Tkinter 提供的各种组件。表 2-4 列举了 Tkinter 的常见组件。

表 2-4　Tkinter 的常见组件

组件	描述
Button	命令按钮组件
Canvas	画布组件，提供绘图功能，可绘制直线、矩形、椭圆等
Checkbutton	复选框组件，供用户选择
Entry	单行文本框组件，供用户输入简单内容并可回显
Frame	框架组件，在屏幕上显示一个矩形区域，作为容器装载其他组件

组件	描述
Label	标签组件，用于显示文本或位图
Listbox	列表框组件，列出多个项目，供用户选择
Menu	菜单组件，可以显示菜单栏、下拉菜单和弹出菜单
Menubutton	菜单按钮组件，用于显示菜单项
Message	消息框组件，用于显示多行文本，与 Label 类似
Radiobutton	单选按钮组件
Scale	滑动条组件，拖动滑块在起始值和结束值之间选择精确值
Scrollbar	滚动条组件，为其他组件（Canvas、Listbox、Entry 等）提供滚动能力
Text	多行文本框组件
Toplevel	顶层容器组件，为其他组件提供容器，作用和窗口的类似
Spinbox	微调选择器组件，用户可通过该组件的向上或向下按钮选择不同的值
PanedWindow	分区窗口，该容器可被划分为多个区域，每添加一个组件占一个区域，用户可以拖动分隔线来改变各区域的大小
LabelFrame	容器组件，类似于 Frame，支持添加标题
tkMessageBox	消息框组件，有多种类型
Treeview	图形组件，展示树形结构或列表结构

通过组件类的构造函数可以初始化其实例对象。例如：

```
from tkinter import *
root = Tk()
btn1=Button(root, text = "确定")                    #创建按钮实例时自动调用按钮的构造函数
```

组件的标准属性也就是所有组件（控件）的共同属性，如大小、字体和颜色等。常用的标准属性如表 2-5 所示。

表 2-5　Tkinter 组件常用的标准属性

属性	描述
dimension	组件大小
color	组件颜色
font	组件标题文字的字体格式，以元组给出字体、字号和字体样式。字体样式可以是 bold、italic、underline、overstrike 或多种样式组合
anchor	锚点（内容停靠位置），可以是 n、ne、e、se、s、sw、w、nw 或 center
relief	组件边框样式，可以是 3D 边框 sunken（凹陷）、ridge（脊线）、raised（凸起）、groove（压线），或 2D 边框 flat（平）、solid（实线）
bitmap	组件显示的位图，内置位图包括"error"、"gray75"、"gray50"、"gray25"、"gray12"、"info"、"questhead"、"hourglass"、"question"和"warning"
cursor	当鼠标指针移到组件上时鼠标指针的类型，可以是 crosshair、watch、xterm、fleur 或 arrow
text	组件的标题文字
state	组件的状态，可以是 NORMAL（正常）、DISABLED（禁用）、ACTIVE（激活）

可以通过下列方式之一设置组件实例的属性。

```
btn1=Button(root, text = "确定")          #通过组件的构造函数
btnl.config(text = "确定")               #通过组件实例的config()方法
btnl["text"]= "确定"                     #通过添加字典元素的方式
```

1. Label 组件

Label 组件用于在窗口中显示文本或位图。anchor 属性用于指定文本（text）或位图 （bitmap/image）在 Label 中的停靠位置（见图 2-9，其他组件同此），即上、下、右、左以及 4 个角，可用值如下。

Label 组件

```
e: 垂直居中，水平居右
w: 垂直居中，水平居左
n: 垂直居上，水平居中
s: 垂直居下，水平居中
ne: 垂直居上，水平居右
se: 垂直居下，水平居右
sw: 垂直居下，水平居左
nw: 垂直居上，水平居左
center（默认值）：垂直居中，水平居中
```

【例 2-18】Label 组件示例，运行效果如图 2-10 所示。

```
from tkinter import *
root = Tk()
root.title("我的窗口")              #创建主窗口
#在主窗口中创建并显示 l1 标签，标题文字是 "你好"，标题在标签内停靠在左上角位置
l1 = Label(root,text = "你好", anchor= "nw")
l1.pack()
# 创建并显示 l2 标签，指定标签显示内置的 question（疑问）位图
l2 = Label(root, bitmap = "question")
l2.pack()
# 创建 l3 标签，显示自选图片，使用相对引用路径，图片所在的文件夹 Img 与.py 文件在同一目录下
bm = PhotoImage(file = r"Img\aa.gif")     #bm 是图片对象
l3 = Label(root,image = bm)
l3.pack()
root.mainloop()
```

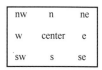

图 2-9　anchor 停靠位置示意

图 2-10　Label 组件示例

2．Button 组件

Button 组件是一个标准 Tkinter 组件，用于实现各种命令按钮。按钮可以包含文本或图像，可以通过 command 属性或 bind()方法将 Python 函数绑定到按钮上。当按钮被按下时，程序会自动调用相关函数，具体用法详见后面的例题。

Button 组件

3．Entry 和 Text 组件

Entry 组件主要用于输入单行内容和显示文本。用户使用 Entry 组件可以方便地向程序传递参数。Entry 组件的使用要点如下。

Entry 组件

（1）创建和显示 Entry 实例对象

方法如下：

```
Entry对象 = Entry (父容器对象)#父容器对象可以是root（主窗口），也可以是其他容器
Entry对象.pack()#使用pack布局，还可以使用grid或place布局
```

（2）使用 StringVar 变量绑定 Entry 实例对象

使用 StringVar 变量绑定 Entry 实例对象，变量值发生变化，组件内容也发生变化。Entry 实例对象内容发生变化，StringVar 变量也发生变化。可以通过 StringVar 变量的 set()方法或 get()方法设置或获取 Entry 实例对象的内容。例如：

```
s=StringVar()                       #s 是 StringVar 变量
e1= Entry(root, textvariable=s)#e1 是 Entry 组件的实例对象，通过 textvariable 属性绑定变量 s
s.set("大家好，这是测试")            #通过 s 的 set()方法设置 e1 的显示内容
print(s.get())                      #通过 s 的 get()方法获得 e1 内容并输出
```

（3）Entry 的常用属性

常用属性如下。

show：如果设置为字符*，则单行文本框内显示*，适用于密码输入。

insertbackground：光标的颜色，默认为黑色。

selectbackground 和 selectforeground：选中文本的背景颜色与前景颜色。

width：组件的宽度（所占字符个数）。

fg：前景颜色。

bg：背景颜色。

state：设置组件状态，默认为 NORMAL，可设置为 DISABLED、ACTIVE。

【例 2-19】使用 Entry 组件创建一个能进行温度转换的 GUI 程序。运行效果如图 2-11 所示。

参考代码如下：

图 2-11　温度转换的 GUI 程序

```
from tkinter import *
root=Tk()
root.title("温度转换")
root.geometry("300x100")
l1=Label(root,text="请输入摄氏温度值：")         #创建标签 l1
l1.pack()                                        #显示标签 l1
```

```
x=StringVar()                              #x 是 StringVar 变量
#创建单行文本框，与 x 通过 textvariable 属性绑定
Entry(root,textvariable=x,width=30).pack()
btn1=Button(root,text="转换",width=10)      #创建按钮 btn1, 标题文字是 "转换"
btn1.pack()                                #显示 btn1
def tempConvert(event):                    #定义 "温度转换" 函数
    a = x.get()                            #通过 x 的 get()方法获得用户在单行文本框内的输入内容
    b = str(1.8 * float(a) + 32) + "°F"
    l1["text"]=a+"°C = "+b                 #修改标签 l1 的显示内容
btn1.bind("<Button-1>",tempConvert)#将按钮的鼠标单击事件与 "温度转换" 函数进行事件绑定
root.mainloop()
```

同样，Tkinter 提供多行文本框组件 Text，用于输入多行内容和显示文本。Text 组件的使用方法类似于 Entry 的，请读者参考 Tkinter 手册。

Listbox 组件

4．Listbox 组件

Listbox 组件用于显示多个项目，并且允许用户选择一个或多个项目。
（1）创建和显示 Listbox 实例对象
方法如下：

```
Listbox 对象 = Listbox (父容器对象)
Listbox 对象.pack()
```

（2）插入文本项
使用 insert()方法向 Listbox 组件中插入文本项，方法如下：

```
Listbox 对象.insert(index,item)
```

其中，index 表示插入文本项的位置，如果在尾部插入文本项，则可以使用 END；如果在当前选中处插入文本项，则可以使用 ACTIVE。item 表示要插入的文本项。
（3）返回选中项目的索引
方法如下：

```
Listbox 对象.curselection()
```

返回当前选中项目的索引，结果为元组。
注意：索引从 0 开始，0 表示第一项。
（4）删除文本项
方法如下：

```
Listbox 对象.delete(first,last)
```

删除指定范围(first,last)的项目，不指定 last 时，仅删除 1 个项目。
（5）获取项目
方法如下：

```
Listbox 对象.get(first,last)
```

获取指定范围(first,last)的项目，不指定 last 时，仅返回 1 个项目。

Python 编程基础 ／ 第 2 章

（6）获取项目个数

方法如下：

```
Listbox 对象.size()
```

（7）Listbox 对象与 StringVar 变量绑定

可以使用 listvariable 属性为 Listbox 对象绑定一个 StringVar 变量，例如：

```
m= StringVar()
listb =Listbox(root, listvariable =m)
```

绑定后就可以使用变量 m 的 set()或 get()方法，设置或获取 Listbox 的内容。

注意：如果允许用户选择多个项目，需要将 Listbox 对象的 selectmode 属性设置为 MULTIPLE 或 EXTENDED 表示多选，而设置为 SINGLE 则表示单选。

【例 2-20】创建从一个列表框选择内容添加到另一个列表框的 GUI 程序。运行效果如图 2-12 所示。

参考代码如下：

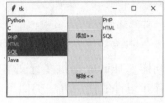

图 2-12　含有两个列表框组件的 GUI 程序

```
from tkinter import *
root=Tk()
def addContent():        #定义从"左侧列表"添加选中项内容至"右侧列表"的函数
    for i in ls1.curselection():      #遍历左侧列表框的选中项
        ls2.insert(END,ls1.get(i))
def removeContent():    #定义移除"右侧列表"选中项内容的函数
    for i in ls2.curselection():      #遍历右侧列表框的选中项
        ls2.delete(i)
s1=StringVar()          #定义 StringVar 变量 s1
ls1=Listbox(root,listvariable=s1,selectmode=EXTENDED)    #创建左侧列表框 ls1，与 s1 绑定
ls1.grid(row=0,column=0,rowspan=2)      #列表框 ls1 采用 grid 布局
l=["Python","C","PHP","HTML","SQL","Java"]    #定义内容列表 l
s1.set(l)                  #为左侧列表框添加列表 1 的所有元素
#创建和显示"添加>>""移除<<"按钮，并通过 command 属性设置按钮的行为
btn1=Button(root,text="添加>>",width=10,command=addContent)
btn1.grid(row=0,column=1)
btn2=Button(root,text="移除<<",width=10,command=removeContent)
btn2.grid(row=1,column=1)
#创建和显示右侧列表框 ls2
ls2=Listbox(root,selectmode=EXTENDED)
ls2.grid(row=0,column=2,rowspan=2)
root.mainloop()
```

5．Radiobutton 和 Checkbutton 组件

Radiobutton 和 Checkbutton 组件分别用于实现单选和复选功能。Radiobutton 用于实现

在一组单选按钮中选中一个单选按钮（不能同时选择多个）。Radiobutton 可以显示文本，也可以显示图像。Checkbutton 用于选择一个复选框或多个复选框。同样，Checkbutton 可以显示文本，也可以显示图像。

Radiobutton 和
Checkbutton 组件-1

（1）创建和显示 Radiobutton 实例对象

创建和显示 Radiobutton 对象的基本方法如下：

Radiobutton 和
Checkbutton 组件-2

```
Radiobutton 对象 = Radiobutton (父容器对象,text = 显示文本)
Radiobutton 对象.pack()
```

（2）Radiobutton 组件常用属性

常用属性如下。

variable：单选按钮索引变量（类型为 StringVar），通过变量的值确定哪个单选按钮被选中。一组单选按钮使用同一个索引变量。

value：单选按钮被选中时变量的值。

command：单选按钮被选中时执行的命令（函数）。

使用 StringVar 变量绑定一组 Radiobutton 组件，方法是设置同组的每个 Radiobutton 对象的 variable 属性为同一个 StringVar 变量。还需要为每个 Radiobutton 对象设置 value 属性，用以标识单选按钮。例如：

```
# 定义包含 2 个单选按钮的单选按钮组
x=StringVar()           #定义 StringVar 变量 x
r1=Radiobutton(root,text="男",value="M",variable=x)#创建单选按钮 r1, 变量的值是 M, 与 x 绑定
r2=Radiobutton(root,text="女",value="F",variable=x)#创建单选按钮 r2, 变量的值是 F, 与 x 绑定
r1.pack(); r2.pack()#显示 r1 和 r2
x.set("F")              #设置单选按钮组的默认选中按钮,后续通过 x 的 get()方法获取用户的选择
```

（3）Radiobutton 组件常用方法

常用方法如下。

deselect( )：取消选择单选按钮。

select( )：选择单选按钮。

invoke( )：调用 Radiobutton 的 command 指定的回调函数。

（4）创建和显示 Checkbutton 实例对象

创建和显示 Checkbutton 对象的基本方法如下：

```
Checkbutton 对象 = Checkbutton(父容器对象,text = 显示文本)
Checkbutton 对象.pack()
```

（5）Checkbutton 组件常用属性

常用属性如下。

variable：复选框索引变量（类型为 IntVar），通过变量的值确定哪些复选框被选中。每个复选框使用不同的变量，使复选框相互独立（此处与 Radiobutton 有明显区别）。

onvalue：复选框被选中（有效）时变量的值。

offvalue：复选框未被选中（无效）时变量的值。

command：复选框被选中时执行的命令（函数）。

为了知晓 Checkbutton 组件是否被选中，需要使用 variable 属性为每个 Checkbutton 对

象指定一个对应的 IntVar 变量，后续通过调用变量的 get()方法获得用户的选择。例如：

```
x= IntVar()                    #定义 IntVar 变量 x
#创建复选框 c1，与 x 绑定，数值 1 表示选中、0 表示没选中
c1= Checkbutton(root,text='喜欢',variable=x,onvalue=1,offvalue=0)
c1.pack()                      #显示复选框 c1
print(x.get())                 #如果用户选择喜欢，则输出 1，否则输出 0
```

【例 2-21】通过单选按钮、复选框设置文字样式。运行效果如图 2-13 所示。

```
import tkinter as tk
def colorChecked():
    label_1.config(fg = color.get())
def typeChecked():
    textType = typeBold.get() + typeItalic.get()
    if textType == 1:
        label_1.config(font = ("Arial", 12, "bold"))
    elif textType == 2:
        label_1.config(font = ("Arial", 12, "italic"))
    elif textType == 3:
        label_1.config(font = ("Arial", 12, "bold italic"))
    else :
        label_1.config(font = ("Arial", 12))

root = tk.Tk()
root.title("Radio & Check Test")
label_1 = tk.Label(root, text = "Check the format of text.", height = 3, font=
("Arial", 12))
label_1.config(fg = "blue")             #初始颜色为蓝色
label_1.pack()
color = tk.StringVar()                  #3 个颜色的 Radiobutton 定义了同样的变量 color
color.set("blue")
tk.Radiobutton(root, text  = "红色", variable = color, value =  "red", command =
colorChecked).pack(side = tk.LEFT)
tk.Radiobutton(root, text = "蓝色", variable = color, value = "blue", command =
colorChecked).pack(side = tk.LEFT)
tk.Radiobutton(root, text = "绿色", variable = color, value = "green", command =
colorChecked).pack(side = tk.LEFT)
typeBold = tk.IntVar()                  #定义了 typeBold 变量表示文字是否显示为粗体
typeItalic = tk.IntVar()                #定义了 typeItalic 变量表示文字是否显示为斜体
tk.Checkbutton(root, text = "粗体", variable = typeBold, onvalue = 1, offvalue =
0, command = typeChecked).pack(side = tk.LEFT)
tk.Checkbutton(root, text = "斜体", variable = typeItalic, onvalue = 2, offvalue
= 0, command = typeChecked).pack(side = tk.LEFT)
root.mainloop()
```

　　在代码中，文字的颜色通过 Radiobutton 来选择，同一时间只能选择一个颜色。在"红色""蓝色""绿色"3个单选按钮中，定义了同样的变量 color，选择不同的单选按钮会为 color 变量赋予不同的字符串值，内容即对应

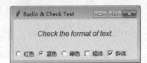

图 2-13　设置文字样式运行效果

的颜色。

任何单选按钮被选中都会触发 colorChecked() 函数，将标签颜色修改为对应单选按钮表示的颜色。

文字的粗体、斜体样式则由复选框实现，代码中分别定义了 typeBold 和 typeItalic 变量来表示文字是否显示为粗体和斜体。

某个复选框的状态改变会触发 typeChecked() 函数，该函数负责判断当前哪些复选框被选中，并将文字设置为对应的样式。

6．Menu 组件

Menu 组件

GUI 程序通常会提供菜单，菜单包含按照主题分组的基本菜单项。GUI 程序一般包括主菜单和上下文菜单两种菜单。

主菜单：窗口的系统菜单。通过单击可打开下拉子菜单，再单击即可选择菜单项，执行相关的操作。常见的主菜单通常包括文件、编辑、视图、帮助等。

上下文菜单（也称为快捷菜单）：右击某对象而弹出的菜单，一般包含与该对象相关的常用菜单项，如剪切、复制、粘贴等。

限于篇幅，这里仅介绍主菜单的创建。Tkinter 中使用 Menu 组件创建 Menu 对象。创建 Menu 对象的基本方法如下：

```
Menu 对象 = Menu(Windows 窗口对象)
```

将 Menu 对象显示在窗口中的方法如下：

```
Windows 窗口对象['menu'] = Menu 对象
```

【例 2-22】使用 Menu 组件创建主菜单。运行效果如图 2-14 所示。

```
from tkinter import *
root = Tk()
def hello():                           #定义菜单项的事件处理函数，一般需要为每个菜单项单独编写
    print("你单击了主菜单")
m = Menu(root)#创建主菜单 m
for item in ['文件','编辑','视图']:    #通过循环添加 3 个菜单项
    m.add_command(label =item, command = hello)#菜单项的显示标题和事件绑定
root['menu'] = m                       #将主菜单显示在窗口中
root.mainloop()
```

7．消息框（消息窗口）

Tkinter 模块的子模块 messagebox 用于弹出消息框向用户进行告警，或让用户选择下一步如何操作。消息框包括很多类型，常用的有 info、warning、error、yesno、okcancel 等，包含不同的图标、按钮以及弹出提示音。

【例 2-23】创建演示各类消息框的程序，消息框运行效果如图 2-15 所示。参考代码如下：

图 2-14　使用 Menu 组件
创建主菜单运行效果

```
import tkinter as tk
from tkinter import messagebox as msgbox
```

```
    def btn1_clicked():            #创建按钮1的事件处理函数
        msgbox.showinfo(title="Info", message= "Showinfo test.")   #弹出消息框，内容是
"Showinfo test."
    def btn2_clicked():
        msgbox.showwarning("Warning", "Showwarning test.")
    def btn3_clicked():
        msgbox.showerror("Error", "Showerror test.")
    def btn4_clicked():
        msgbox.askquestion("Question", "Askquestion test.")
    def btn5_clicked():
        msgbox.askokcancel("OkCancel", "Askokcancel test.")
    def btn6_clicked():
        msgbox.askyesno("YesNo", "Askyesno test.")
    def btn7_clicked():
        msgbox.askretrycancel("Retry", "Askretrycancel test.")
root = tk.Tk()                    #创建主窗口
root.title("MsgBox Test")         #设置窗口标题
btn1 = tk.Button(root, text = "showinfo", command = btn1_clicked)    #创建按钮btn1
btn1.pack(fill = tk.X)                                    #显示btn1,在水平方向铺满窗口
btn2 = tk.Button(root, text = "showwarning", command = btn2_clicked)
btn2.pack(fill = tk.X)
btn3 = tk.Button(root, text = "showerror", command = btn3_clicked)
btn3.pack(fill = tk.X)
btn4 = tk.Button(root, text = "askquestion", command = btn4_clicked)
btn4.pack(fill = tk.X)
btn5 = tk.Button(root, text = "askokcancel", command = btn5_clicked)
btn5.pack(fill = tk.X)
btn6 = tk.Button(root, text = "askyesno", command = btn6_clicked)
btn6.pack(fill = tk.X)
btn7 = tk.Button(root, text = "askretrycancel", command = btn7_clicked)
btn7.pack(fill = tk.X)
root.mainloop()
```

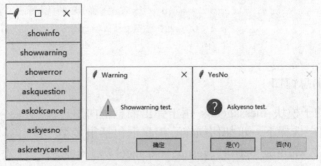

图 2-15　消息框运行效果

8．Treeview 组件

Tkinter 模块的子模块 ttk 中的 Treeview 组件，是一个用来展示树形结构或列表结构的
图形组件。Treeview 组件的属性如表 2-6 所示。

表 2-6　Treeview 组件的属性

属性	描述
columns	值是一个列表，列表里每个元素代表一个列标识符
displaycolumns	值是一个列表，这里的元素是列标识符，表示哪些列可以显示以及显示顺序，或者用'#all'表示全部显示
height	设置显示数据的行数（如果实际数据少于设置的行数，则按实际数据显示）
padding	设置内部填充，是一个最多有 4 个元素的列表（左、上、右、下）
selectmode	设置数据选择模式是单行还是多行。"extended"表示可选多行（用 Ctrl+鼠标左键），"browse"表示每次只能选一行，"none"表示不能改变选择，默认是"extended"
show	设置组件显示模式，"tree"表示仅显示第一列（单树模式），"headings"表示显示除第一列的其他列（单列表模式），默认是"tree headings"，显示所有列

例如：

```
tv=ttk.Treeview(root,columns=['姓名','数学','语文','英语'],show="headings",height=5)
```

表示建立 4 列的表格（单列表模式），列标识符是'姓名'、'数学'、'语文'、'英语'，并且显示 5 行数据。

这里主要介绍用 Treeview 实现表格（单列表模式）的相关操作，如添加数据、删除选中的行、修改列宽和删除所有数据。

【例 2-24】创建程序演示 Treeview 的增加、删除、修改和设置等操作。运行效果如图 2-16 所示。参考代码如下：

图 2-16　Treeview 运行效果

```
from tkinter import *
from tkinter.ttk import Treeview
root=Tk()                        #创建主窗口
root.geometry("320x200")         #设置窗口大小
Label(root,text="成绩表").pack()#创建并显示标签"成绩表"
columnname=['姓名','数学','语文','英语']#创建列表，保存列标识符
#创建列表，保存数据
data=[('张海','90','88','95'),('李丽','100','92', '90'),('赵大强','88','90', '91')]
#创建 Treeview 组件实例对象 tv，headings 表示使用单列表模式，显示 4 列 5 行
tv=Treeview(root,columns=columnname,show="headings",height=5)
for i in range(4):
    tv.column(columnname[i],width=70,anchor="w")    #设置列宽，单元格内文字内容左对齐
    tv.heading(columnname[i],text=columnname[i])    #设置列标识符
tv.pack()                                           #显示 tv
#为 tv 对象添加 3 行 data 中的数据，parent 指定没有父节点，新数据在前一行的末尾追加
for i in range(3):
    tv.insert(parent="",index=END,values=data[i])

def modifyWidth():                   #定义修改列宽的函数
    tv.column(2,width=50)            #修改第 3 列的宽度，列名从 0 开始

def insertValue():                   #定义增加数据的函数
```

```
                record=("李智宽","88","90","91")#定义元组，待插入数据
                tv.insert(parent="",index=1,values=record)  #在tv第2行插入1行数据，索引从0开始

        def deleteAll():                        #定义删除所有数据行的函数
            records=tv.get_children()           #获得tv的所有行
            for r in records:
                tv.delete(r)                    #逐行删除

        def deleteData():                       #定义删除1行数据的函数
            if not tv.selection():return        #如果没有选择行，则不进行处理
            for i in tv.selection():            #逐行删除所有已选择的行
                tv.delete(i)

        f1=Frame(root)                          #创建Frame组件实例f1
        f1.pack()
        #在f1中创建"修改列宽"按钮，单击后调用modifyWidth()修改列宽函数
        Button(f1,text="修改列宽",command=modifyWidth).pack(side=LEFT)
        Button(f1,text="增加数据",command=insertValue).pack(side=LEFT)
        Button(f1,text="删除全部",command=deleteAll).pack(side=LEFT)
        Button(f1,text="删除所选",command=deleteData).pack(side=LEFT)
        root.mainloop()
```

2.4.4　Python 事件处理

Python 图形用户界面程序在运行时一直处于事件循环（Event Loop）中，它等待事件发生，并做出相应的处理。例如，程序运行时，用户按键盘上某一个键、单击或移动鼠标，对于这些事件，程序需要做出反应。Tkinter 提供的组件通常都有自己可以识别的事件。例如，当按钮被单击时，执行特定操作；当一个输入框获得焦点，而用户又按了键盘上的某些按键时，输入的内容就会显示在输入框内。

程序可以使用事件处理函数来指定当触发某个事件时所做的反应（操作）。

1．事件类型

事件类型的通用格式：

```
<[modifier-]…type[-detail]>
```

事件类型必须放置于角括号内。type 用于描述类型，如按键、单击；modifier 用于定义组合键，如 Ctrl、Alt；detail 用于明确定义是哪一个键或按钮的事件，如 1 表示鼠标左键、2 表示鼠标中键、3 表示鼠标右键。例如：

\<Button-1\>：按鼠标左键。

\<KeyPress-A\>：按键盘上的 A 键。

\<Control-Shift-KeyPress-A\>：同时按 Ctrl、Shift、A 这 3 个键。

Python 中事件主要有键盘事件（见表 2-7）、鼠标事件（见表 2-8）、组件事件（见表 2-9）。

表 2-7　键盘事件

名称	描述
KeyPress-A	按 A 键时触发，A 键可用其他键替代
KeyRelease-A	释放 A 键时触发，A 键可用其他键替代

表 2-8　鼠标事件

名称	描述
ButtonPress-1 或 Button-1	按鼠标左键时触发，1 替换为 2 表示按鼠标中键，替换为 3 表示按鼠标右键
ButtonRelease-1	释放鼠标左键时触发
B1-Motion	按住鼠标左键并移动时触发
Enter	当鼠标指针移进某组件区域时触发
Leave	当鼠标指针移出某组件区域时触发
MouseWheel	滚动鼠标滚轮时触发

表 2-9　组件事件

名称	描述
Visibility	当组件变为可视状态时触发
Unmap	当组件由可视状态变为隐藏状态时触发
Map	当组件由隐藏状态变为显示状态时触发
Expose	当组件从原本被其他组件遮盖的状态中暴露出来时触发
FocusIn	当组件获得焦点时触发
FocusOut	当组件失去焦点时触发
Configure	当改变组件大小时触发。例如拖曳组件边缘
Property	当组件的属性被删除或改变时触发，属于 Tkinter 的核心事件
Destroy	当组件被销毁时触发
Activate	与组件属性中的 state 有关，表示组件由不可用转为可用。例如按钮由 DISABLED（显示为灰色）转为 ENABLED
Deactivate	与组件选项中的 state 项有关，表示组件由可用转为不可用。例如按钮由 ENABLED 转为 DISABLED

组合键定义中常用的修饰符如表 2-10 所示。

表 2-10　组合键定义中常用的修饰符

修饰符	描述
Alt	按 Alt 键
Any	按任何键，例如<Any-KeyPress>
Control	按 Ctrl 键
Double	两个事件在短时间内发生，例如<Double-Button-1>
Lock	按 Caps Lock 键
Shift	按 Shift 键
Triple	类似于 Double，3 个事件在短时间内发生

可以用短格式表示事件，例如，<1>等同于<Button-1>、<x>等同于<KeyPress-x>。

对于大多数的单字符按键，还可以忽略"<>"符号，但是空格键和角括号键不能这样做（正确的表示分别为<space>、<less>）。

2．事件绑定

Python 的 Tkinter 提供了处理相关事件的机制，事件处理函数可以绑定各个对象的各种事件。事件绑定有以下 3 种方式。

（1）通过组件的 command 属性绑定

创建组件实例时，通过 command 属性绑定事件处理函数。例如：

```
def callback():                                         #事件处理函数
    showinfo("Python command","人生苦短、我用 Python")
Btn1=Button(root, text="设置 command 事件调用命令",command=callback)
Btn1.pack()
```

（2）通过实例的 bind()方法绑定

通过调用实例的 bind()方法，为指定组件实例绑定事件处理函数。

例如，c1 是一个 Canvas 组件实例，事先已写好 drawLine()事件处理函数，其功能是画一条直线。当在 c1 区域单击时，要触发 drawLine()画直线，可以这样实现事件绑定：

```
c1.bind("<Button-1>", drawLine)
```

其中 bind()的第一个参数是事件描述符，第二个参数是事件处理函数名。注意：drawLine后面的圆括号已省略，这里只是声明，并非实现函数调用。

（3）通过标识绑定

在 Canvas（画布）中绘制各种图形，将图形与事件绑定可以使用标识绑定函数 tag_bind()。预先为图形定义标识后，通过标识来绑定事件。例如：

```
c1.tag_bind("r1","<Button-1>",printRect)
```

【例 2-25】通过标识绑定的简单例子。

```
from tkinter import *
root = Tk()
def printRect1(event):
    print("rectangle 左键事件")
def printRect2(event):
    print("rectangle 右键事件")
def printLine(event):
    print("Line 左键事件")
c1 = Canvas(root,bg="white")            #创建 Canvas 组件实例 c1，设置其背景颜色为白色
#在 Canvas 中绘制矩形，标识为 r1，矩形对角线的两端点分别是(10,10)、(110,110)，边框宽度为 3
rt1 = c1.create_rectangle(10,10,110,110,width=3,tags="r1")
c1.tag_bind("r1","<Button-1>",printRect1)      #为标识 r1 绑定事件处理函数
c1.tag_bind("r1","<Button-3>",printRect2)
#在 Canvas 中绘制直线，标识为 r2，直线的两端点分别是(180,70)、(280,70)，线条粗细为 3
c1.create_line(180,70,280,70,width=3,tags = 'r2')
c1.tag_bind("r2","<Button-1>",printLine)       #为标识 r2 绑定事件处理函数
```

```
c1.pack()
root.mainloop()
```

本例中，单击矩形的边框或直线才会触发事件，矩形既响应鼠标左键事件又响应鼠标右键事件，直线仅响应鼠标左键事件。

3．事件处理函数

Python 通过自定义函数来进行事件处理。

（1）定义事件处理函数

事件处理函数往往有一个 event 参数。如果相关事件发生，事件处理函数会被触发，event 事件对象会传递给事件处理函数。例如：

```
def callback(event):                              #事件处理函数
    showinfo("Python command","人生苦短、我用 Python")
```

（2）event 事件对象的参数

event 事件对象包含各种相关参数（属性），如表 2-11 所示。

表 2-11　Event 事件对象的主要参数

参数	描述
x、y	鼠标指针当前位置，相对于父容器
x_root、y_root	鼠标指针当前位置，相对于屏幕
keysym	按键名称，用字符串命名按键，如 Escape、F1 至 F12、Scroll_Lock、Pause、Insert、Delete、Home、Prior（表示 Page Up 键）、Next（表示 Page Down 键）、End、Up、Right、Left、Down、Shitf_L、Shift_R、Control_L、Control_R、Alt_L、Alt_R
keycode	按键码，但是它不能反映事件前缀，如 Alt、Control、Shift、Lock，并且它不区分大小写，即 a 和 A 的按键码是相同的
keysym_num	用数字代码命名按键
char	按键字符，仅对键盘事件有效
time	时间
type	所触发的事件类型
widget	触发事件的组件

Event 事件对象部分按键详细信息如表 2-12 所示。

表 2-12　Event 事件对象部分按键详细信息

keysym	keycode	keysym_num	说明
Alt_L	64	65513	左手边的 Alt 键
Alt_R	113	65514	右手边的 Alt 键
BackSpace	22	65288	BackSpace 键
Cancel	110	65387	Pause Break 键
F1～F11	67～77	65470～65480	功能键 F1～F11
Print	111	65377	打印屏幕键

【例 2-26】 触发 KeyPress 键盘事件，运行效果如图 2-17 所示。

```
from tkinter import *
def printKey(event):                  #定义事件处理函数，监听键盘事件
    print("你按了: ",event.char)      #输出 event 事件对象的 char 属性，即按键字符
root=Tk()
e1=Entry(root)                        #创建单行文本框 e1
e1.bind("<KeyPress>",printKey)        #为 e1 绑定事件处理函数，响应 KeyPress 事件
e1.pack()
root.mainloop()
```

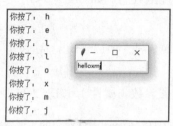

图 2-17　触发 KeyPress 键盘事件运行效果

【例 2-27】 获取单击标签时坐标的鼠标事件，运行效果如图 2-18 所示。

```
from tkinter import *
def leftClick(event):                 #定义事件处理函数，监听鼠标事件
    print("x轴坐标: ",event.x)
    print("y轴坐标: ",event.y)
    print("相对于屏幕左上角的 x 轴坐标: ",event.x_root)
    print("相对于屏幕左上角的 y 轴坐标: ",event.y_root)
root=Tk()
l1=Label(root,text="hello")           #创建标签 l1
l1.pack()
l1.bind("<Button-1>",leftClick)       #为 l1 绑定事件处理函数，响应鼠标左键单击事件
root.mainloop()
```

图 2-18　鼠标事件运行效果

2.4.5　图形用户界面设计应用案例

【例 2-28】 使用 Tkinter 编写一个收集信息的 GUI 程序，运行效果如图 2-19 所示。用户填写完信息后，单击"确定"按钮，系统弹出消息框，展示信息收集结果。如果单击的是"取消"按钮，则清空用户填写的内容。

图形用户界面
设计应用案例

图 2-19　收集信息的 GUI 程序运行效果

　　窗口包括标签、单行文本框、单选按钮、选项按钮、复选框和容器等组件。参考代码如下：

```
from tkinter import *
from datetime import *
from tkinter import messagebox
def btn1_click():                              #"确定"按钮的事件处理函数
    s = "您的信息如下：" + "\n"                 #s用于保存收到的用户信息
    try:                      #如果程序运行无异常，则正常输出信息收集结果
        s += "姓名：" + username.get() + "\n"    #将姓名追加到s中
        s += "性别：" + usergender.get() + "\n"  #将性别追加到s中
        s += "出生日期：" + birthday_year.get() + "年" + birthday_month.get() +
"月" + birthday_day.get()+ "日\n"                    #将用户选择的出生日期追加到s中
        s += "选择的是："
        if h1.get() + h2.get() + h3.get() + h4.get() + h5.get() + h6.get() == 0:
#没有选择任何复选框
            s += "无。"
        else:
            if h1.get(): s += "体育俱乐部" + "，"  #如果用户选择"体育俱乐部"，则向s追加内容
            if h2.get(): s += "旅游频道" + "，"
            if h3.get(): s += "读书" + "，"
            if h4.get(): s += "伊人风采" + "，"
            if h5.get(): s += "人才" + "，"
            if h6.get(): s += "新闻" + "，"
            s = s[:len(s) - 1] + "。"            #将字符串s尾部的逗号替换为句号
        messagebox.askyesno("请确认信息", s, icon=None)      #弹出消息框，内容是s
    except:                                     #程序运行异常时，通过消息框展示提示信息
        messagebox.showinfo("注意", "你输入的内容有误，请检查！")

def btn2_click():                              #"取消"按钮的事件处理函数
    username.set("")                           #将用户姓名设置为空
```

```python
        userpwd.set("")
        usergender.set("男")                      #将性别设置为默认值 "男"
        birthday_year.set(str(today0.year))       #将出生日期年份设置为系统日期的年份
        birthday_month.set(str(today0.month))
        birthday_day.set(str(today0.day))
        h1.set(0)               #将复选框设置成未被选中
        h2.set(0)
        h3.set(0)
        h4.set(0)
        h5.set(0)
        h6.set(0)

root=Tk()
root.title("用户信息注册")
root.geometry("400x360+100+200")
root.resizable(width=False,height=False)            #设置窗口大小不可修改
username=StringVar()                        #用户姓名
userpwd=StringVar()                         #用户密码
usergender=StringVar()                      #用户性别
birthday_year=StringVar()                   #用户出生日期的年份
birthday_month=StringVar()                  #用户出生日期的月份
birthday_day=StringVar()                    #用户出生日期的日期
Label(root,text="姓名",width=10).place(x=10,y=20)                       # "姓名" 标签
Entry(root,textvariable=username,width=20).place(x=80,y=20)        # "姓名" 单行文本框
Label(root,text="密码",width=10).place(x=10,y=50)
Entry(root,textvariable=userpwd,width=20,show="*").place(x=80,y=50)
Label(root,text="性别",width=10).place(x=10,y=80)
#创建 "性别" 单选按钮组
usergender.set("男")#设置默认性别是 "男"
Radiobutton(root,variable=usergender,text="男",value="男").place(x=80,y=80)
Radiobutton(root,variable=usergender,text="女",value="女").place(x=120,y=80)
Label(root,text="出生日期",width=13).place(x=10,y=115)
#创建 "出生日期" 的年、月、日选项按钮
today0=datetime.today()                     # today0 是系统日期
birthday_year.set(str(today0.year))         #设置默认年份是系统日期年份
birthday_month.set(str(today0.month))       #设置默认月份是系统日期月份
birthday_day.set(str(today0.day))           #设置默认日期是系统日期
years=[x for x in range(2010,today0.year+1)]  #用列表生成式产生 2010 到当前年份的年份值保
存在 years 中
OptionMenu(root,birthday_year,*years).place(x=90,y=110)    #年份选项按钮，填充 years 内容
Label(root,text="年").place(x=170,y=115)
months=[x for x in range(13)]               #用列表生成式产生 1~12 的月份值
OptionMenu(root,birthday_month,*months).place(x=190,y=110)#月份选项按钮，填充 months 内容
```

```
Label(root, text="月").place(x=250, y=115)
days=[x for x in range(32)]                #用列表生成式产生1~31的日期值
OptionMenu(root,birthday_day,*days).place(x=280, y=110)#日期选项按钮，填充days内容
Label(root, text="日").place(x=350, y=115)
#创建 LabelFrame 实例 f1，f1 是 6 个复选框的容器
f1=LabelFrame(root,width=300,height=150,relief="groove",bd=1,text="请选择个性化服务")
f1.place(x=30,y=150)
h1=IntVar()          # "体育俱乐部" 对应选项
h2=IntVar()          # "旅游频道" 对应选项
h3=IntVar()          # "读书" 对应选项
h4=IntVar()          #  "伊人风采" 对应选项
h5=IntVar()          # "人才" 对应选项
h6=IntVar()          # "新闻" 对应选项
#创建 6 个复选框
Checkbutton(f1,text="体育俱乐部",onvalue=1,offvalue=0,variable=h1).place(x=20,y=10)
Checkbutton(f1,text="旅游频道",onvalue=1,offvalue=0,variable=h2).place(x=150,y=10)
Checkbutton(f1,text="读书",onvalue=1,offvalue=0,variable=h3).place(x=20,y=50)
Checkbutton(f1,text="伊人风采",onvalue=1,offvalue=0,variable=h4).place(x=150,y=50)
Checkbutton(f1,text="人才",onvalue=1,offvalue=0,variable=h5).place(x=20,y=90)
Checkbutton(f1,text="新闻",onvalue=1,offvalue=0,variable=h6).place(x=150,y=90)
Button(root,text="确定",width=10,command=btn1_click).place(x=100,y=310)   # "确定" 按钮
Button(root,text="取消",width=10,command=btn2_click).place(x=200,y=310)#"取消" 按钮
root.mainloop()
```

2.5 操作常用文件

2.5.1 操作 CSV 文件

CSV（Comma Separated Values，逗号分隔值）文件以纯文本形式存储表格数据。CSV 文件由任意数量的记录组成，记录间以换行符分隔；每条记录由任意数量的字段组成，字段间常见的分隔符是逗号或制表符。例如，test2.csv 文件内容如下。

```
序号，姓名，年龄
3，张海峰，25
4，李伟，38
5，赵大强，36
...
```

而 Excel 是电子表格，包含文本、数值、公式和格式。当不需要公式和格式时，表格可保存为 CSV 格式；当需要时，表格则需保存为 Excel 格式。

1. 直接读写 CSV 文件

CSV 文件是一种特殊的文本文件，且格式简单，故可以用文本文件的读写方法操作CSV

文件。

【例 2-29】直接读取 CSV 文件到二维列表。

```
myfile=open('test2.csv', 'r')          #以只读模式打开文件
ls=[]
for line in myfile:                    #循环按行读取文件
    line=line.replace('\n','')         #去掉换行符
    ls.append(line.split(','))         #将一行中以逗号分隔的多个数据转换成列表的数据元素
print(ls)
myfile.close()                         #关闭文件
```

以上代码将 CSV 文件中的每一行数据转换成一个列表，多行数据就组成一个每个元素都是列表的列表，即二维列表。

运行结果如下（部分）：

```
[['序号','姓名','年龄'],['3','张海峰','25'],['4','李伟','38'],['5','赵大强','36']]
```

【例 2-30】直接将二维列表写入 CSV 文件。

```
myfile=open('test2new.csv', 'w')         #以覆盖写模式打开文件（文件不存在则新建）
ls=[['序号', '姓名', '年龄'], ['3', '张海峰', '25'], ['4', '李伟', '38'],
    ['5', '赵大强', '36'], ['6', '程海鹏', '28']]
for line in ls:
    myfile.write(','.join(line)+"\n")    #在同一行的数据元素之间加上逗号，在行尾添加换行符
myfile.close()
```

写入文件时的处理，与读取文件时的处理相反，需要借助 join() 方法，在同一行的数据元素之间加上逗号，同时在行尾加上换行符。

2. 使用 csv 模块读写 CSV 文件

Python 自带的 csv 模块可以处理 CSV 文件。与读写 Excel 文件相比，CSV 文件的读写相当方便。

读取 CSV 文件使用 reader 对象。格式如下：

```
reader(csvfile[, dialect='excel'][, fmtparam])
```

参数说明如下。

csvfile：通常的文件对象或者列表对象都是适用的。

dialect：编码风格，默认为 excel 风格，也就是用逗号分隔；另外 csv 模块也支持 excel-tab 风格，也就是用制表符分隔。

fmtparam：格式化参数，用来覆盖 dialect 指定的编码风格。

reader 对象是可以迭代的，使用 line_num 参数表示当前行数；reader 对象还提供 next() 方法。

写入 CSV 文件使用 writer 对象。格式如下：

```
writer(csvfile, dialect='excel', fmtparams)
```

参数说明可参考 reader，这里不赘述。writer 对象有两个方法 writerow() 和 writerows()，实现写入 CSV 文件。例如：

```
with open('1.csv','w',newline='') as f:
    head = ['列标题1','列标题2']
    rows = [ ['张三',80],['李四',90] ]
    writer = csv.writer(f)
    writer.writerow(head)       #写入标题行
    writer.writerows(rows)      #写入多行数据
```

【例 2-31】 将人员信息写入 CSV 文件并读取出来。

```
import csv
#写入CSV文件
myfile = open('test2.csv', 'w', newline='')                      #以覆盖写模式打开文件
mywriter = csv.writer(myfile)                                    #返回一个writer对象
mywriter.writerow(['序号', '姓名', '年龄'])                       #写入标题行
mywriter.writerow([3, '张海峰', 25])                             #写入一行数据
mywriter.writerow([4, '李伟', 38])
mywriter.writerows([[5, '赵大强', 36],[6, '程海鹏', 28]])  #写入多行数据
myfile.close()
#读取CSV文件
myfilepath = 'test2.csv'
#这里用到的open()都要加上"newline=''", 否则会多一个换行符(参见Python标准库文档)
myfile = open(myfilepath, 'r', newline='')
myreader = csv.reader(myfile)                                    #返回一个reader对象
for row in myreader:
    if myreader.line_num == 1 :                                 #line_num是从1开始计数的
        continue                                                #第一行(标题行)不输出
    for i in row :                                              #row是一个列表
        print(i, end=' ')
    print()
myfile.close()                                                  #关闭文件
```

这个程序涉及下面的方法：writer.writerow(list)是将 list 列表以一行形式添加；writer.writerows(list)可写入多行数据，list 此时为二维列表。

程序运行显示结果如下：

```
3 张海峰 25
4 李伟 38
5 赵大强 36
6 程海鹏 28
```

该程序同时生成与显示结果同样内容的 test2.csv 文件，但是文件包含序号、姓名、年龄这样的标题行信息。

2.5.2 操作 Excel 文件

Python 使用第三方的 xlrd 和 xlwt 两个模块分别来读取和写入 Excel 文件，只支持 XLS 和 XLSX 格式，Python 不默认包含这两个模块。这两个模块相互独立，没有依赖关系，也就

是说，可以根据需要只安装其中一个。xlrd 和 xlwt 模块可以在命令提示符窗口下使用 pip install <模块名>安装：

```
pip install xlrd
pip install xlwt
```

显示类似 Successfully 的字样，表明已经安装成功。

1．使用 xlrd 模块读取 Excel 文件

xlrd 模块提供的接口比较多。

open_workbook()打开指定的 Excel 文件，返回 Book（工作簿）对象。

```
data = xlrd.open_workbook('excelFile.xls')     #打开 Excel 文件
```

（1）Book 对象

通过 Book 对象可以得到各个 Sheet（工作表）对象（一个 Excel 文件可以有多个 Sheet，每个 Sheet 就是一张表格）。Book 对象的属性和方法如下。

Book.nsheets 返回 Sheet 的数目。

Book.sheets()返回包含所有 Sheet 对象的列表。

Book.sheet_by_index(index)返回指定索引的 Sheet，相当于 Book.sheets()[index]。

Book.sheet_names()返回包含所有 Sheet 对象名字的列表。

Book.sheet_by_name(name)根据指定 Sheet 对象名称返回 Sheet。

例如：

```
table = data.sheets()[0]                   #通过索引获取 Sheet
table = data.sheet_by_index(0)             #通过索引获取 Sheet
table = data.sheet_by_name('Sheet1')       #通过名称获取 Sheet
```

（2）Sheet 对象

通过 Sheet 对象可以获取各个单元格，每个单元格是一个 Cell 对象。Sheet 对象的属性和方法如下。

Sheet.name 返回表格的名称。

Sheet.nrows 返回表格的行数。

Sheet.ncols 返回表格的列数。

Sheet.row(r)获取指定行，返回 Cell 对象的列表。

Sheet.row_values(r)获取指定行的值，返回列表。

Sheet.col(c)获取指定列，返回 Cell 对象的列表。

Sheet.col_values(c)获取指定列的值，返回列表。

Sheet.cell(r, c)根据位置获取 Cell 对象。

Sheet.cell_value(r, c)根据位置获取 Cell 对象的值。

例如：

```
cell_A1 = table.cell(0,0).value      #获取 A1 单元格的值
cell_C4 = table.cell(2,3).value      #获取 C4 单元格的值
```

例如，循环输出表数据：

```
nrows = table.nrows     #表格的行数
```

```
ncols = table.ncols          #表格的列数
for i in range(nrows):
print(table.row_values(i) )
```

（3）Cell 对象

Cell.value 返回单元格的值。

【例 2-32】读取 Excel 文件。

```
import xlrd
wb = xlrd.open_workbook('test.xls')    #打开文件
sheetNames = wb.sheet_names()          #查看包含的 Sheet
print(sheetNames)                       #输出所有 Sheet 的名称
# 获取 Sheet 的两种方法
sh = wb.sheet_by_index(0)
sh = wb.sheet_by_name('sheet_test')    #通过名称"sheet_test"获取对应的 Sheet
# 获取单元格的值
cellA1 = sh.cell(0,0)
cellA1Value = cellA1.value
print(cellA1Value)                      #输出王海
# 获取第一列的值
columnValueList = sh.col_values(0)
print(columnValueList)                  #输出['王海', '程海鹏']
```

程序运行结果如下：

```
['sheet_test']
王海
['王海', '程海鹏']
```

2．使用 xlwt 模块写入 Excel 文件

相对来说，xlwt 提供的接口就没有 xlrd 那么多了，主要如下。

Workbook()是构造函数，返回一个工作簿对象。

Workbook.add_sheet(name)添加一个名为 name 的表，类型为 Worksheet。

Workbook.get_sheet(index)可以根据索引返回 Worksheet。

Worksheet.write(r, c, value)将 value 填充到指定位置。

Worksheet.row(n)返回指定的行。

Row.write(c, value)在某一行的指定列写入 value。

Worksheet.col(n)返回指定的列。

通过对 Row.height 或 Column.width 赋值可以改变行或列默认的高度或宽度（单位：0.05 pt，即 1/20 pt）。

Workbook.save(filename)保存文件。

表中的单元格默认是不可重复写入的，如果有需要，在调用 add_sheet()的时候指定参数 cell_overwrite_ok=True 即可。

【例 2-33】写入 Excel 文件。

```
import xlwt
```

```
book = xlwt.Workbook(encoding='utf-8')
sheet = book.add_sheet('sheet_test', cell_overwrite_ok=True)    #单元格可重复写
sheet.write(0, 0, '王海')
sheet.row(0).write(1, '男')
sheet.write(0, 2, 23)
sheet.write(1, 0, '程海鹏')
sheet.row(1).write(1, '男')
sheet.write(1, 2, 41)
sheet.col(2).width = 4000                #单位为 1/20 pt
book.save('test.xls')
```

程序运行后生成图 2-20 所示的 test.xls 文件。

图 2-20   test.xls 文件

2.5.3   操作 JSON 文件

JSON（JavaScript Object Notation，JavaScript 对象表示法）是一种轻量级的数据交换格式，比 XML（Extensible Markup Language，可扩展标记语言）更小、更快、更易解析，易于读写且占用带宽小，网络传输速度快，适用于数据量大、不要求保留原有类型的情况。它是 JavaScript 的子集，易于阅读和编写。

网站前端和后端的数据交互，其实往往就是通过 JSON 进行的。JSON 因易于识别的特性，常被作为网络请求返回数据的格式。我们在爬取动态网页时，会经常遇到 JSON 格式的数据，Python 中可以使用 json 模块来对 JSON 数据进行解析。

1．JSON 数据的形式

JSON 数据的常见形式为包含"名称:值"对的集合。
例如：

```
{"firstName": "Brett", "lastName": "McLaughlin"}
```

JSON 允许使用数组，采用方括号实现。
例如，用 JSON 表示中国部分省市数据，其中省份使用数组：

```
{
    "name": "中国",
    "province": [{
        "name": "黑龙江",
        "cities": {
            "city": ["哈尔滨", "大庆"]
        }
    }, {
        "name": "广东",
        "cities": {
```

```
            "city": ["广州", "深圳", "珠海"]
        }
    } ]
}
```

2. json 模块中常用的方法

在使用 json 这个模块前，首先要导入模块，命令为 import json。

json 模块主要提供了 4 个常用的方法 json.dumps()、json.loads()、json.dump()、json.load()，如表 2-13 所示。

表 2-13　json 模块中常用的方法

方法	功能描述
json.dumps()	将 Python 对象转换成 JSON 字符串
json.loads()	将 JSON 字符串转换成 Python 对象
json.dump()	将 Python 类型数据序列化为 JSON 对象后写入文件
json.load()	读取文件中 JSON 形式的字符串并转换为 Python 类型数据

下面通过例子说明 4 个方法的使用。

（1）json.dumps()

```
import json
data = {'name':'nanbei','age':18}
s= json.dumps(data)                    #将 Python 对象转换成 JSON 字符串
print(s)
```

运行结果如下：

```
{"name": "nanbei", "age": 18}
```

JSON 数据注意事项如下。

- 名称必须用双引号（即"name"）来表示。
- 值可以是字符串、数字、True、False、数组或子对象。

从运行结果可见，原先的'name'、'age'已经变成"name"、"age"。

（2）json.loads()

```
import json
data = "{'name':'nanbei','age':18}"
a = json.dumps(data)
print(json.loads(a))                   #将 JSON 字符串转换成 Python 对象
```

运行结果如下：

```
{'name': 'nanbei', 'age': 18}
```

如果需要在程序中使用 JSON 文件的内容，则要先读取文件，再转换成 Python 对象。

```
import json
f=open('stus.json',encoding='utf-8')        #stus.json 是一个 JSON 文件
content=f.read()                            #使用 read()方法，把文件内容导出成字符串
user_dic=json.loads(content)                #将字符串转换成 Python 对象
print(user_dic)
```

（3）json.dump()

```
stus={'xiaojun':88,'xiaohei':90,'lrx':100}
f=open('stus2.json','w',encoding='utf-8')#以覆盖写模式打开 stus2.json 文件
json.dump(stus,f)                       #写入 stus2.json 文件
f.close()                               #关闭文件
```

（4）json.load()方法

```
import json
f=open('stus.json',encoding='utf-8')
user_dic=json.load(f)        #f 是文件对象
print(user_dic)
```

可见 loads()中传入的是字符串，而 load()中传入的是文件对象。使用 loads()时需要先读取文件再使用，而 load()则直接传入文件对象。

2.6 Python 的第三方库

Python 语言有标准库和第三方库这两类库。标准库随 Python 安装包一起发布，用户可以直接使用，第三方库需要另行安装。由于 Python 语言经历了版本更迭，而且第三方库由全球开发者分布式维护，缺少统一的集中管理，因此，第三方库曾经一度制约了 Python 语言的普及和发展。随着官方 pip 工具的应用，Python 第三方库的安装变得十分容易。常用 Python 第三方库如表 2-14 所示。

表 2-14　常用 Python 第三方库

名称	说明
Django	开源 Web 开发框架，支持快速开发，并遵循 MVC（模型-视图-控制器）设计，比较好用，可缩短开发周期
web.py	小巧灵活的 Web 框架，虽然简单但是功能强大
Matplotlib	基于 Python 实现的类 MATLAB 的第三方库，用以绘制一些高质量的图形
SciPy	基于 Python 的 MATLAB 实现，旨在实现 MATLAB 的各种功能
NumPy	基于 Python 的科学计算第三方库，提供了矩阵计算、线性代数计算、傅里叶变换等计算功能
PyGTK	基于 Python 的 GUI 程序开发 GTK+库
PyQt	基于 Python 的 Qt 开发库
wxPython	基于 Python 的 GUI 编程框架
BeautifulSoup	基于 Python 的 HTML/XML 解析器，简单易用
PIL	基于 Python 的图像处理库，功能强大，对图形文件的格式支持广泛
MySQLdb	用于连接 MySQL 数据库
Pygame	基于 Python 的多媒体开发和游戏软件开发模块
py2exe	将 Python 脚本转换为 Windows 上可以独立运行的可执行程序
pefile	Windows PE 文件解析器
Pandas	数据处理和分析库，提供了高性能、易用的数据结构和数据分析工具
sklearn	基于 Python 的机器学习库，提供了丰富的机器学习算法和工具
seaborn	建立在 Matplotlib 基础上的统计数据可视化库，使统计图表的绘制更简便
pyecharts	Python 图表库，用于创建交互性强、可视化功能丰富的图表

最常用且最高效的 Python 第三方库的安装方式之一是采用 pip 工具。pip 是 Python 官方提供并维护的在线第三方库安装工具。对于同时安装 Python 2 和 Python 3 环境的系统，建议采用 pip3 命令专门为 Python 3 安装第三方库。

例如，使用 pip 工具安装 NumPy 库时，会默认从网络上下载 NumPy 库的安装文件并自动安装到系统中。注意，pip 是在命令提示符窗口下运行的工具。

```
D:\>pip install numpy
```

可以使用 pip 工具卸载 NumPy 库，卸载过程可能需要用户确认。

```
D:\>pip uninstall numpy
```

也可以通过 list 子命令列出当前系统中已经安装的第三方库，例如：

```
D:\>pip list
```

使用 pip 工具可以安装超过 90% 的第三方库。然而，由于技术等原因，还有一些第三方库暂时无法用 pip 工具安装，此时需要使用其他的安装方法（如下载安装文件后手动安装）。可以参照第三方库文档提供的步骤和方法安装。

习　题

1. 输入一个百分制的成绩，经判断后输出该成绩的对应等级。其中，90 分及以上为"A"，80～89 分为"B"，70～79 分为"C"，60～69 分为"D"，60 分以下为"E"。

2. 某百货公司采用购物打折的办法促销。购物金额满 1000 元，享九五折优惠；购物金额满 2000 元，享九折优惠；购物金额满 3000 元，享八五折优惠；购物金额满 5000 元，享八折优惠。编写程序，输入购物金额，计算并输出优惠价。

3. 编写一个求整数 n 阶乘（n!）的程序。

4. 编写程序，求 1!+3!+5!+7!+9!。

5. 开发猜数字小游戏。程序随机生成 100 以内的数字，让玩家去猜，猜的数字过大或过小都会给出提示，直到猜中该数，显示"恭喜！你猜对了"，同时要统计玩家猜的次数。

6. 数字重复统计问题。随机生成 1000 个整数，数字的范围为[20, 100]；升序输出所有不同的数字及每个数字重复的次数。提示：可使用 random.randrange ([start,] stop)生成随机整数。

7. 求每名学生的平均成绩，结果保留 2 位小数。

```
s={"Teddy":[100,90,90],"Sandy":[100,90,80],"Elmo":[90,90,80]}
```

8. 现有一个字典，存放着学生学号和 3 门课程成绩。

```
dictScore={"101":[67,88,45],"102":[97,68,85],"103":[98,97,95],"104":[67,48,45],
"105":[82,58,75],"106":[96,49,65]}
```

返回每名学生的学号和自己的最高分。

9. 设计一个单选题考试程序的图形用户界面。

10. 设计一个程序，用两个文本框输入数值数据，用列表框存放"＋""－""×""÷""幂""余数"。用户先输入两个操作数，再从列表框中选择一种运算，即可在标签中显示出计算结果。

11. 参照图 2-8 设计登录程序。将正确的用户名和密码存储在 user.csv 文件中，当用户单击"登录"按钮时判断用户输入是否正确，并用消息框显示提示信息。当输入正确时消息框显示"欢迎进入"，输入错误时消息框显示"用户名和密码错误"。

user.csv 文件内容如下。

```
xmj, 5598
zhanghai, 99847
liwu, 7777
```

实验二 基于 Tkinter 的 GUI 程序开发

实验二

一、实验目的

通过制作和完善"学生成绩管理系统"，比较全面、深入地理解面向对象的概念、Tkinter 库的使用方法、文件的使用方法和开发应用系统的一般方法。

二、实验要求

1. 理解基于 Tkinter 的 GUI 程序开发过程。
2. 掌握程序和 JSON 文件之间的数据导入与导出方法。
3. 掌握通过编程实现数据的增、删、改、查的方法。
4. 掌握包含多页内容的 Tkinter 窗口的实现方法。
5. 掌握 Tkinter 常用组件的使用方法。

三、实验内容与步骤

1. 在 D 盘新建文件夹 myproject_student。
2. 启动 PyCharm 软件，新建项目，位置指向 myproject_student 文件夹。将学生成绩单文件 student.json 复制到 myproject_student 文件夹中。
3. 创建 mainpage.py 文件，即创建 GUI 程序的主窗口。窗口标题为"学生成绩管理"，大小为 500 像素×300 像素。

```
from tkinter import *
root=Tk()
root.title("学生成绩管理")
root.geometry("500x300+200+200")
root.mainloop()
```

4. 添加窗口的 5 个菜单，分别是"查看""录入""删除""修改""关于"。单击菜单将实现页面的切换。

```
m1=Menu(root)
m1.add_command(label="查看")
m1.add_command(label="录入")
m1.add_command(label="删除")
m1.add_command(label="修改")
m1.add_command(label="关于")
root["menu"]=m1
```

5. 5 个菜单分别对应 5 个页面，页面基于 Frame 组件（相当于一个容器）构建。例如，

"关于"页可以这样定义：

```
f5=Frame(root)                      # "关于"页框架
Label(f5,text="欢迎使用学生成绩管理系统").pack()
Label(f5,text="copy right by jin").pack()
```

先定义其他页面，后期逐步完善。

```
f1=Frame(root)                      # "查看"页框架
f2=Frame(root)                      # "录入"页框架
f3=Frame(root)                      # "删除"页框架
f4=Frame(root)                      # "修改"页框架
```

6. 通过菜单的事件处理函数控制页面内容的显示与隐藏。

```
def m1_click():
    f1.pack()                       #使 f1 框架可见，即"查看"页内容可见
    f2.pack_forget()                #使 f2 框架不可见，隐藏框架中的 Tkinter 组件
    f3.pack_forget()
    f4.pack_forget()
    f5.pack_forget()
```

其他菜单的事件处理函数 m2_click()、m3_click()、m4_click()和 m5_click()代码类似，都是使本页面对应框架可见，其余页面对应框架不可见。

下面是菜单的事件处理函数的绑定。

```
m1.add_command(label="查看",command=m1_click)#修改菜单定义，绑定事件处理函数
m1.add_command(label="录入",command=m2_click)
m1.add_command(label="删除",command=m3_click)
m1.add_command(label="修改",command=m4_click)
m1.add_command(label="关于",command=m5_click)
```

运行 mainpage.py，单击"关于"菜单，页面如图 2-21 所示。

7. 完善"查看"页内容。"查看"页使用 tkinter.ttk 的 Treeview 组件显示学生数据。页面右下角有一个"刷新数据"按钮。在其他页面变更数据内容后，单击"刷新数据"按钮，Treeview 组件内容会更新。学生成绩数据来源于 student.json 文件，需要先导出。"查看"页的运行效果如图 2-22 所示。

图 2-21 "关于"页面设计

图 2-22 "查看"页面设计

（1）导出学生成绩数据。

```
with open("student.json","r") as f:
```

```
    text=f.read()
all_students=json.loads(text)
#all_students 是学生数据集, 利用 append()、remove()、update() 方法可以分别追加、移除、更新其数据项
```

（2）在 f1 中添加 Treeview 组件和"刷新数据"按钮。

```
columns1=("id","name","math","chinese","english")
t1=Treeview(f1,columns=columns1,show="headings")          #定义 Treeview
t1.column("id",width=80,anchor="center")                  #定义 Treeview 的列
t1.column("name",width=80,anchor="center")
t1.column("math",width=80,anchor="center")
t1.column("chinese",width=80,anchor="center")
t1.column("english",width=80,anchor="center")
t1.heading("id",text="学号")                              #Treeview 的列标题行
t1.heading("name",text="姓名")
t1.heading("math",text="数学")
t1.heading("chinese",text="语文")
t1.heading("english",text="英语")
t1.pack(pady=10)
state1=StringVar()                                        #定义变量, 显示"查看"页的状态
state1.set("")
Button(f1,text="刷新数据").pack(side=RIGHT)
Label(f1,textvariable=state1).pack(side=RIGHT)            #标签显示按钮单击后的状态
```

（3）完成"刷新数据"按钮的事件处理函数的定义和绑定。

```
def btn_cover():
    for stu in t1.get_children():             #删除 Treeview 的历史数据
        t1.delete(stu)
    for stu in all_students:
        t1.insert("",END,values=(stu["id"],stu["name"],stu["math"],stu["chinese"],
stu["english"]))
    state1.set("数据刷新成功")
Button(f1,text="刷新数据",command=btn_cover).pack(side=RIGHT)
```

8. 完善"录入"页内容。页面包含"学号""姓名""数学""语文""英语"这 5 组标签和文本框, 以及"录入""取消"按钮和状态显示标签, 并使用 grid 布局。"录入"页的运行效果如图 2-23 所示。

图 2-23 "录入"页面设计

（1）创建"录入"页内容，按钮的事件处理函数暂时定义为 pass。

```
def btn_insert():
    pass
def btn_cancle():
    pass
stu_id=StringVar()
stu_name=StringVar()
stu_math=StringVar()
stu_chinese=StringVar()
stu_english=StringVar()
state2=StringVar()
stu_id.set("")
stu_name.set("")
stu_math.set("")
stu_chinese.set("")
stu_english.set("")
state2.set("")
Label(f2).grid(row=0, column=0)
Label(f2, text="学号: ").grid(row=1, column=1, pady=5)
Entry(f2, textvariable=stu_id).grid(row=1, column=2)
Label(f2, text="姓名: ").grid(row=2, column=1, pady=5)
Entry(f2, textvariable=stu_name).grid(row=2, column=2)
Label(f2, text="数学: ").grid(row=3, column=1, pady=5)
Entry(f2, textvariable=stu_math).grid(row=3, column=2)
Label(f2, text="语文: ").grid(row=4, column=1, pady=5)
Entry(f2, textvariable=stu_chinese).grid(row=4, column=2)
Label(f2, text="英语: ").grid(row=5, column=1, pady=5)
Entry(f2, textvariable=stu_english).grid(row=5, column=2)
Button(f2, text="录入", command=btn_insert).grid(row=6, column=2, sticky=E,
pady=5)
Button(f2, text="取消", command=btn_cancle).grid(row=6, column=2, sticky=E,
pady=5)
Label(f2, textvariable=state2).grid(row=7, column=2, sticky=E, pady=5)
```

（2）编写"录入"按钮的事件处理函数。

```
#定义录入数据函数
def insert_student(stu):
    stu_info = {"id": stu["id"], "name": stu["name"], "math": stu["math"],
                "chinese": stu["chinese"], "english": stu["english"]}
    all_students.append(stu_info)      #追加学生数据至 all_students
# "录入"页的"录入"按钮事件处理函数
def btn_insert():
    stu_info = {"id": stu_id.get(), "name": stu_name.get(),
                "math": stu_math.get(), "chinese": stu_chinese.get(),
                "english": stu_english.get()}
    insert_student(stu_info)      #调用 insert_student()函数
```

```
    stu_id.set("")
    stu_name.set("")
    stu_math.set("")
    stu_chinese.set("")
    stu_english.set("")
    state2.set("学生数据录入成功")
```

（3）编写"取消"按钮的事件处理函数。

```
def btn_cancle():
    stu_id.set("")
    stu_name.set("")
    stu_math.set("")
    stu_chinese.set("")
    stu_english.set("")
    state2.set("")
```

9. 完善"删除"页内容。"删除"页包含 1 个文本框，用户输入学生学号并单击"删除"按钮后，如果查询到学生存在，则删除学生数据，否则显示"学生不存在，无法删除"。"删除"页的运行效果如图 2-24 所示。

图 2-24 "删除"页面设计

（1）创建"删除"页内容，"删除"按钮的事件处理函数暂时定义为 pass。

```
stu_id1=StringVar()
state3=StringVar()
stu_id1.set("")
state3.set("")
Label(f3,text="请输入学生的学号").pack(pady=10)
Entry(f3,textvariable=stu_id1).pack(pady=5)
def btn_delete():
    pass
Button(f3,text="删除",command=btn_delete).pack(pady=5)
Label(f4,textvariable=state3).pack(pady=5)
```

（2）修改"删除"按钮的事件处理函数。

```
def btn_delete():
    x=stu_id1.get()
    flag=1       #如果在学生数据集中查询到该学生，flag置为0
    for stu in all_students:
```

```
            if stu["id"]==x:
                flag=0
                all_students.remove(stu)        #删除学生数据
                state3.set("学生数据已成功删除")
        if flag:state3.set("学生不存在，无法删除")
```

10. 完善"修改"页内容。用户先输入学号，单击"查询"按钮，查询到数据后，文本框展示数据，用户可对数据进行修改，修改完成后单击"修改"按钮，修改的数据能通过"查看"页刷新数据看到。"修改"页面设计和"录入"的相似，包括"查询"和"修改"两个按钮，运行效果如图 2-25 所示。

图 2-25   "修改"页面设计

（1）请仿照"录入"页面设计完成"修改"页面设计。结合前面的实验步骤，独立思考，补全代码。

（2）编写"查询"按钮的事件处理函数。

```
def btn_search():
    x=stu_id2.get()
    flag=1
    for stu in all_students:
        if x==stu["id"]:
            flag=0
            state4.set("该生已查询到，请修改学生数据")
            stu_name2.set(stu["name"])
            stu_math2.set(stu["math"])
            stu_chinese2.set(stu["chinese"])
            stu_english2.set(stu["english"])
    if flag:
        state4.set("学生不存在，无法修改")
        stu_id2.set("")
        stu_name2.set("")
        stu_math2.set("")
        stu_chinese2.set("")
        stu_english2.set("")
```

（3）编写"修改"按钮的事件处理函数。

```
def btn_modify():
    stu_info={"id":stu_id2.get(),"name":stu_name2.get(),"math":stu_math2.get(),
            "chinese":stu_chinese2.get(),"english":stu_english2.get()}
```

```
flag=1
for stu in all_students:
    if stu["id"]==stu_info["id"]:
        flag=0
        stu.update(stu_info)      #修改学生数据
        state4.set("学生信息已修改")
        stu_id2.set("")
        stu_name2.set("")
        stu_math2.set("")
        stu_chinese2.set("")
        stu_english2.set("")
if flag:
    state4.set("学号有误, 不能修改")
    stu_id2.set("")
    stu_name2.set("")
    stu_math2.set("")
    stu_chinese2.set("")
    stu_english2.set("")
```

四、编程并上机调试

1. 完善实验中的文件以及代码。

2. 将每个独立的页面功能完成后，需立即调试。

3. 请为"查看"页的 Treeview 组件增加垂直滚动条。

4. 要使数据在录入和修改时符合有效性规则，该如何实现？比如限制成绩数据必须为 0～100。

5. 如果要通过组件的可用性引导用户操作，使系统更易用，该如何实现？

6. 实验中并未实现数据导出至 JSON 文件，请实现（提示：json.dump()方法）。

7. 如何避免数据录入后在 JSON 文件内重复出现？比如成功录入某个学生的数据，但该学生的数据先前就存在于 JSON 文件中，这样显然不合适，应该怎样处理？

8. 如果需要为该系统增加"登录"页，只有登录验证通过后才能看到"学生成绩管理"，该如何修改程序？

9. 尝试将本实验改用面向对象的方式实现。试比较面向对象程序设计和本实验的设计方法之间的异同点。提示与建议：可以将数据的增、删、改、查封装为数据模型文件，将多个页面封装为视图页面文件，在主窗口中实现菜单和视图页面的切换。

第3章 科学计算 NumPy 库

随着 NumPy、SciPy、Matplotlib 等众多第三方库的开发，Python 越来越适用于科学计算。与科学计算领域流行的商业软件 MATLAB 相比，Python 是一门真正的通用程序设计语言，比 MATLAB 所采用的脚本语言应用范围更广泛，有更多程序库的支持。虽然 Python 目前还无法实现 MATLAB 中的某些高级功能，但是基础性、前瞻性的科研工作和应用系统的开发，完全可以用 Python 来完成。

NumPy 是非常流行的 Python 科学计算工具包，其中包含大量有用的工具，如数组对象（用来表示向量、矩阵、图像等）和线性代数函数。NumPy 中的数组对象可以帮助用户实现许多重要的操作，如矩阵乘法、转置、解方程、向量乘法和归一化，这为图像变形、对变化进行建模、图像分类、图像聚类等提供了基础。

NumPy 数组的使用

3.1 NumPy 数组的使用

NumPy（Numerical Python 的缩写）是适用于高性能科学计算和数据分析的基础包，也是 Python 的一个科学计算库，提供了矩阵运算的功能，其一般与 SciPy、Matplotlib 结合使用。安装 NumPy 库，一般是在命令提示符窗口下运行 pip（或者 pip3）。

```
D:\>pip install numpy
```

第三方库 NumPy 也可以从 SciPy 官网免费下载，在线说明文档包含可能遇到的大多数问题的答案。

NumPy 的主要功能如下。

① 提供 ndarray，一个具有矢量算术运算和复杂广播能力的快速且节省空间的多维数组。

② 提供用于对整组数据进行快速运算的标准数学函数（无须编写循环）。

③ 提供用于读写磁盘数据的工具以及用于操作内存映射文件的工具。

④ 线性代数、随机数生成以及傅里叶变换功能。

在 NumPy 中，重要的对象是被称为 ndarray 的多维数组，它是描述相同类型的元素的集合，NumPy 的所有功能几乎都以 ndarray 为核心。ndarray 中的每个元素都是数据类型对象（dtype）。ndarray 中的每个元素在内存中使用相同大小的块。

3.1.1 NumPy 数组说明

1．NumPy 数组

NumPy 数组说明

NumPy 库处理的基础数据是相同元素构成的数组。NumPy 数组是多维数组对象，称为 ndarray。NumPy 数组的维度被称为秩（Rank），一维数组的秩为 1，二维数组的秩为 2，依次类推。在 NumPy 中，每一个线性数组也被称为一个轴（Axes），秩其实描述的是轴的数量。比如说，二维数组相当于两个一维数组，其中第一个一维数组中每个元素又是一个一维数组。而轴的数量——秩，就是数组的维度。关于 NumPy 数组必须了解：

NumPy 数组的索引从 0 开始；

同一个 NumPy 数组中所有元素的类型必须是相同的。

2．创建 NumPy 数组

创建 NumPy 数组的方法有很多。例如，可以使用 array()函数根据常规的 Python 列表和元组创建数组。所创建的数组中元素的类型由原序列中的元素的类型推导而来。

```
>>> from numpy import *
>>> a = array([2,3,4])
>>> a                   #输出 array([2, 3, 4])
>>> a.dtype             #输出 dtype('int32')
>>> b = array([1.2, 3.5, 5.1])
>>> b.dtype             #输出 dtype('float64')
```

使用 array()函数创建 NumPy 数组时，参数必须是由方括号括起来的列表或元组，而不能使用多个数值作为参数调用 array()。

```
>>> a = array(1,2,3,4)         # 错误
>>> a = array([1,2,3,4])       # 正确
```

可以使用双重序列来创建二维数组，三重序列创建三维数组，依次类推。

```
>>> b = array( [ (1.5,2,3), (4,5,6) ] )
>>> b
    array([[ 1.5,  2. ,  3. ],
       [ 4. ,  5. ,  6. ]])
```

可以在创建时显式指定数组中元素的类型。

```
>>> c = array( [ [1,2], [3,4] ], dtype=complex)
>>> c
    array([[ 1.+0.j,  2.+0.j],
       [ 3.+0.j,  4.+0.j]])
```

通常，运算刚开始时数组的元素未知，而数组的大小已知。因此，NumPy 提供了一些使用占位符创建数组的函数。这些函数除了满足数组扩展的需要，还降低了高昂的运算开销。

例如，用函数 zeros()可创建一个元素全是 0 的数组，用函数 ones()可创建一个元素全是 1 的数组，用函数 empty()可创建一个元素随机并且依赖于内存状态的数组。默认创建的数组的元素类型都是 float64。可以用 d.dtype.itemsize 来查看数组中元素占用的字节数。

```
>>> d = zeros((3,4))
>>> d.dtype                  #输出 dtype('float64')
>>> d
array([[ 0.,  0.,  0.,  0.],
    [ 0.,  0.,  0.,  0.],
```

```
       [ 0.,  0.,  0.,  0.]])
>>> d.dtype.itemsize          #输出 8
```

NumPy 提供 2 个类似 range() 的函数，返回数列形式的数组。

（1）arange() 函数

类似于 Python 的 range() 函数，arange() 函数通过指定开始值、终值和步长来创建一维数组，注意，生成的数组不包括终值：

```
>>> import numpy as np
>>> np.arange(0, 1, 0.1)       #步长为 0.1
array([ 0., 0.1, 0.2, 0.3, 0.4, 0.5, 0.6, 0.7, 0.8, 0.9])
```

此函数在区间[0,1]以 0.1 为步长生成一个数组。如果仅使用 1 个参数，其代表的是终值，开始值为 0；如果仅使用 2 个参数，则步长默认为 1。

```
>>> np.arange(10)              #仅使用一个参数，相当于 np.arange(0, 10)
array([0, 1, 2, 3, 4, 5, 6, 7, 8, 9])
>>> np.arange(0, 10)
array([0, 1, 2, 3, 4, 5, 6, 7, 8, 9])
>>> np.arange(0, 5.6)
array([ 0., 1., 2., 3., 4., 5.])
>>> np.arange(0.3, 4.2)
array([ 0.3,1.3, 2.3,3.3])
```

（2）linspace() 函数

linspace() 函数通过指定开始值、终值和元素个数（默认为 50）来创建一维数组，可以通过 endpoint 关键字指定是否包括终值，默认设置是包括终值的：

```
>>> np.linspace(0, 1, 5)
array([ 0. ,  0.25,  0.5 ,  0.75,  1. ])
```

需要注意的是，NumPy 库有一般 math 库函数的数组实现，如 sin、cos、log。使用时在 math 库函数前加上 "np."，就能实现数组的函数计算。

```
>>> x=np.arange(0,np.pi/2,0.1)
>>> x
array([0. ,0.1, 0.2, 0.3, 0.4, 0.5, 0.6, 0.7, 0.8, 0.9, 1. ,1.1, 1.2, 1.3, 1.4, 1.5])
>>>y=sin(x)    #NameError: name 'sin' is not defined
```

改成如下：

```
>>> y=np.sin(x)
>>> y
array([ 0.,        0.09983342,   0.19866933,   0.29552021,   0.38941834,
0.47942554,   0.56464247,   0.64421769,   0.71735609,   0.78332691,
0.84147098,   0.89120736,   0.93203909,   0.96355819,   0.98544973,
0.99749499])
```

从结果可见，y 数组的元素分别是 x 数组元素对应的正弦值，计算十分方便。

（3）randint() 函数、random() 函数及 rand() 函数

random.randint() 函数可以生成一个随机整数或随机整数数组。

```
np.random.randint(low, high=None, size=None, dtype=int)
```

函数的作用是，返回随机整数数组，范围从 low（包括）到 high（不包括），即[low, high)。如果没有使用参数 high，则返回[0,low)的值。

参数说明如下。

low：生成的数值要大于或等于 low。

high：（可选）如果使用这个参数，则生成的数值在[low, high)区间。

size：整型或元素为整型的元组（可选），输出随机整数的数量，比如 size = (m, n, k)输出同规模（即 m×n×k 个）的随机整数。默认是 None，仅仅返回满足要求的单一随机整数。

dtype：（可选）需要的数据类型，默认为整型，如 int64、int 等。

例如：

```
>>> np.random.randint(2, size=10)              #生成10个[0, 2)区间的整数
array([1, 0, 0, 0,.1, 1, 0, 0, 1, 0])
>>> np.random.randint(1, size=10)              #生成10个[0, 1)区间的整数
array([0, 0, 0, 0, 0, 0, 0, 0, 0, 0])
>>> np.random.randint(5, size=(2, 4))          #生成2 × 4个[0, 5)区间的整数
array([[0, 4, 4, 3],
       [2, 2, 3, 1]])
>>> np.random.randint(2, high=10, size=(2,3))  #生成2 × 3个[2, 10)区间的整数
array([[6, 8, 7],
       [2, 5, 2]])
```

与之相似，如果要生成[0, 1) 区间的随机小数或随机小数数组，则使用 random.random()函数或者 random.rand()函数。

```
random.random(size=None)
```

random.random()可以接收一个元组参数，表示数组的大小。

例如，要生成 3 行 5 列的数组：

```
>>> np.random.random((3, 5))
```

结果如下：

```
array([[0.86933484, 0.87970543, 0.0166832 , 0.57666914, 0.11181498],
       [0.16921754, 0.01494777, 0.02041152, 0.62331785, 0.29139376],
       [0.49610159, 0.39674222, 0.46509307, 0.90606952, 0.28217692]])
```

也可以使用 np.random.rand(3, 5)实现，该函数接收分开的参数来表示数组的大小。

3．NumPy 中的数据类型

对于科学计算来说，Python 中自带的整型、浮点型和复数型远远不够，因此 NumPy 中添加了许多数据类型，如表 3-1 所示。

表 3-1　NumPy 中的数据类型

名称	描述
bool	用 1 字节存储的布尔类型（True 或 False）
int	由所在平台决定其大小的整数（一般为 int32 或 int64）
int8	1 字节，范围为−128～127

名称	描述
int16	整数，范围为–32768～32767
int32	整数，范围为-2^{31}～$2^{32}-1$
int64	整数，范围为-2^{63}～$2^{63}-1$
uint8	无符号整数，范围为0～255
uint16	无符号整数，范围为0～65535
uint32	无符号整数，范围为0～$2^{32}-1$
uint64	无符号整数，范围为0～$2^{64}-1$
float16	半精度浮点数，16 位，其中正/负号 1 位、指数 5 位、精度 10 位
float32	单精度浮点数，32 位，其中正/负号 1 位、指数 8 位、精度 23 位
float64 或 float	双精度浮点数，64 位，其中正/负号 1 位、指数 11 位、精度 52 位
complex64	复数，分别用两个 32 位浮点数表示实部和虚部
complex128 或 complex	复数，分别用两个 64 位浮点数表示实部和虚部

3.1.2　NumPy 数组中的元素访问

NumPy 数组中
的元素访问

　　NumPy 数组中的元素是通过索引来访问的，可以通过方括号括起一个索引来访问数组中单个元素，也可以以切片的形式访问数组中多个元素。表 3-2 给出了 NumPy 数组的索引和切片方法。

表 3-2　NumPy 数组的索引和切片方法

访问	描述
X [i]	索引第 i 个元素
X[-i]	从后向前索引第 i 个元素
X[n:m]	切片，默认步长为 1，从前往后索引，不包含 m
X[-m,-n]	切片，默认步长为 1，从后往前索引，不包含 n
X[n,m,i]	切片，指定步长为 i 的由 n 到 m 的索引

　　我们可以使用和列表相同的方式对数组的元素进行存取：

```
>>> import numpy as np
>>> a = np.arange(10)        # array([0, 1, 2, 3, 4, 5, 6, 7, 8, 9])
>>> a[5]                     # 用整数作为索引可以获取数组中的某个元素
5
>>> a[3:5]                   # 用切片获取数组的一部分，包括 a[3]不包括 a[5]
array([3, 4])
>>> a[:5]                    # 切片中省略开始索引，表示从 a[0]开始
array([0, 1, 2, 3, 4])
>>> a[:-1]                   # 索引可以使用负数，表示从数组最后往前数
array([0, 1, 2, 3, 4, 5, 6, 7, 8])
```

```
>>> a[2:4] = 100,101           # 访问的同时修改元素的值
>>> a
array([0, 1, 100, 101, 4, 5, 6, 7, 8, 9])
>>> a[1:-1:2]                  # 切片中的第三个参数表示步长, 步长为 2 表示隔一个元素取一个元素
array([1,101, 5, 7])
>>> a[::-1]                    # 省略切片的开始索引和结束索引, 步长为-1, 整个数组头尾颠倒
array([9, 8, 7, 6, 5, 4, 101, 100, 1, 0])
>>> a[5:1:-2]                  # 步长为负数时, 开始索引必须大于结束索引
array([5, 101])
```

访问多维数组时, 可以每个轴使用一个索引, 这些索引由一个以逗号分隔元素的元组给出。下面是二维数组的例子：

```
import numpy as np
b=np.array([[ 0, 1, 2, 3],
            [10, 11, 12, 13],
            [20, 21, 22, 23],
            [30, 31, 32, 33],
            [40, 41, 42, 43]])
>>> b[2,3]                # 输出: 23
>>> b[0:5, 1]             # 每行的第二个元素, 输出: array([ 1, 11, 21, 31, 41])
>>> b[: ,1]              # 与前面的效果相同, 输出: array([ 1, 11, 21, 31, 41])
>>> b[1:3,: ]            # 第二行和第三行的所有元素
array([[10, 11, 12, 13],
    [20, 21, 22, 23]])
```

数组切片得到的是原始数组的视图, 所有修改都会直接反映到原始数组。如果需要得到 NumPy 数组切片的一份副本, 则需要进行复制操作, 如 b[5:8].copy()。

3.1.3 NumPy 数组的运算

1. NumPy 数组的算术运算

NumPy 数组的算术运算是按元素逐个运算的。NumPy 数组进行算术运算后将创建包含运算结果的新数组。例如：

```
>>> import numpy as np
>>> a= np.array([20,30,40,50])
>>> b= np.arange( 4)      #相当于 np.arange(0, 4)
>>> b
array([0, 1, 2, 3])
>>> c= a-b
>>> c
array([20, 29, 38, 47])
>>> b**2                  #乘方运算, 求 2 次方
array([0, 1, 4, 9])
>>> 10*np.sin(a)          #10×sin(a)
array([ 9.12945251,-9.88031624, 7.4511316, -2.62374854])
```

```
>>> a<35                        #每个元素与35比较大小
array([True, True, False, False], dtype=bool)
```

NumPy 中的乘法运算符*按元素逐个计算，矩阵乘法运算可以使用 dot()函数或创建矩阵对象（参考 3.2 节）实现。例如：

```
>>> import numpy as np
>>> A= np.array([[1,1],  [0,1]])
>>> B= np.array([[2,0],  [3,4]])
>>> A*B                         # 元素逐个相乘
array([[2, 0],
       [0, 4]])
>>> np.dot(A,B)                 # 矩阵相乘
array([[5, 4],
       [3, 4]])
```

需要注意的是，有些运算符（如+=和*=）会更改已存在数组而不创建一个新的数组。例如：

```
>>> a= np.ones((2,3), dtype=int)   #全为1的2×3数组
>>> b= np.random.random((2,3))     #随机小数填充的2×3数组
>>> a*= 3
>>> a
array([[3, 3, 3],
       [3, 3, 3]])
>>> b+= a
>>> b
array([[ 3.69092703, 3.8324276, 3.0114541],
       [ 3.18679111, 3.3039349, 3.37600289]])
>>> a+= b                           #将b转换为整型
>>> a
array([[6, 6, 6],
       [6, 6, 6]])
```

2．NumPy 数组的统计运算

许多非数组之间的运算，如计算数组所有元素之和，NumPy 用 ndarray 类的方法来实现，使用时需要用 ndarray 类的实例来调用这些方法。表 3-3 所示为 NumPy 数组的常用统计方法。

表 3-3　NumPy 数组的常用统计方法

方法名	说明
np.sum	求所有元素的和
np.prod	求所有元素的乘积
np.cumsum	求元素的累加和
np.cumprod	求元素的累乘积
np.min	求最小值

方法名	说明
np.max	求最大值
np.percentile	求 0～100 百分位数
np.quantile	求 0～1 分位数
np.median	求中位数
np.average	求加权平均值，参数可以指定 weights
np.mean	求均值
np.std	求标准差
np.var	求方差

举例如下：

```
>>> import numpy as np
>>> a= np.random.random((3,4))
>>> a
array([[ 0.8672503 ,  0.48675071,  0.32684892,  0.04353831],
       [ 0.55692135,  0.20002268,  0.41506635,  0.80520739],
       [ 0.42287012,  0.34924901,  0.81552265,  0.79107964]])
>>> a.sum()                #求和
6.0803274306192927
>>> a.min()                #求最小值
0.043538309733581748
>>> a.max()                #求最大值
0.86725029797617903
>>> a.sort()               #排序
>>> a
array([[ 0.04353831,  0.32684892,  0.48675071,  0.8672503 ],
       [ 0.20002268,  0.41506635,  0.55692135,  0.80520739],
       [ 0.34924901,  0.42287012,  0.79107964,  0.81552265]])
```

这些运算将数组看作一维线性列表。但可通过指定 axis 参数（即秩）对指定的轴做相应的运算。

NumPy 的 axis 参数的用途如下。

二维对象中，axis=0 代表在列上进行计算/操作，axis=1 代表在行上进行计算/操作；高维对象中，axis=0 代表最外层的[]，axis=1 代表次外层的[]……

对于 sum()/mean()/media()等聚合函数，axis 有以下用途。

① axis=0 代表把行消解掉，axis=1 代表把列消解掉。

② axis=0 代表跨行计算，axis=1 代表跨列计算。

例如：

```
>>> b= np.arange(12).reshape(3,4)
>>> b
array([[ 0, 1, 2, 3],
       [ 4, 5, 6, 7],
```

```
        [ 8,  9, 10, 11]])
>>> b.sum(axis=0)                   #计算每一列的和，注意理解轴的含义
array([12, 15, 18, 21])
>>> b.min(axis=1)                   #获取每一行的最小值
array([0, 4, 8])
>>> b.cumsum(axis=1)                #计算每一行的累加和
array([[ 0,  1,  3,  6],
       [ 4,  9, 15, 22],
       [ 8, 17, 27, 38]])
```

完整操作实例如下。

```
import numpy as np
a = np.arange(20).reshape(4, 5)
print('创建的数组: \n', a)
print('数组元素的和: ', np.sum(a))
print('数组纵轴元素的和: ', np.sum(a, axis=0))
print('数组横轴元素的和: ', np.sum(a, axis=1))
print('数组元素的均值: ', np.mean(a))
print('数组纵轴元素的均值: ', np.mean(a, axis=0))
print('数组横轴元素的均值: ', np.mean(a, axis=1))
print('数组元素的标准差: ', np.std(a))
print('数组纵轴元素的标准差: ', np.std(a, axis=0))
print('数组横轴元素的标准差: ', np.std(a, axis=1))
```

输出结果:

```
创建的数组:
[[ 0  1  2  3  4]
 [ 5  6  7  8  9]
 [10 11 12 13 14]
 [15 16 17 18 19]]
数组元素的和: 190
数组纵轴元素的和: [30 34 38 42 46]
数组横轴元素的和: [10 35 60 85]
数组元素的均值: 9.5
数组纵轴元素的均值: [ 7.5  8.5  9.5 10.5 11.5]
数组横轴元素的均值: [ 2.  7. 12. 17.]
数组元素的标准差: 5.766281297335398
数组纵轴元素的标准差: [5.59016994 5.59016994 5.59016994 5.59016994 5.59016994]
数组横轴元素的标准差: [1.41421356 1.41421356 1.41421356 1.41421356]
```

3.1.4　NumPy 数组的形状操作

1．数组的形状

数组的形状取决于其每个轴上的元素个数。

NumPy 数组
的形状操作

```
>>> a=np.int32(100*np.random.random((3,4)))    #生成3×4整数数组
>>> a
array([[26, 11,  0, 41],
     [48,  9, 93, 38],
     [73, 55,  8, 81]])
>>> a.shape
(3, 4)
```

2．更改数组的形状

可以用多种方式更改数组的形状：

```
>>> a.ravel()                          # 展开数组
array([26, 11,  0, 41, 48,  9, 93, 38, 73, 55,  8, 81])
>>> a.shape= (6, 2)                    #数组形状为(6, 2)
>>> a.transpose()                      #转置数组，原数组 a 不变
array([[26, 0, 48, 93, 73, 8],
     [11, 41,  9, 38, 55, 81]])
```

由 ravel()展开的数组元素的顺序通常遵循 C 风格，即以行为基准，最右边的索引变化得最快，所以元素 a[0,0]之后是 a[0,1]。数组改变成其他形状，数组元素的顺序仍然遵循 C 风格。NumPy 通常会创建一个以这个顺序保存数据的数组，所以 ravel()通常不需要创建调用数组的副本。但如果调用数组通过切片其他数组获取或有不同寻常的选项，可能就需要创建其副本。还可以通过一些可选参数让 ravel()和 reshape()构建 Fortran 风格的数组，即最左边的索引变化得最快。

reshape()函数改变调用数组的形状并返回该数组的复制副本，而 resize()函数改变调用数组自身（in-place）。

```
>>> a
array([[26, 11],
       [ 0, 41],
       [48,  9],
       [93, 38],
       [73, 55],
       [ 8, 81]])
>>> a.resize((2,6))
>>> a
array([[26, 11, 0, 41, 48, 9],
     [93, 38, 73, 55, 8, 81]])
>>> a=np.array([[0,1],[2,3]])
>>> a.resize(2,3)
>>> a
array([[0, 1, 2],
[3, 0, 0]])                      #当需要填充时用 array.resize()填充零
>>> a = np.arange(6)
>>> b=a.reshape((3,2))           #array.reshape()得到一个新的 array，原 array 不变
>>> a
array([0, 1, 2, 3, 4, 5])
```

```
>>> b
array([[0, 1], [2, 3], [4, 5]])
>>> a = np.array([[1,2,3], [4,5,6]])
>>> np.reshape(a, (3,-1))        #-1 没指定维度值, 实际计算得到 2
    array([[1, 2], [3, 4], [5, 6]])
```

如果在形状操作中指定一个维度为-1,那么其准确维度将根据实际情况计算得到。更多关于 shape()、reshape()、resize()和 ravel()的内容请参考 NumPy 官网示例。

3.2 NumPy 中的矩阵对象

NumPy 库中的矩阵对象为 matrix,可实现对矩阵数据的处理、矩阵运算以及基本的统计运算,还可实现对复数的处理。

np.matrix(data,dtype,copy):返回一个矩阵,其中参数 data 为多维数组对象或者字符串;dtype 为 data 的数据类型;copy 为布尔类型,表示是复制数据还是构造视图。

```
>>> a = np.matrix('1 2 7; 3 4 8; 5 6 9')#矩阵的行必须用分号隔开, 矩阵的元素必须以空格隔开
>>> a
matrix([[1, 2, 7],
        [3, 4, 8],
        [5, 6, 9]])
>>> b=np.array([[1,5],[3,2]])
>>> x=np.matrix(b)                # matrix()中的 data 可以为 ndarray 对象
>>> x
matrix([[1, 5],
        [3, 2]])
```

矩阵对象的属性如下。
matrix.T:返回矩阵的转置矩阵。
matrix.H:返回复数矩阵的共轭矩阵。
matrix.I:返回矩阵的逆矩阵。
matrix.A:返回基于矩阵的数组。
例如:

```
>>> a
matrix([[1, 2, 7],
        [3, 4, 8],
        [5, 6, 9]])
>>> b=a.T                        #b 是 a 的转置矩阵
>>> b
matrix([[1, 3, 5],
        [2, 4, 6],
        [7, 8, 9]])
>>> a.H                          #a 的共轭矩阵
matrix([[1, 3, 5],
        [2, 4, 6],
        [7, 8, 9]])
```

NumPy 库还包括三角函数、傅里叶变换、随机和概率分布、基本数值统计、位运算等非常丰富的功能，读者在使用时可以到官网查询。

3.3 NumPy 中的数据统计分析

3.3.1 排序

NumPy 的排序有直接排序和间接排序。直接排序是对数据直接进行排序，间接排序是指根据一个或多个键值对对数据进行排序。直接排序使用 sort()，间接排序使用 argsort()和 lexsort()。

1. sort()

sort()是常用的排序方法。其中 numpy.sort()调用后不会改变原始数组，返回数组的排序副本。ndarray,sort()调用后改变原始数组，无返回值。

格式：

```
numpy.sort(a,axis=-1,kind='quicksort',order=None)    #形式1
ndarray.sort(axis=-1,kind='quicksort',order=None)    #形式2
```

其中参数含义如下。

a：要排序的数组。

axis：使得 sort()可以沿着指定轴对数据集进行排序。axis=1 为沿横轴（按行）排序，axis=0 为沿纵轴（按列）排序，axis=None 为将数组展开后进行排序。

kind：排序算法，默认为 quicksort，表示使用快速排序算法。

order：如果数组包含字段，则字段是要排序的字段。

例如：

```
import numpy as np
a = np.array([7, 9, 5, 2, 9, 4, 3, 1, 4, 3])
print('原数组：', a)
a.sort()                                    #第 2 种形式，等价于 a=np.sort(a)
print('排序后：', a)
```

输出结果：

```
原数组： [7 9 5 2 9 4 3 1 4 3]
排序后： [1 2 3 3 4 4 5 7 9 9]
```

sort()带参数轴的排序，示例程序如下：

```
import numpy as np
a = np.array([[4, 2, 9, 5], [6, 4, 8, 3], [1, 6, 2, 4]])
print('原数组：', a)
a.sort(axis=1)                 #axis=1 代表沿横轴（按行）排序
print('排序后：', a)
```

输出结果：

原数组：

```
 [[4 2 9 5]
  [6 4 8 3]
  [1 6 2 4]]
```

排序后：

```
 [[2 4 5 9]
  [3 4 6 8]
  [1 2 4 6]]
```

sort()中有排序字段，示例程序如下。

```
 dt = np.dtype([('name', 'S10'),('age', int)])
a = np.array([("raju",21),("anil",25),("ravi", 17), ("amar",27)], dtype = dt)
print('按 name 排序: ')
print(np.sort(a, order = 'name'))
print(np.sort(a, order = 'age'))
```

输出结果：

```
按 name 排序:
[(b'amar', 27) (b'anil', 25) (b'raju', 21) (b'ravi', 17)]
[(b'ravi', 17) (b'raju', 21) (b'anil', 25) (b'amar', 27)]
```

2．argsort()和 lexsort()

使用 argsort()和 lexsort()，可以在排序后，得到一个由整数构成的索引数组，索引表示排序后数据在原数组序列中的位置。

（1）argsort()间接排序

argsort()返回的是数据从小到大排序后的索引列表。在 argsort()中，当 axis=0 时，按列排列；当 axis=1 时，按行排列。如果省略 axis，默认按行排列。

```
import numpy as np
a = np.array([7, 9, 5, 2, 8, 4, 3, 1, 4, 3])
print("原数组: ", a)
print("排序后: ", a.argsort())        #最小是 1，索引是 7；次小是 2；索引是 3；最大是 9，索引是 1
# 返回数组索引排序
print("显示较大的 5 个数: ", a[a.argsort()][-5:])
```

输出结果：

```
原数组: [7 9 5 2 8 4 3 1 4 3]
排序后: [7 3 6 9 5 8 2 0 4 1]
显示较大的 5 个数: [4 5 7 8 9]
```

（2）lexsort()间接排序

lexsort()使用涉及多个数组的多个键值对进行排序。例如，首先对 A 列中的数据进行排序，然后对 B 列中的数据进行排序：

```
import numpy as np
```

```
#先按 surnames 升序排序, 再按 first_names 升序排序
>>> surnames = ('Smith ', 'Galilei', 'Smith ')
>>> first_names = ('Tom', 'John', 'Mary')
>>> ind = np.lexsort((first_names, surnames))    #排序结果为 surnames 中元素索引的数组
>>> ind
array([1, 2, 0])
>>> [surnames[i] + ", " + first_names[i] for i in ind]
['Galilei, John', 'Smith, Mary', 'Smith, Tom']
```

从结果可见, surnames 中两个相同元素 Smith 的索引分别为 0 和 2, 排在最后, 而 "Smith" 在 first_names 中对应的元素分别是 Tom 和 Mary, 将 surnames 中值相同的元素再按 first_names 中对应元素排序, 最终得到 surnames 元素索引顺序 1, 2, 0。

下面的示例采用表示 A 列和 B 列的两个数组 a、b。在应用 lexsort()时, 先按 A 列然后按 B 列进行排序, 排序结果为包含 A 列中元素索引的数组。

```
import numpy as np
a = [2,5,1,8,1]                  #表示 A 列
b = [9,0,3,2,0]                  #表示 B 列
ind = np.lexsort((b, a))         #先按 A 列然后按 B 列进行排序
print("ind", ind)
tmp = [(a[i], b[i])for i in ind]
print("tmp", tmp)
```

输出结果:

```
ind [4 2 0 1 3]
tmp [(1, 0), (1, 3), (2, 9), (5, 0), (8, 2)]
```

从结果可见, a 中最小的两个值 "1" 的索引分别是 2 和 4。当 A 列值相同时按 B 列对应元素排序, B 列索引为 2 和 4 的元素分别是 3 和 0, 所以最终排序后对应 A 列索引分别是 4、2、0、1、3（而不是 2、4、0、1、3）, 因此 tmp 是 [(1, 0), (1, 3), (2, 9), (5, 0), (8, 2)]。

3.3.2 数据去重与数据重复

在统计分析中, 需要提前将重复数据删除, 可以使用 unique()找到数组中唯一值并返回已排序的结果。参数 return_counts 设置为 True 时, 可返回每个值出现的次数。

数组内数据去重

1. 数组内数据去重

unique()经常用于统计类别数目、信息清理和删除重复数据。例如, 统计班级学员, 可以依据电话号码等属性进行去重。

```
import numpy as np
names = np.array(['红色', '蓝色', '蓝色', '白色', '红色', '红色', '蓝色'])
print('原数组: ', names)
print('去重后的数组:', np.unique(names))       #去重后的排序结果
print('数据出现次数:', np.unique(names, return_counts=True))
```

输出结果：

原数组：['红色' '蓝色' '蓝色' '白色' '红色' '红色' '蓝色']
去重后的数组：['白色' '红色' '蓝色']
数据出现次数：(array(['白色', '红色', '蓝色'], dtype='<U2'),array([1,3,3], dtype=int64))

删除重复元素时可以按行或者列删除。

```python
import numpy as np
data = np.array([[1,8,3,3,4],
                 [1,8,9,9,4],
                 [1,8,3,3,4]])
#删除整个数组的重复元素
uniques = np.unique(data)
print( uniques)                    #array([1, 3, 4, 8, 9])
#删除重复行
uniques = np.unique(data , axis=0)
print( uniques)                    #array([[1,8,3,3,4],[1,8,9,9,4]])
#删除重复列
uniques = np.unique(data , axis=1)
print( uniques)                    #array([[1, 3, 4, 8],[1, 9, 4, 8],[1, 3, 4, 8]])
```

输出结果：

```
[1 3 4 8 9]
[[1 8 3 3 4]
 [1 8 9 9 4]]
[[1 3 4 8]
 [1 9 4 8]
 [1 3 4 8]]
```

2．数组内数据重复

数组内数据重复

在统计分析时，可能需要把数据重复若干次，在NumPy中主要使用tile()和repeat()实现数据重复。

（1）tile()

tile()的功能是对整个数组进行复制拼接。用法如下：

```python
np.tile(a, reps)
```

其中a为数组，reps为重复的次数。tile()不需要axis参数，仅通过第2个参数便可指定在各轴上的复制次数。

```python
import numpy as np
a = np.arange(10)
print(a)
print(np.tile(a,2))                    #重复2次
print(np.tile(a,(3,2)))                #行重复3次，列重复2次
a = np.arange(10).reshape(2,5)         #变形为2行5列数组
```

```
print(np.tile(a,2))                          #重复2次
```

输出结果：

```
[0 1 2 3 4 5 6 7 8 9]
[0 1 2 3 4 5 6 7 8 9 0 1 2 3 4 5 6 7 8 9]
[[0 1 2 3 4 5 6 7 8 9 0 1 2 3 4 5 6 7 8 9]
 [0 1 2 3 4 5 6 7 8 9 0 1 2 3 4 5 6 7 8 9]
 [0 1 2 3 4 5 6 7 8 9 0 1 2 3 4 5 6 7 8 9]]
[[0 1 2 3 4 0 1 2 3 4]
 [5 6 7 8 9 5 6 7 8 9]]
```

（2）repeat()

repeat()的功能是对数组中的元素进行连续重复复制。用法有两种：

```
np.repeat(a, repeats, axis=None)
a.repeat(repeats, axis=None)
```

其中 a 为需要重复的数组；repeats 为重复的次数；axis 表示沿着哪个轴进行元素重复，为 0 表示按行进行元素重复，为 1 表示按列进行元素重复。

```
import numpy as np
a = np.arange(5)                          #生成[0 1 2 3 4]数组
print('原数组:', a)
w = np.tile(a, 3)
print('重复数据处理:\n', w)
a2 = np.array([[1, 2, 3], [4, 5, 6]])
print('重复数据处理1:\n', a2.repeat(2, axis=0))    #行重复
print('重复数据处理2:\n', a2.repeat(2, axis=1))    #列重复
```

输出结果：

```
原数组: [0 1 2 3 4]
重复数据处理:
[0 1 2 3 4 0 1 2 3 4 0 1 2 3 4]
重复数据处理1:
[[1 2 3]
 [1 2 3]
 [4 5 6]
 [4 5 6]]
重复数据处理2:
[[1 1 2 2 3 3]
 [4 4 5 5 6 6]]
```

习　题

1. 从数组 a=np.arange(20)提取 6～12 的所有元素。

2. 将数组 np.arange(20)转变为 4 行 5 列的二维数组，并交换第 1 行和第 2 行，交换第 1 列和第 2 列。

3. 寻找数组 np.random.randint(1,25,size=(5,5))中所有的偶数，并将所有偶数替换为 0。

4. 从 1~100 中均匀地产生 20 个随机数字，存储于数组 a 中，替换大于或等于 30 的数为 0，并获取给定数组 a 中前 5 个最大值的索引。

5. 使用 NumPy 数组计算由 5 个坐标(1,9)、(5,12)、(8,20)、(4,10)、(2,8) 构成的图形的周长。

6. 创建一个 3×3 的随机数组，求出它的最大值和最小值，并将最大值替换为 1，最小值替换为 0。

7. 创建一个长度为 15 的一维随机数组并求出它的平均值。

8. 创建两个 3×3 的随机数组并求两个随机数组之和。

实验三 NumPy 数据分析应用

一、实验目的

通过本实验，了解数据处理和数据分析的意义，掌握使用 NumPy 库对数据进行分析、加工的方法，从大量杂乱无章、难以理解的数据中去除缺失、重复、错误和异常的数据，并对处理过的数据进行简单分析。

二、实验要求

1. 掌握使用 NumPy 库进行数据清理的方法，包括处理重复值及空格等。
2. 掌握使用 NumPy 库进行数据集成的方法，对数据源的数据进行重构。
3. 使用 NumPy 库进行简单的数据分析。

三、知识要点

1. 对 CSV 文件的读写。

（1）读取 CSV 文件。

语法格式如下：

```
loadtxt(fname, dtype=<class 'float'>, delimiter=None, encoding='bytes')
```

其中参数 fname 是文件名，参数 dtype 是数组的数据类型（可选），参数 delimiter 是数据分隔符（可选），参数 encoding 是文件的编码方式（可选）。

（2）写入 CSV 文件。

语法格式如下：

```
savetxt(fname, X, fmt='%.18e', delimiter=' ', encoding=None)
```

其中参数 fname 是文件名或文件句柄，参数 X 是要存储到文件的数据，参数 delimiter 是数据分隔符（可选），参数 fmt 是格式化字符（可选），参数 encoding 是文件的编码方式（可选）。

2. NumPy 数组的堆叠。

将两个多维数组堆叠在一起组合成一个新的多维数组，可实现对数据的重构。根据堆叠的方向不同分为水平堆叠和垂直堆叠。

（1）np.hstack()。

将两个表格（二维数组）在水平方向上堆叠在一起，拼接成一个新的表格（二维数组）。

```
import numpy as np
```

```
nary1=np.array([[10,20],[4,40]])
nary2=np.array([[7,68],[9,60]])
np.hstack([nary1,nary2])
```

运行结果如下：

```
array([[10, 20,  7, 68],
       [ 4, 40,  9, 60]])
```

（2）np.vstack()。

将两个表格（二维数组）在垂直方向上堆叠在一起，拼接成一个新的表格（二维数组）。

```
np.vstack([nary1,nary2])
```

运行结果如下：

```
array([[10, 20],
       [ 4, 40],
       [ 7, 68],
       [ 9, 60]])
```

3. 多维数组的布尔索引。

（1）NumPy 数组的比较运算。

比较运算符在 NumPy 中是通过通用函数来实现的，NumPy 数组比较运算的操作对象是多维数组，运算结果也是多维数组。比较运算符和其对应的 NumPy 通用函数如表 3-4 所示。

表 3-4 比较运算符和其对应的 NumPy 通用函数

比较运算符	通用函数
==	np.equal()
!=	np.not_equal()
>	np.greater()
>=	np.greater_equal()
<	np.less()
<=	np.less_equal()

（2）NumPy 数组的逻辑运算。

逻辑运算符和其对应的 NumPy 通用函数如表 3-5 所示。

表 3-5 逻辑运算符和其对应的 NumPy 通用函数

逻辑运算符	通用函数
&	np.logical_and()
|	np.logical_or()
^	np.logical_xor()
~	np.logical_not()

比较运算符与逻辑运算符一起使用可表示复杂条件。

（3）逻辑数组。

设置条件，通过对 NumPy 数组元素分别进行逻辑运算，将运算结果存储在 NumPy 数组元素对应的逻辑数组元素中，形成逻辑数组。

```
data = np.array([
    ('Teddy',15),
    ('Sandy', 18),
    ('Sam',16)],
    dtype=[
        ("name","S10"),
        ("age","int")])
data['age']<=15
```

运行结果如下：

```
array([ True, False, False])
```

逻辑数组可以作为布尔掩码，对 NumPy 数组进行筛选，得到 NumPy 数组的子数据集。

```
data[data['age']<=15]['name']
```

运行结果如下：

```
array([b'Teddy'], dtype='|S10')
```

在许多情况下，数据集可能存在不完整或无效数据。我们可以基于某些规则设置掩码，对数据进行查看和操作。

四、实验内容与步骤

1. 读入数据源。将数据文件 score1.csv 读入并输出前 5 行数据。
程序代码：

```
import numpy as np
data=np.loadtxt('D:\\score1.csv',dtype='str',delimiter=',',encoding='gbk')
print(data[:5])
```

运行结果如下：

```
[['学号/工号' '学生姓名' '班级' '课程 ID' '课程名称' '分数' '状态' '领取时间' '提交时间'
'IP' '学生排名'
   '批阅教师' '批阅 IP']
 ['201928301' '于逸飞' 'RB 软工互 193' '222855134' '计算机专业英语' '86' '已完成'
   '2022/6/12 9:01' '2022/6/12 10:19' '115.60.89.119/河南' '40' '王琳' '10.0.16.158']
 ['201928302' '张子冉' 'RB 软工互 193' '222855134' '计算机专业英语' '88' '已完成'
   '2022/6/12 9:00' '2022/6/12 10:15' '39.163.71.27/河南' '29' '王琳' '10.0.16.158']
 ['201928303' '杨菲' 'RB 软工互 193' '222855134' '计算机专业英语' '87' '已完成'
   '2022/6/12 9:01' '2022/6/12 10:30' '223.91.69.121/河南' '37' '王琳' '202.196.32.91']
 ['201928304' '王佳雯' 'RB 软工互 193' '222855134' '计算机专业英语' '95' '已完成'
   '2022/6/12 9:00' '2022/6/12 10:21' '202.196.32.91/河南' '2' '王琳' '10.0.16.158']]
```

2. 对数据进行简单清理，去除空格。
程序代码：

```
data=np.char.strip(data)
data[:5]
```

运行结果如下：

```
array([['学号/工号', '学生姓名', '班级', '课程ID', '课程名称', '分数', '状态', '领取时间',
        '提交时间', 'IP', '学生排名', '批阅教师', '批阅IP'],
       ['201928301', '于逸飞', 'RB软工互193', '222855134', '计算机专业英语', '86',
        '已完成', '2022/6/12 9:01', '2022/6/12 10:19', '115.60.89.119/河南', '40',
'王琳', '10.0.16.158'],
       ['201928302', '张子冉', 'RB软工互193', '222855134', '计算机专业英语', '88',
        '已完成', '2022/6/12 9:00', '2022/6/12 10:15', '39.163.71.27/河南', '29',
'王琳', '10.0.16.158'],
       ['201928303', '杨菲', 'RB软工互193', '222855134', '计算机专业英语', '87',
        '已完成', '2022/6/12 9:01', '2022/6/12 10:30', '223.91.69.121/河南', '37',
'王琳', '202.196.32.91'],
       ['201928304', '王佳雯', 'RB软工互193', '222855134', '计算机专业英语', '95',
        '已完成', '2022/6/12 9:00', '2022/6/12 10:21', '202.196.32.91/河南','2',
'王琳', '10.0.16.158']]
, dtype='<U18')
```

3. 数据源拆分。

（1）从数据源拆分出"学生信息"表，并保存成 CSV 文件。

```
stu_info=data[:,[1,2,6]]
np.savetxt('D:\\学生信息.csv',stu_info,fmt='%s',delimiter=',')
stu_info[:5]
```

运行结果如下：

```
array([['学生姓名', '班级', '状态'],
       ['于逸飞', 'RB软工互193', '已完成'],
       ['张子冉', 'RB软工互193', '已完成'],
       ['杨菲', 'RB软工互193', '已完成'],
       ['王佳雯', 'RB软工互193', '已完成']], dtype='<U18')
```

（2）从数据源拆分出"课程信息"表，使用 unique()去重并使用 vstack()将数据重组后保存成 CSV 文件。

```
course_info=data[:,[3,4]]
course_info=np.vstack((course_info[0],np.unique(course_info[1:],axis=0)))
np.savetxt('D:\\课程信息.csv',course_info,fmt='%s',delimiter=',')
course_info
```

运行结果如下：

```
array([['课程ID', '课程名称'],
       ['222855134', '计算机专业英语']], dtype='<U18')
```

（3）从数据源拆分出"学生成绩"表，去重、重组后保存成 CSV 文件。

```
score_info=data[:,[0,1,4,5]]
score_info=np.vstack((score_info[0],np.unique(score_info[1:],axis=0)))
np.savetxt('D:\\学生成绩.csv',score_info,fmt='%s',delimiter=',')
score_info[:5]
```

运行结果如下：

```
array([['学号/工号', '学生姓名', '课程名称', '分数'],
       ['201928301', '于逸飞', '计算机专业英语', '86'],
       ['201928302', '张子冉', '计算机专业英语', '88'],
       ['201928303', '杨菲', '计算机专业英语', '87'],
       ['201928304', '王佳雯', '计算机专业英语', '95']], dtype='<U18')
```

4. 获取成绩，对成绩进行最大值和最小值的统计。

程序代码：

```
#获取分数列
score=np.array(score_info[1:,3],dtype=np.float64)
score
```

运行结果如下：

```
array([86., 88., 87., 95., 89., 88., 91., 90., 84., 70., 92., 65., 90.,
       83., 95., 90., 88., 89., 86., 84., 89., 84., 84., 79., 74., 88.,
       94., 96., 93., 86., 92., 87., 86., 86., 88., 72., 89., 84., 83.,
       92., 79., 94., 85., 90., 91., 85., 94., 92., 89., 88., 86., 84.,
       93., 95., 92., 90., 88., 84., 86., 84., 88., 87., 89., 86., 84.,
       90., 72.])
```

程序代码：

```
#获取最高分的学生信息
max_index=np.argmax(score)
print(score_info[max_index+1,[0,1,3]])
```

运行结果如下：

```
['201928328' '谷青岭' '96']
```

程序代码：

```
#获取最低分的学生信息
min_index=np.argmin(score)
print(score_info[min_index+1,[0,1,3]])
```

运行结果如下：

```
['201928312' '王金旭' '65']
```

5. 统计高于平均分和低于平均分的人数。

程序代码：

```
more_than_avg=len(score[score>np.mean(score)])
less_than_avg=len(score[score<np.mean(score)])
dict_avg={'高于平均分人数':more_than_avg,'低于平均分人数':less_than_avg}
dict_avg
```

运行结果如下：

```
{'高于平均分人数': 39, '低于平均分人数': 28}
```

第4章 Pandas 统计分析基础

Python Data Analysis Library（简称为 Pandas 库）是基于 NumPy 的一种工具，该工具是为数据分析而创建的。Pandas 提供了一些标准的数据模型和大量的能使我们快速、便捷地处理数据的函数和方法，使 Python 成为大型数据集强大而高效的数据分析工具。本章就来介绍 Pandas 的操作方法。

4.1 Pandas

Pandas 是 Python 的一个数据分析包，Pandas 最初被作为金融数据分析工具，因此 Pandas 对时间序列分析提供了很好的支持。Pandas 的名称来自面板数据（Panel Data）和数据分析（Data Analysis）。面板数据是经济学中关于多维数据集的一个术语，在 Pandas 中提供了 Panel 数据类型。

Pandas

Pandas 提供如下数据类型。

（1）Series

Series（系列）是能够保存任何类型的数据（整数、字符串、浮点数、Python 对象等）的一维数组。Series 与 NumPy 中的一维数组类似。两者与 Python 基本的数据结构列表也很相近，区别是列表和 Series 中的元素可以是不同数据类型的，而一维数组中则只允许存储相同数据类型的元素。一维数组这样可以更有效地使用内存，提高运算效率。

（2）DataFrame

DataFrame（数据框）是二维的表格型数据结构。很多功能与 R 语言中的 data.frame 的功能类似。可以将 DataFrame 理解为 Series 的容器。

（3）Panel

Panel（面板）是三维数组，可以理解为 DataFrame 的容器。此处限于篇幅不展开介绍。

使用 Pandas 首先需要安装，在命令提示符窗口下使用命令 pip3 install pandas 即可。安装成功后，才可以使用 Pandas。Pandas 常用的导入方法如下：

```
import pandas as pd
from pandas import Series,DataFrame
```

如果能导入成功，则说明安装成功。

4.1.1 Series

Series 与列表一样，包含一系列数据，每个数据对应一个索引，也可以看作一个定长的有序字典。

1．创建 Series

已知列表[中国, 美国, 日本]，如果跟索引写到一起，形式如下：

index	data
0	中国
1	美国
2	日本

```
>>> s = Series(['中国','美国','日本'])          #注意这里采用默认索引 0、1、2
```

这里实际上使用列表创建了一个 Series 对象，这个对象有自己的属性和方法。例如，下面的两个属性可以依次显示：

```
>>> print(s.values)
['中国' '美国' '日本']
>>> print(s.index)
RangeIndex(start=0, stop=3, step=1)
```

Series 对象包含两个主要的属性 index 和 values。列表的索引只能是从 0 开始的整数，Series 在默认情况（未指定索引）下，其索引也是如此。区别于列表的是，Series 可以自定义索引：

```
>>>s = Series(['中国','美国','日本'], index = ['a','b','c'])
>>>s = Series(data = ['中国','美国','日本'], index = ['a','b','c'])
```

自定义索引后，数据存储形式如下：

index	data
'a'	中国
'b'	美国
'c'	日本

Series 可以使用以下构造函数创建：

```
pandas.Series( data, index, dtype, copy)
```

Series 构造函数的参数如表 4-1 所示。

表 4-1　Series 构造函数的参数

参数	描述
data	数据的形式，如多维数组、列表、constant（常量）、字典等
index	索引，索引值必须是唯一的，与数据的长度相同。如果没有索引被传递，默认为 np.arange(n)
dtype	数据类型。如果没有，将推断数据类型
copy	复制数据，默认为 False

如果数据是多维数组，则传递的索引必须具有与数组相同的长度。如果没有传递索引，那么默认的索引将是 arange(n)，其中 n 是数组长度 len(array)，即[0,1,2,3,…,len(array)-1]。

```
import pandas as pd
import numpy as np
data = np.array(['a','b','c','d'])
s = pd.Series(data)
```

字典可以作为参数传递，如果没有指定索引则按顺序取得字典的键以构造索引。

```
>>> data = {'a' : 100, 'b' : 110, 'c' : 120}
>>> s = pd.Series(data)
>>> print(s.values)              #结果是[100  110   120]
```

如果数据是标量值（常量），则必须提供索引，重复常量以匹配索引的长度。例如：

```
>>> s = pd.Series(5, index=[0, 1, 2, 3])
>>> print(s.values)       #结果是[5  5  5  5]
```

2．访问 Series

（1）使用位置访问 Series 中的数据

Series 中的数据可以使用类似于访问多维数组中的数据的方法来访问。例如，下面访问 Series 中第一个元素、前 3 个元素和最后 3 个元素。

```
import pandas as pd
s = pd.Series([1,2,3,4,5],index = ['a','b','c','d','e'])
print(s[0] )             #访问第一个元素 1
print(s[:3] )            #访问前 3 个元素 1、2、3
print(s[-3:] )           #访问最后 3 个元素 3、4、5
```

执行上面示例代码，得到以下结果：

```
1
a     1
b     2
c     3
dtype: int64
c     3
d     4
e     5
dtype: int64
```

（2）使用索引访问 Series 中的数据

Series 就像一个固定大小的字典，可以通过索引获取和设置。

```
import pandas as pd
s = pd.Series([1,2,3,4,5],index = ['a','b','c','d','e'])
print(s['b'])            #结果是 2
print(s[['a','c','d']])          #获取索引 a、c、d 的对应值
```

执行上面示例代码，得到以下结果：

```
2
a     1
c     3
d     4
```

4.1.2　DataFrame

DataFrame 是二维的表格型数据结构，即数据以行和列的表格方式排列。可以把 DataFrame 看成共享同一个索引的 Series 的集合，如图 4-1 所示。

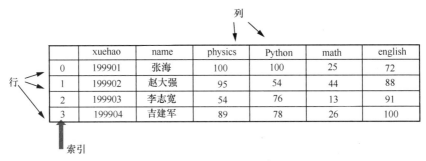

图 4-1　DataFrame 示意

Pandas 中的 DataFrame 可以使用以下构造函数创建：

```
pandas.DataFrame(data, index, columns, dtype, copy)
```

DataFrame 构造函数的参数如表 4-2 所示。

表 4-2　DataFrame 构造函数的参数

参数	描述
data	数据的形式，如多维数组、Series、列表、字典和另一个 DataFrame 等
index	行标签（索引），如果没有传递索引，默认是 np.arange(n)
columns	列标签（列名），如果没有传递列名，默认是 np.arange(n)
dtype	数据类型
copy	复制数据，默认为 False

1．创建 DataFrame

可以使用一维列表或多维列表创建 DataFrame。

（1）使用一维列表创建 DataFrame

程序代码：

```
import pandas as pd
data = [10,20,30,40,50]
df = pd.DataFrame(data)
print(df)
```

（2）使用多维列表创建 DataFrame

程序代码：

```
import pandas as pd
data = [['Alex',10],['Bob',12],['Clarke',13]]
df = pd.DataFrame(data,columns=['Name','Age'])
print(df)
```

执行上面示例代码，得到以下结果：

```
        Name    Age
0       Alex    10
1       Bob     12
2       Clarke  13
```

（3）使用值为多维数组/列表的字典创建 DataFrame

所有的多维数组/列表必须具有相同的长度。如果有索引，则索引的长度应等于多维数组/列表的长度。如果没有索引，则默认情况下索引为 np.arange(n)，其中 n 为多维数组/列表的长度。

程序代码：

```python
import pandas as pd
data = {'Name':['Tom', 'Jack', 'Steve', 'Ricky'],'Age':[28,34,29,42]}
df = pd.DataFrame(data)
print(df)
```

执行上面示例代码，得到以下结果：

```
    Age     Name
0   28      Tom
1   34      Jack
2   29      Steve
3   42      Ricky
```

注意，这里是默认情况，故索引为 0、1、2、3。字典键默认为列名。

下面是指定索引的情况。

```python
import pandas as pd
data = {'Name':['Tom', 'Jack', 'Steve', 'Ricky'],'Age':[28,34,29,42]}
df = pd.DataFrame(data, index=['19001','19002','19003','19004'])
print(df)
```

执行上面示例代码，得到以下结果：

```
        Age     Name
19001   28      Tom
19002   34      Jack
19003   29      Steve
19004   42      Ricky
```

注意，index 参数为每行分配一个索引，Age 和 Name 列使用相同的索引。

（4）使用值为 Series 的字典创建 DataFrame

值为 Series 的字典可以作为参数传递以创建一个 DataFrame。

```python
import pandas as pd
d = {'one' : pd.Series([1, 2, 3], index=['a', 'b', 'c']),
     'two' : pd.Series([1, 2, 3, 4], index=['a', 'b', 'c', 'd'])}
df = pd.DataFrame(d)
print(df)
```

执行上面示例代码，得到以下结果：

```
      one   two
a     1.0   1
b     2.0   2
c     3.0   3
d     NaN   4
```

注意，对于第一个 Series，没有索引'd'，在结果中，对'd'索引添加了 NaN 值。

2．DataFrame 的属性或方法

表 4-3 列出了 DataFrame 的属性或方法。

表 4-3　DataFrame 的属性或方法

属性或方法	描述
T	转置行和列
axes	返回包含索引和列名的列表
dtypes	返回此对象的数据类型
empty	如果 DataFrame 完全为空，则返回 True
ndim	返回维度
shape	返回表示 DataFrame 的维度的元组
size	返回 DataFrame 中的元素数
values	返回 DataFrame 中的元素（NumPy 的二维数组形式）
head(n)	返回 DataFrame 前 n 行
tail(n)	返回 DataFrame 最后 n 行
columns	返回包含所有列名的列表
index	返回索引的列表

下面通过 CSV 文件（保存成绩信息）创建一个 DataFrame，并使用上述属性和方法。

```
>>> import pandas as pd
>>> df = pd.read_csv("marks2.csv")   #marks2.csv 保存了成绩信息
>>> df
```

执行上面示例代码，得到以下结果：

```
   xuehao   name   physics   Python   math   English
0  199901   张海      100       100      25       72
1  199902   赵大强     95        54      44       88
2  199903   李志宽     54        76      13       91
3  199904   吉建军     89        78      26      100
```

可以看出 df 就是一个 DataFrame。索引是默认的 0～3，列名是 CSV 文件的第一行。

```
>>> df ['name'][1]     #结果是'赵大强'
```

还有另外一种方法创建 DataFrame：

Pandas 统计分析基础　第4章

```
>>> df = pd.read_table("marks2.csv", sep=",")
```

创建 DataFrame 后，就可以使用上述属性和方法。

（1）T（转置）

返回 DataFrame 的转置，实现行和列的交换。

```
>>> df.T
              0          1          2          3
xuehao     199901     199902     199903     199904
name       张海        赵大强      李志宽      吉建军
physics    100        95         54         89
Python     100        54         76         78
math       25         44         13         26
English    72         88         91         100
```

（2）axes

返回包含索引和列名的列表。

```
>>> df.axes
[RangeIndex(start=0, stop=4, step=1), Index(['xuehao', 'name', 'physics', 'Pytho
n', 'math', 'English'], dtype='object')]
```

（3）index

返回包含索引的列表。

```
>>> df.index
RangeIndex(start=0, stop=4, step=1)
```

（4）columns

返回包含所有列名的列表。

```
>>> df.columns
Index(['xuehao', 'name', 'physics', 'Python', 'math', 'English'], dtype='object')
```

（5）shape

返回表示 DataFrame 的维度的元组(a,b)，其中 a 表示行数，b 表示列数。

```
>>> df.shape
(4, 6)
```

（6）values

将 DataFrame 的实际数据作为 NumPy 数组返回。

```
>>> df.values
array([[199901, '张海', 100, 100, 25, 72],
       [199902, '赵大强', 95, 54, 44, 88],
       [199903, '李志宽', 54, 76, 13, 91],
       [199904, '吉建军', 89, 78, 26, 100]], dtype=object)
```

（7）head()和 tail()

要查看 DataFrame 对象的部分数据，可使用 head()和 tail()方法。head(n)返回前 n 行（默认为 5 行），tail(n)返回最后 n 行（默认为 5 行），但可以传递自定义的行数。

```
>>> df.head(2)
   xuehao   name    physics   Python   math   English
0  199901   张海         100      100     25        72
1  199902   赵大强        95       54     44        88
>>> df.tail(1)
   xuehao   name    physics   Python   math   English
3  199904   吉建军        89       78     26       100
```

3. DataFrame 的列和行操作

（1）选择列

通过列名从 DataFrame 中选择一列。

DataFrame 的列
和行操作

```
import pandas as pd
d = {'one' : pd.Series([11, 12, 13], index=['a', 'b', 'c']),
     'two' : pd.Series([1, 2, 3, 4], index=['a', 'b', 'c', 'd'])}
df = pd.DataFrame(d)
print(df['one'])      #选择 one 列
```

执行上面示例代码，得到以下结果：

```
     one
a    11.0
b    12.0
c    13.0
d    NaN
```

对于第一个 Series，没有索引'd'，所以对索引'd'附加了 NaN 值。

（2）添加列

为 DataFrame 添加两列。

```
print("Adding a new column by passing as Series:")
df['three']=pd.Series([10,20,30],index=['a','b','c'])
print("Adding a new column using the existing columns in DataFrame:")
df['four']=df['one']+df['three']
```

执行上面示例代码，得到以下结果：

```
Adding a new column by passing as Series:
     one   two   three
a    11.0    1    10.0
b    12.0    2    20.0
c    13.0    3    30.0
d    NaN     4    NaN
Adding a new column using the existing columns in DataFrame:
     one   two   three   four
a    11.0    1    10.0   21.0
b    12.0    2    20.0   32.0
c    13.0    3    30.0   43.0
d    NaN     4    NaN    NaN
```

（3）删除列

从 DataFrame 中删除两列。

```python
import pandas as pd
d = {'one' : pd.Series([1, 2, 3], index=['a', 'b', 'c']),
     'two' : pd.Series([1, 2, 3, 4], index=['a', 'b', 'c', 'd']),
     'three' : pd.Series([10,20,30], index=['a','b','c'])}
df = pd.DataFrame(d)
#使用 del 删除功能
del df['one']          #删除 one 列
#使用 pop 删除功能
df.pop('two')          #删除 two 列
print(df)
```

执行上面示例代码，得到以下结果：

```
   three
a  10.0
b  20.0
c  30.0
d  NaN
```

（4）选择行

可以通过将索引传递给 loc() 函数来选择行。

```python
import pandas as pd
d = {'one' : pd.Series([1, 2, 3], index=['a', 'b', 'c']),
     'two' : pd.Series([1, 2, 3, 4], index=['a', 'b', 'c', 'd'])}
df = pd.DataFrame(d)
print( df.loc['b'] )
```

执行上面示例代码，得到以下结果：

```
one  2.0
two  2.0
```

也可以通过将索引传递给 iloc() 函数来选择行。

```python
import pandas as pd
d = {'one' : pd.Series([1, 2, 3], index=['a', 'b', 'c']),
     'two' : pd.Series([1, 2, 3, 4], index=['a', 'b', 'c', 'd'])}
df = pd.DataFrame(d)
print(df.iloc[2] )          #注意索引是从 0 开始的，所以实际选择第 3 行
```

执行上面示例代码，得到以下结果：

```
one  3.0
two  3.0
```

还可通过切片（使用 : 运算符）来选择多行。

```python
import pandas as pd
d = {'one' : pd.Series([1, 2, 3], index=['a', 'b', 'c']),
```

```
            'two' : pd.Series([1, 2, 3, 4], index=['a', 'b', 'c', 'd'])}
df = pd.DataFrame(d)
print(df[2:4] )                    #选择第3行到第4行
```

执行上面示例代码，得到以下结果：

```
      one    two
c     3.0    3
d     NaN    4
```

（5）添加行

使用 append()函数将新行添加到 DataFrame 中。

```
import pandas as pd
df = pd.DataFrame([[1, 2], [3, 4]], columns = ['a','b'])
df2 = pd.DataFrame([[5, 6], [7, 8]], columns = ['a','b'])
df = df.append(df2)
print(df)
```

执行上面示例代码，得到以下结果：

```
     a   b
0    1   2
1    3   4
0    5   6
1    7   8
```

（6）删除行

使用索引从 DataFrame 中删除行。如果索引重复，则会删除多行。

```
import pandas as pd
df = pd.DataFrame([[1, 2], [3, 4]], columns = ['a','b'])
df2 = pd.DataFrame([[5, 6], [7, 8]], columns = ['a','b'])
df = df.append(df2)
print(df)
print('Drop rows with index 0')
df = df.drop(0)
print(df)
```

执行上面示例代码，得到以下结果：

```
     a   b
0    1   2
1    3   4
0    5   6
1    7   8
Drop rows with index 0
     a   b
1    3   4
1    7   8
```

在上面的例子中，一共有两行被删除，因为这两行包含相同的索引 0。

4.2 Pandas 统计

Pandas 统计

4.2.1 基本统计

DataFrame 有很多函数用来计算描述性统计信息和完成其他相关操作。

1. 描述性统计

描述性统计又叫统计分析，一般统计某个变量的均值、标准差、最小值、最大值，以及 1/4 中位数、1/2 中位数、3/4 中位数。表 4-4 列出了 Pandas 中主要的计算描述性统计信息的函数。

表 4-4　Pandas 中主要的计算描述性统计信息的函数

函数	描述	函数	描述
count()	求非空值的数量	min()	求所有值的最小值
sum()	求所有值之和	max()	求所有值的最大值
mean()	求所有值的均值	abs()	求绝对值
median()	求所有值的中位数	prod()	求数组元素的乘积
mode()	求值的模	cumsum()	求累加和
std()	求值的标准差	cumprod()	求累乘积

创建一个 DataFrame 后，使用表 4-4 中的函数进行统计操作。

（1）sum()

返回所请求轴的值的和。默认情况下按列求和（axis=0）。如果按行求和，则 axis=1。

```
>>> df. sum()    #按列求和
```

（2）std()

返回值的标准差。

```
>>> df. std ()
```

由于 DataFrame 列的数据类型不一致，因此当 DataFrame 包含字符或字符串时，像 abs()、cumprod()这样的函数会抛出异常。

2. 汇总 DataFrame 列数据

describe()函数用来计算有关 DataFrame 列的统计信息的摘要，包括数量、均值、标准差、最小值、最大值，以及 1/4 中位数、1/2 中位数、3/4 中位数。

```
>>> df.describe()
            xuehao      physics      Python         math     English
count     4.000000     4.000000    4.000000     4.000000    4.000000
mean  199902.50000    84.500000   77.000000    27.000000   87.750000
std        1.290994    20.824665   18.797163    12.780193   11.672618
min   199901.000000    54.000000   54.000000    13.000000   72.000000
25%   199901.750000    80.250000   70.500000    22.000000   84.000000
50%   199902.500000    92.000000   77.000000    25.500000   89.500000
75%   199903.250000    96.250000   83.500000    30.500000   93.250000
max   199904.000000   100.000000  100.000000    44.000000  100.000000
```

4.2.2　分组统计

1．分组

Pandas 有多种方式来实现分组（GroupBy）。

```
obj.groupby('key')
obj.groupby(['key1', 'key2'])
obj.groupby(key,axis=1)
```

例如：

```
import pandas as pd
df= pd.DataFrame([ [199901, '张海', '男' ,100, 100, 25, 72],
                [199902, '赵大强', '男', 95, 54, 44, 88],
                [199903, '李梅', '女', 54, 76, 13, 91],
                [199904, '吉建军', '男', 89, 78, 26, 100]] ,
                columns = ['xuehao', 'name', 'sex', 'physics', 'Python', 'math',
'English'])
grouped =df.groupby('sex')        #按性别分组
```

2．查看分组

使用 groupby()，可以查看分组情况。

```
print(df.groupby('sex').groups)
{'男': Int64Index([0, 1, 3], dtype='int64'), '女': Int64Index([2], dtype='int64')}
```

由结果可知，男对应索引为 0，1，3，女对应索引为 2。

3．选择一个分组

使用 get_group()方法，可以选择一个分组。

```
grouped =df.groupby('sex')
print(grouped.get_group('男'))
```

执行上面示例代码，得到以下结果：

	xuehao	name	sex	physics	Python	math	English
0	199901	张海	男	100	100	25	72
1	199902	赵大强	男	95	54	44	88
3	199904	吉建军	男	89	78	26	100

4．聚合

聚合函数为每个分组返回单个聚合值。若创建了分组对象，就可以对分组数据执行聚合操作。一个比较常用的方法是通过 agg()方法聚合。

```
import numpy as np
grouped = df.groupby('sex')
```

查看每个分组的均值的方法是应用 mean()函数。

```
print(grouped['English'].agg(np.mean) )
```

结果如下：

```
sex
女    91.000000
男    86.666667
```

可知女生英语平均分为 91.000000，男生英语平均分为 86.666667。
查看每个分组的大小的方法是应用 size()函数。

```
print(grouped.agg(np.size))
```

结果如下：

```
sex
女    1
男    3
```

可知女生人数为 1，男生人数为 3。

4.3 Pandas 排序和排名

Pandas 排序
和排名

根据条件对 Series 对象或 DataFrame 对象的值排序（Sorting）和排名（Ranking）是 Pandas 一种重要的内置运算。Series 对象或 DataFrame 对象可以使用 sort_index()/sort_values()函数进行排序，使用 rank()函数进行排名。

4.3.1 Series 的排序

Series 的 sort_index()函数：

```
sort_index(ascending = True)
```

对 Series 的索引进行排序，默认是升序。
例如：

```
import pandas as pd
s = pd.Series([10, 20, 33], index=["a", "c", "b"])  # 定义一个 Series
print(s.sort_index())  # 对 Series 的索引进行排序，默认是升序
```

结果如下：

```
a    10
b    33
c    20
```

对索引进行降序排序：

```
print(s.sort_index(ascending=False))    # ascending=False 表示是降序排序
```

Series 不仅可以按索引进行排序，还可以使用 sort_values()函数按值排序。

```
print(s.sort_values(ascending=False))    # ascending=False 表示是降序排序
```

结果如下：

```
b    33
c    20
a    10
```

4.3.2 DataFrame 的排序

DataFrame 的 sort_index()函数：

```
sort_index(self, axis=0, level=None, ascending=True, inplace=False, kind='quicksort',
na_position='last', sort_remaining=True, by=None)
```

其中部分参数含义如下。

axis：0 表示按照索引排序；1 表示按照列名排序。

level：默认为 None，否则按照给定的级别排序。

ascending：默认为 True，表示升序排序；False，表示降序排序。

inplace：默认为 False，否则排序之后的数据直接替换原来的 DataFrame。

kind：默认为 quicksort，表示排序的方法。

na_position：缺失值默认排在最前（取值为 first）/后（取值为 last）。

sort_remaining：如果为 True，则在按指定级别排序后再按其他的级别排序。

by：按照指定值排序。

例如：

```
import pandas as pd
df= pd.DataFrame([[199901, '张海', '男' ,100, 100, 25, 72],
                 [199902, '赵大强', '男', 95, 54, 44, 88],
                 [199903, '李梅', '女', 54, 76, 13, 91],
                 [199904, '吉建军', '男', 89, 78, 26, 100]] ,
                 columns = ['xuehao', 'name', 'sex', 'physics', 'Python', 'math',
'English'],
                 index=[1,4,6,2])
```

使用 sort_index()，可以对 DataFrame 进行排序。默认情况下，按照升序对索引进行排序。

```
sorted_df=df.sort_index()    #对索引进行升序排序
print(sorted_df)
```

结果如下：

	xuehao	name	sex	physics	Python	Math	English
1	199901	张海	男	100	100	25	72
2	199904	吉建军	男	89	78	26	100
4	199902	赵大强	男	95	54	44	88
6	199903	李梅	女	54	76	13	91

通过将布尔值传递给参数 ascending，可以控制排序顺序。

```
sorted_df=df.sort_index(ascending = False)    #索引降序排序
```

通过令 axis 参数值为 0 或 1，可以按索引或按列名进行排序。默认情况下，axis = 0，

　　　　　　　　Pandas 统计分析基础　｜ 第4章

逐行排序。下面举例来介绍 axis 参数。

```
sorted_df=df.sort_index(axis=1)       #按列名排序
print(sorted_df)
```

结果如下：

	English	math	name	physics	Python	sex	xuehao
1	72	25	张海	100	100	男	199901
4	88	44	赵大强	95	54	男	199902
6	91	13	李梅	54	76	女	199903
2	100	26	吉建军	89	78	男	199904

实际上，在日常计算中，按值排序较多。例如，按分数高低、学号、性别排序，这时可以使用 sort_values()。DataFrame 的 sort_values() 是按值排序的函数，它接收一个 by 参数指定排序的列名。

```
sorted_df2=df.sort_values(by='English')       #按值排序
print(sorted_df2)
```

运行后可见结果同上。

English 的值相同时如何排列呢？实际上也可以通过 by 参数指定排序需要的多列。

```
import pandas as pd
import numpy as np
unsorted_df = pd.DataFrame({'col1':[2,1,1,1],'col2':[1,3,2,4]})
sorted_df = unsorted_df.sort_values(by=['col1','col2'])
print(sorted_df)
```

结果如下：

	col1	col2
2	1	2
1	1	3
3	1	4
0	2	1

可见，col1 值相同时按照 col2 值再排序。这里我们可以认为 col1 是第一排序条件，col2 是第二排序条件，只有 col1 值相同时才用到第二排序条件。

sort_values() 提供了一个从 mergesort（合并排序）、heapsort（堆排序）和 quicksort（快速排序）中选择排序算法的参数 kind。其中 mergesort 是唯一稳定的算法。

```
import pandas as pd
unsorted_df = pd.DataFrame({'col1':[2,1,1,1],'col2':[1,3,2,4]})
sorted_df = unsorted_df.sort_values(by='col1' ,kind='mergesort')
print(sorted_df)
```

4.3.3　Series 和 DataFrame 的排名

排名跟排序关系密切，且它会增设一个排名值（从 1 开始，一直到 Pandas 中有效数据的总数）。但需要注意如何处理出现相同的值。下面介绍 Series 和 DataFrame 的 rank() 函数。

1．Series 的排名

Series 的 rank()函数。

```
rank(method="average", ascending=True)
```

对于出现的相同的值，method 参数值 first 表示按值在原始数据中的出现顺序分配排名，min 表示使用整个分组的最小值排名，max 使用整个分组的最大值排名，average 使用平均值排名，也是默认的排名方式。还可以设置 ascending 参数，设置按降序排名或升序排名。

```
import pandas as pd
s = pd.Series([1 ,3 ,2 ,1 ,6] ,index=["a" ,"c" ,"d" ,"b" ,"e"])
#1 是最小的，所以第一个 1 排在第一，第二个 1 排在第二，因为取的是平均排名，所以 1 的排名为 1.5
print(s.rank())# 默认根据值的大小进行平均排名
```

结果如下：

```
a    1.5
c    4.0
d    3.0
b    1.5
e    5.0
```

设置 method 参数值：

```
print(s.rank(method="first"))        # 根据值在 Series 中出现的顺序进行排名
```

结果如下：

```
a    1.0
c    4.0
d    3.0
b    2.0
e    5.0
```

2．DataFrame 的排名

DataFrame 的 rank()函数。

```
rank(axis=1, method="average", ascending=True)
```

method 参数和 ascending 参数的设置与 Series 中的一样。

```
import pandas as pd
a = [[9, 3, 1], [1, 2, 8], [1, 0, 5]]
data = pd.DataFrame(a, index=["0", "2", "1"], columns=["c", "a", "b"])
print(data)
```

原始数据如下：

```
   c  a  b
0  9  3  1
2  1  2  8
1  1  0  5
```

默认按列进行排名：

```
print(data.rank())
```

结果如下：

```
    c    a    b
0  3.0  3.0  1.0
2  1.5  2.0  3.0
1  1.5  1.0  2.0
```

按行进行排名：

```
print(data.rank(axis=1))
```

结果如下：

```
    c    a    b
0  3.0  2.0  1.0
2  1.0  2.0  3.0
1  2.0  1.0  3.0
```

4.4 Pandas 筛选和过滤

Pandas 筛选
和过滤

4.4.1 筛选

Pandas 的逻辑筛选功能实现比较简单，直接在方括号里输入逻辑运算符即可。假设 DataFrame 如下：

```
import pandas as pd
df= pd.DataFrame([ [199901, '张海', '男' ,100, 100, 95, 72],
                 [199902, '赵大强', '男',95, 54, 44, 88],
                 [199903, '李梅', '女', 54, 76, 13, 91],
                 [199904, '吉建军', '男', 89, 78, 26, 100]] ,
                 columns = ['xuehao', 'name', 'sex', 'physics', 'Python', 'math',
'English'],
                 index=[1,4,6,2])
```

1．df[]或 df.——选取列数据

程序代码：

```
df. xuehao                  #选取 xuehao 列数据
df['xuehao']                #选取 xuehao 列数据
df[['xuehao','math']]       #选取 xuehao 和 math 列数据
```

df[]支持在方括号内写筛选条件，常用的筛选条件包括"等于（==）""不等于（!=）""大于（>）""小于（<）""大于或等于（>=）""小于或等于（<=）"等，常用逻辑组合包括"与（&）"　"或（|）"和"取反（not）"，常用范围运算符为 between。

例如，筛选出 math 值大于 80 并且 English 值大于 90 的行：

```
df1=df [(df.math>80) & (df.English>90)]
```

对于字符串数据，可以使用 str.contains(pattern, na=False)匹配。例如：

```
df2=df [df['name'].str.contains('吉', na=False)]
```

```
df2=df [df.name.str.contains('吉', na=False)]
```

以上代码用于获取姓名中包含"吉"的行。

可使用范围运算符 between 筛选出 English 值大于或等于 60 并且小于或等于 90 的行。

```
df3=df [df.English.between(60,90)]
df3=df [(df.English>=60) & (df.English<=90)]   #和上面 between 等效
```

2．df.loc[[index],[column]]——通过索引和列名选择数据

不对行进行筛选时，[index]处填 "："（不能为空），即 df.loc[:,'math']表示选取所有行 math 列数据。

```
df.loc[0,'math']                    #表示选取第一行的 math 列数据
df.loc[0:5,'math']                  #表示选取第一行到第五行的 math 列数据
df.loc[0:5,['math','English']]      #表示选取第一行到第五行的 math 列、English 列的 2 列数据
df.loc[:,'math']                    #表示选取所有行 math 列数据
```

loc()可以使用逻辑运算符设置具体的筛选条件。

```
df2=df.loc[df['math']>80]           #表示选取 math 列数据大于 80 的行
print(df2)
```

结果如下：

	xuehao	name	sex	physics	Python	math	English
1	199901	张海	男	100	100	95	72

Pandas 的 loc()函数还可以同时对多列数据进行筛选，并且支持不同筛选条件的逻辑组合。常用的筛选条件包括"等于""不等于""大于""小于""大于或等于""小于或等于"等，常用逻辑组合包括"与""或""取反"。

```
df2=df.loc[(df['math']>80) & (df['English']>90),['name', 'math','English']]
```

以上代码使用"与"逻辑，筛选出了 math 值大于 80 并且 English 值大于 90 的数据，并限定了显示的列名称。

对于字符串数据，可以使用 str.contains(pattern, na=False)匹配。例如：

```
df2=df.loc[df['name'].str.contains('吉', na=False)]
print(df2)
```

以上代码用于获取姓名中包含'吉'的行。结果如下：

	xuehao	name	sex	physics	Python	math	English
2	199904	吉建军	男	89	78	26	100

3．df.iloc[[index],[column]]——通过整型索引和列名选择数据

不对行进行筛选时，用法同 df.loc[]，即[index]处不能为空。注意，位置号从 0 开始。

```
df.iloc[0,0]                        #第一行第一列的数据
df.iloc[0:5,1:3]                    #第一行到第五行的第二列到第三列的表格数据
df.iloc[[0,1,2,3,4,5],[1,2,3]]      #第一行到第六行的第二列到第四列的表格数据
```

Pandas 统计分析基础 | 第4章

4．df.ix[[index],[column]]——通过字符串或整型索引和列名选择数据

df.ix[]可使用字符串或整型索引和列名。需要注意的是，[index]和[column]的框内需要指定同一类型。注意，Pandas 0.20.0 以上版本不再支持 ix[]。

```
df.ix[[0:1],['math',3]]    #错误，'math'和3不能混用
```

5．isin()方法——筛选特定的值

可以使用 isin()方法来筛选特定的值。把要筛选的值写到一个列表里，例如：

```
list1=[199901, 199902]
```

筛选 xuehao 列数据中有 list1 中的值的行：

```
df2=df[df['xuehao'].isin(list1)]
print(df2)
```

结果如下：

```
  xuehao  name  sex   physics  Python  math  English
1 199901  张海    男    100      100     95    92
4 199902  赵大强  男    95       54      44    88
```

4.4.2　按筛选条件进行汇总

在实际的分析工作中，筛选只是一个步骤，很多时候我们还需要对筛选的结果进行汇总，如求和、计数、计算均值等。

1．按筛选条件求和

使用 sum()在筛选后求和相当于实现了 Excel 中的 sumif()函数的功能。

```
s2=df.loc[df['math']<80].math.sum()    #表示选取 math 列小于 80 的行求和
```

2．按筛选条件计数

将前面的 sum()函数换为 count()函数相当于实现了 Excel 中的 countif()函数的功能。

```
s2=df.loc[df['sex']== '男'].sex.count()    #表示选取性别为男的所有行计数
```

上面的代码实现统计男生人数。

与前面代码相反，下面的代码对数据表中 sex 列值不为'男'的所有行计数。

```
s2=df.loc[df['sex']!= '男'].sex.count()    #表示选取性别为女的所有行计数
```

3．按筛选条件计算均值

在 Pandas 中 mean()是用来计算均值的函数，将 sum()和 count()替换为 mean()，相当于实现了 Excel 中的 averageif()函数的功能。

```
s2=df.loc[df['sex']== '男'].English.mean ()    #计算男生英语平均分
```

4．按筛选条件计算最大值和最小值

max()和 min()用于对筛选后的数据表计算最大值和最小值。

```
s2=df.loc[df['sex']== '男'].English.max ()    #计算男生英语最高分
```

```
s3=df.loc[df['sex']== '男'].English.min ()          #计算男生英语最低分
```

4.4.3 过滤

过滤是指根据定义的条件过滤数据，并返回满足条件的数据集。filter()函数用于过滤数据。filter()函数格式如下：

```
Series.filter(items=None, like=None, regex=None, axis=None)
DataFrame.filter(items=None, like=None, regex=None, axis=None)
```

例如：

```
import pandas as pd
df= pd.DataFrame([[199901, '张海', '男' ,100, 100, 95, 72],
                  [199902, '赵大强', '男', 95, 54, 44, 88],
                  [199903, '李梅', '女', 54, 76, 13, 91],
                  [199904, '吉建军', '男', 89, 78, 26, 100]] ,
                  columns = ['xuehao', 'name', 'sex', 'physics', 'Python', 'math',
'English'],
                  index=[1,4,6,2])
df1=df.filter(items=['sex', 'math', 'English'])          #筛选需要的列
print(df1)
```

在上述过滤条件下，返回 sex、math、English 这 3 列的数据，结果如下：

```
    sex   math   English
1    男    95      92
4    男    44      88
6    女    13      91
2    男    26      100
```

也可以使用 regex 正则表达式参数。例如，获取列名以 h 结尾的数据：

```
df2=df.filter(regex='h$', axis=1)
```

结果如下：

```
    math   English
1    95      92
4    44      88
6    13      91
2    26      100
```

like 参数意味着"包含"。例如，获取索引包含 2 的数据：

```
df3=df.filter(like='2', axis=0)
print(df3)
```

结果如下：

```
    xuehao   name   sex   physics   Python   math   English
2   199904   吉建军    男      89       78      26      100
```

4.5 Pandas 数据透视表和交叉表

4.5.1 数据透视表

数据透视表和数据分组统计很相似。实际上，数据分组统计是从一维（行）的角度对数据进行拆分，如果我们想从二维（行和列）的角度同时对数据进行拆分，就需要用到数据透视表。与分组统计相比，数据透视表更像是一种多维的分组统计累计操作。

数据透视表可以将字段（列）的值作为行号或列标，即分组关键字，在每个行、列交汇处计算出各自的统计数据。

什么是数据透视表？举例说明一下。假设某单位工资如表 4-5 所示。

表 4-5 某单位工资表

月份	姓名	性别	应发工资/元	实发工资/元	职位
1	张海东	男	2000	1500	销售
2	张海东	男	2000	1000	销售
3	张海东	男	2000	1500	销售
4	张海东	男	2000	1500	销售
5	张海东	男	2000	1500	销售
2	李海	男	1800	1300	会计
3	李海	男	1800	1300	会计
4	李海	男	1800	1300	会计
5	李海	男	1800	1300	会计
1	王璐	女	1800	1300	设计员
2	王璐	女	1800	1300	设计员
3	王璐	女	1800	1300	设计员
4	王璐	女	1800	1300	设计员

按月份查看每人的应发工资，如表 4-6 所示。这时可以使用数据透视表，将姓名（columns 分组关键字）作为列标放在数据透视表的顶端，形成透视表的列，将月份（index 分组关键字）作为行号放在表的左侧，形成透视表的行，然后将每人每月的应发工资放在每个行和列的交汇处，形成表格的数据。

表 4-6 按月份查看每人的应发工资

月份	张海东	李海	王璐
1	2000.0	NaN	1800.0
2	2000.0	1800.0	1800.0
3	2000.0	1800.0	1800.0
4	2000.0	1800.0	1800.0
5	2000.0	1800.0	NaN

按人员查看每月的应发工资，如表 4-7 所示。这时也可以使用数据透视表。

表 4-7　按人员查看每月的应发工资

姓名	月份				
	1	2	3	4	5
张海东	2000.0	2000.0	2000.0	2000.0	2000.0
李海	NaN	1800.0	1800.0	1800.0	1800.0
王璐	1800.0	1800.0	1800.0	1800.0	NaN

在 Pandas 中，实现数据透视表使用的是 pivot_table()，具体内容参见官方文档。pivot_table()的语法格式如下：

```
pandas.pivot_table(data, values=None, index=None, columns=None, aggfunc='mean',
fill_value=None, margins=False, dropna=True, margins_name='All', observed=False)
```

返回新的 DataFrame。

部分参数说明如下。

data：需数据透视的整个表。

values：要汇总的数据项。

index：形成透视表索引（即行）的字段。

columns：形成透视表列的字段。

aggfunc：对 values 的统计方式，如求平均值、求最大值、求最小值、求中位数和求和等。默认为求平均值。

fill_value：空值的填充值。默认为 NaN。

margins：是否显示汇总。默认为 False。

dropna：是否删除缺失数据。如果为 True，则删除缺失数据的那一行。

margins_name：合计类的列名。

例如：

```
import pandas as pd
df2= pd.DataFrame(
    [[1, '张海东', '男',2000,1500,'销售'],
    [2,'张海东','男',2000,1000,'销售'],
    [3,'张海东','男',2000,1500,'销售'],
    [4,'张海东','男',2000,1500,'销售'],
    [5,'张海东','男',2000,1500,'销售'],
    [2,'李海','男',1800,1300,'会计'],
    [3,'李海','男',1800,1300,'会计'],
    [4,'李海','男',1800,1300,'会计'],
    [5,'李海','男',1800,1300,'会计'],
    [1,'王璐','女',1800,1300,'设计员'],
    [2,'王璐','女',1800,1300,'设计员'],
    [3,'王璐','女',1800,1300,'设计员'],
    [4,'王璐','女',1800,1300,'设计员']],
     columns = ['月份', '姓名', '性别', '应发工资', '实发工资', '职务'])
```

如果想按月份查看每人的应发工资情况，代码如下：

```
df2.pivot_table(index = '月份',columns = '姓名',
values = '应发工资')
```

结果如图 4-2 所示。

index 被重新指定为"月份"，所以新表就是按月份索引的。columns 是姓名，于是每个人的名字变成了列名，最后 values 被指定为"应发工资"。上面的代码返回的是这 3 个人按月份的应发工资情况。其中王璐在 5 月没有收入，图 4-2 中为 NaN。

姓名 月份	张海东	李海	王璐
1	2000.0	NaN	1800.0
2	2000.0	1800.0	1800.0
3	2000.0	1800.0	1800.0
4	2000.0	1800.0	1800.0
5	2000.0	1800.0	NaN

图 4-2　按月份查看每人的
应发工资情况

如果想按人员查看每月的应发工资情况，代码如下：

```
df2.pivot_table(index = '姓名',columns = '月份',values = '应发工资')
```

结果如图 4-3 所示。

index 可以被重新指定为多个字段（列），如"性别"和"姓名"，所以新表就是按"性别"和"姓名"索引的。

```
df2.pivot_table(index = ['性别','姓名'],columns = '月份',values = '应发工资')
```

结果如图 4-4 所示。

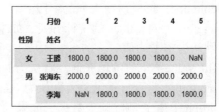

月份 姓名	1	2	3	4	5
张海东	2000.0	2000.0	2000.0	2000.0	2000.0
李海	NaN	1800.0	1800.0	1800.0	1800.0
王璐	1800.0	1800.0	1800.0	1800.0	NaN

图 4-3　按人员查看每月的应发工资情况

性别	月份 姓名	1	2	3	4	5
女	王璐	1800.0	1800.0	1800.0	1800.0	NaN
男	张海东	2000.0	2000.0	2000.0	2000.0	2000.0
	李海	NaN	1800.0	1800.0	1800.0	1800.0

图 4-4　按"性别"和"姓名"索引

数据透视表还可以进行汇总，例如：

```
df2.pivot_table(index = '姓名',columns = '月份',values = '应发工资',aggfunc='sum',
margins= True)
```

aggfunc 参数指定统计类型，求平均值、求最大值、求最小值和求和等。margins=True 表示显示行/列汇总信息。

结果如图 4-5 所示。

月份 姓名	1	2	3	4	5	All
张海东	2000.0	2000.0	2000.0	2000.0	2000.0	10000
李海	NaN	1800.0	1800.0	1800.0	1800.0	7200
王璐	1800.0	1800.0	1800.0	1800.0	NaN	7200
All	3800.0	5600.0	5600.0	5600.0	3800.0	24400

图 4-5　求和汇总

如果不指定 columns 参数，则会仅显示汇总结果。

```
df2.pivot_table(index = '姓名',values = '应发工资',aggfunc='sum',margins= True)
```

结果如图 4-6 所示。

当然，结合上述实例可以用类似的方法来查询最大值、最小值、均值、中位数等。

```
df2.pivot_table(index = '月份',columns = '性别',values = '应发工资',aggfunc=
'mean',margins= True)
```

上面代码实现统计男女职工的平均月收入。结果如图 4-7 所示。

姓名	应发工资
张海东	10000
李海	7200
王腾	7200
All	24400

图 4-6 仅显示汇总结果

性别	女	男	All
月份			
1	1800.0	2000.000000	1900.000000
2	1800.0	1900.000000	1866.666667
3	1800.0	1900.000000	1866.666667
4	1800.0	1900.000000	1866.666667
5	NaN	1900.000000	1900.000000
All	1800.0	1911.111111	1876.923077

图 4-7 统计男女职工平均月收入

4.5.2 交叉表

交叉表是一种特殊的透视表，主要用于计算分组个数（频率）。例如，统计男/女性别分组使用左手/右手作为惯用手的频率。交叉表通常用于探索两个变量之间的关系。

```
pandas.crosstab(index, columns, values=None, rownames=None, colnames=None, aggfu
nc=None, margins=False, margins_name='All', dropna=True, normalize=False)
```

主要参数说明如下。

index、columns 是必选参数，分别是索引、列名。crosstab()归根结底就是按照指定的 index 和 columns 统计 DataFrame 中出现(index, columns)的频率，也可以理解为分组。

margins=True 表示添加行/列小计和总计（默认为 False）。

下面我们用交叉表来探索性别和惯用手之间的关系。其中性别作为交叉表行分组数据，惯用手（左手/右手）作为交叉表列分组数据，统计结果是每个性别分组出现在惯用手分组的次数。样本数据如图 4-8 所示。

程序代码：

	样本	性别	惯用手
0	1	男	右手
1	2	男	左手
2	3	女	右手
3	4	男	右手
4	5	女	左手
5	6	女	右手
6	7	男	右手
7	8	女	右手
8	9	男	左手
9	10	男	右手

图 4-8 样本数据

```
import pandas as pd
hand_data= pd.DataFrame(
    [[1, '男','右手'],
     [2,'男','左手'],
     [3,'女','右手'],
     [4,'男','右手'],
     [5,'女','左手'],
     [6,'女','右手'],
     [7,'男','右手'],
```

```
        [8,'女','右手'],
        [9,'男','左手'],
        [10,'男','右手'],],
        columns = ['样本', '性别', '惯用手'])
```

使用交叉表，统计男女惯用手。

```
pd.crosstab(hand_data['性别'],hand_data['惯用手'],margins= True)
```

结果如图 4-9 所示。

也可以使用数据透视表，通过 len()函数计算男性、女性以左手/右手作为惯用手的出现次数（即频率），统计男女惯用手。

```
pd.pivot_table(hand_data,index = '性别',columns = '惯用手',aggfunc = len,margins= True)
```

结果如图 4-10 所示。

惯用手	右手	左手	All
性别			
女	3	1	4
男	4	2	6
All	7	3	10

惯用手	右手	左手	All
性别			
女	3	1	4
男	4	2	6
All	7	3	10

图 4-9　使用交叉表统计男女惯用手　　　　图 4-10　使用数据透视表统计男女惯用手

可见使用交叉表和数据透视表的结果是一样的。

总结：pivot_table()是一种可进行分组统计的函数，统计类型由参数 aggfunc 决定；crosstab()是一种特殊的 pivot_table()函数，专用于统计分组频率。

4.6　Pandas 数据导入导出

Pandas 数据导入导出

4.6.1　导入 CSV 文件

逗号分隔值，有时也称为字符分隔值，因为分隔符也可以不是逗号。CSV 文件以纯文本形式存储表格数据（数字和文本）。纯文本意味着该文件是一个字符序列，不含必须像二进制数那样被解读的数据。CSV 文件由任意数目的记录组成，记录间以某种换行符分隔；每条记录由任意数目的字段组成，字段间的分隔符是其他字符或字符串，较常见的是逗号或制表符。通常，所有记录都有完全相同的字段序列。

CSV 是一种通用的、相对简单的文件格式，在表格类型的数据中用途很广泛，很多关系数据库都支持这种类型文件的导入导出，并且 Excel 数据表格也支持与 CSV 文件的转换。

导入 CSV 文件方法如下：

```
import pandas as pd
df = pd.read_csv("marks.csv")
```

还有另外一种方法：

```
df = pd.read_table("marks.csv", sep=",")
```

4.6.2　导入其他格式文件

CSV 文件常用来存储数据，此外常用来存储数据的还有 Excel 格式的文件，以及 JSON 和 XML 格式的文件等，它们都可以使用 Pandas 来轻易导入。

1．导入 Excel 文件

方法如下：

```
pd.read_excel(filename)
```

从 Excel 文件导入数据：

```
xls = pd.read_excel("marks.xlsx")
sheet1 = xls.parse("Sheet1")
```

Sheet1 就是一个 DataFrame 对象。

导入或导出 Excel 文件时需要使用 openpyxl 模块。

用 pip 安装 openpyxl 模块：

```
pip install openpyxl
```

2．导入 JSON 文件

Pandas 提供的 read_json()函数，可以用来创建 Series 或者 DataFrame。

（1）利用 JSON 字符串

方法如下：

```
import pandas as pd
json_str = '{"country":"china","city":"zhengzhou"}'
df = pd.read_json(json_str,typ='series')
s=df.to_json()   #to_json()将其从 Series 转换成 JSON 字符串
```

我们是利用 JSON 字符串来创建 Series 的。

（2）利用 JSON 文件

调用 read_json()函数时既可以向其传递 JSON 字符串，也可以向其传递 JSON 文件。

```
data = pd.read_json('aa.json',typ='series')   #导入 JSON 文件
```

4.6.3　导出 Excel 文件

方法如下：

```
data.to_ excel(filepath, header = True, index = True)
```

filepath 为文件路径，index 表示是否导出索引，默认为 True。header 表示是否导出列名，默认为 True。

```
import pandas as pd
df = pd.DataFrame([[1,2,3],[2,3,4],[3,4,5]])
#给 DataFrame 增加列名
df.columns = ['col1','col2','col3']
df.index = ['line1','line2','line3']
```

Pandas 统计分析基础 / 第 4 章

```
df.to_excel("aa.xlsx", index = True)
```

4.6.4　导出 CSV 文件

方法如下：

```
data.to_csv(filepath,sep=",",header = True, index = True)
```

filepath 为生成的 CSV 文件路径，index 表示是否导出索引，默认为 True。header 表示是否导出列名，默认为 True。sep 是 CSV 分隔符，默认为逗号。

用 pip 安装 openpyxl 模块：

```
pip install openpyxl
```

导出 CSV 文件：

```
import pandas as pd
df = pd.DataFrame([[1,2,3],[2,3,4],[3,4,5]] ,columns = ['col1','col2','col3'] ,
index = ['line1','line2','line3'] )
df.to_csv("aa.csv", index = True)
```

4.6.5　读取和写入数据库

Pandas 连接数据库进行查询和更新的方法如下。

read_sql_table(table_name, con[, schema, …])：把数据表里的数据转换成 DataFrame。

read_sql_query(sql, con[, index_col, …])：用 sql 查询数据保存到 DataFrame 中。

read_sql(sql, con[, index_col, …])：同时支持上面两个功能。

DataFrame.to_sql(self, name, con[, schema, …])：把记录数据写入数据库。

有时需要存储 DataFrame 到数据库，这里以 SQLite3 数据库为例来说明。代码如下：

```
# 写入数据库
import sqlite3
con = sqlite3.connect("database.db")
df.to_sql('exam', con)
```

写入数据库，不是创建一个新文件，而是使用 con 数据库将一个新表插入数据库。

要从数据库中读取加载数据，可以使用 Pandas 的 read_sql_query()方法。

```
# 读取数据库
import sqlite3
con = sqlite3.connect("database.db")
df = pd.read_sql_query("SELECT * FROM exam", con)   #读取数据库的记录到 DataFrame
```

假如 Pandas 要读取 MySQL 数据库中的数据，首先要安装 pymysql 模块（命令提示符窗口下输入 pip install pymysql 命令并按 "Enter" 键）。假设 mydb 数据库安装在本地，用户名为 root，密码为 123456，要读取 mydb 数据库中的数据，对应的代码如下：

```
import pandas as pd
import pymysql
db_connect= pymysql.connect(host='localhost', port=3306,user='root', passwd='123
456', db='mydb', charset='utf8')
sql='select * from student'
df=pd.read_sql(sql,con=db_connect)
```

```
db_connect.close()
```

可以看出读取不同数据库的方法基本相同。

4.7 Pandas 日期处理

在日常工作中，日期有多种表达形式，如 2022/6/4、6/4/2022 等。借助 Pandas 的日期处理，可以对不同的日期格式进行统一，并进行过滤、分类、分析等操作，方便我们后续使用。

1．DataFrame 的日期数据转换

pandas.to_datetime()将字符串或日期数据转换成指定格式的日期数据。格式如下：

```
pandas.to_datetime(arg,errors='ignore',dayfirst=False,yearfirst=False,utc=None,
box=True,format=None,exact=True,unit=None,infer_datetime_format=False,origin='unix',
cache=False)
```

主要参数如下。

arg：字符串、日期数据等。

dayfirst：布尔类型，默认为 False；如果为 True，则将先出现的数字解析为天，例如，01/05/2022 解析为 2022-05-01。

yearfirst：布尔类型，默认为 False；如果为 True，则将先出现的数字解析为年，例如，22-05-01 解析为 2022-05-01。

format：字符串，决定显示时间的格式。%Y 表示年份，%m 表示月份，%d 表示日，%H 表示小时，%M 表示分钟，%S 表示秒。

例如：

```
import pandas as pd
pd.set_option('display.unicode.east_asian_width',True) #设置日期格式
df = pd.DataFrame({'原日期':['01-Mar-22','05/01/2022','2022.05.01','2022/05/01',
'20220501']})
df['日期'] = pd.to_datetime(df['原日期'], format='%Y%M%d')
print(df)
```

运行结果如下：

```
      原日期         日期
0   01-Mar-22    2022-03-01
1   05/01/2022   2022-05-01
2   2022.05.01   2022-05-01
3   2022/05/01   2022-05-01
4   20220501     2022-05-01
```

2．dt 对象

dt 对象是 Series 对象中用于获取日期属性的访问器对象，使用它可以获取日期中的年、月、日、星期和季度等，还可以判断日期是否属于年底。

dt 对象的属性和方法如下。

- dt.year：获取日期中的年。
- dt.month：获取日期中的月。
- dt.day：获取日期中的日。
- dt.dayofweek 和 dt.weekday：获取日期是一周中的星期几，0 代表星期一，6 代表星期天。
- dt.dayofyear：获取日期是一年的第几天。
- dt.weekofyear：获取日期是一年的第几周，现已被 dt.isocalendar().week 替代。
- dt.is_leap_year：判断年是否为闰年。返回 True 或 False。
- dt.quarter：获取日期所属的季度。返回 1、2、3、4，分别代表 4 个季度。
- dt.month_name()：返回月份的英文名称。
- dt.is_year_start 和 dt.is_year_end：判断日期是否为每年的第一天或最后一天。返回 True 或 False。
- dt.is_month_start 和 dt.is_month_end：判断日期是否为每月的第一天或最后一天。返回 True 或 False。
- dt.day_name()：获取日期是星期几。返回 Monday、Tuesday 等。

获取年、月、日，具体代码如下：

```
df['年'] = df['日期'].dt.year
df['月'] = df['日期'].dt.month
df['日'] = df['日期'].dt.day
```

获取日期是星期几：

```
df['星期几']=df['日期'].dt.day_name()
```

判断日期是否为每年的最后一天：

```
df['是否年底']=df['日期'].dt.is_year_end
```

获取日期所属的季度：

```
df['季度']=df['日期'].dt.quarter
```

假设有图 4-11 所示的工资表 Excel 文件(工资表.xlsx)，需要从工作日期起计算出工龄。

	A	B	C	D	E	F	G	H	I	J	K
1	编号	姓名	性别	部门	工作日期	工龄	基本工资	工龄工资	奖金	水电费	实发工资
2	0101	张明真	女	市场部	1990/11/12		7200		500	80	
3	0102	陈小红	女	市场部	1996/5/13		8900		390	80	
4	0103	刘奇峰	男	市场部	1991/8/8		7100		435	55	
5	0104	孙浩	男	市场部	1990/1/25		7200		580	80	
6	0201	赵亚辉	女	销售部	2000/3/16		6800		280	76	
7	0202	李明亮	男	销售部	2001/8/17		6700		235	35	
8	0203	周文明	男	销售部	1993/6/14		7000		410	100.	
9	0301	吴一非	女	开发部	1992/10/8		8100		498	68	
10	0302	郑光荣	男	开发部	2003/9/23		7700		269	75	
11	0303	王海明	男	开发部	1998/4/30		8850		356	81	
12	0304	冯小刚	男	开发部	1997/6/15		8800		379	32	
13	0305	东方白	女	开发部	2000/9/1		8750		298	44	
14	0401	欧阳东	男	测试部	1996/5/5		7950		386	24	
15	0402	谢大鹏	男	测试部	1994/1/14		7100		405	69	
16	0403	葛陆飞	女	测试部	1998/12/10		6950		330	54	

图 4-11　工资表.xlsx

程序代码：

```
import pandas as pd
```

```
df2 = pd.read_excel('D:\\工资表.xlsx')
df2.工作日期      #或者df2['工作日期']
```

运行结果如下：

```
0     1990-11-12
1     1996-05-13
2     1991-08-08
3     1990-01-25
4     2000-03-16
5     2001-08-17
6     1993-06-14
7     1992-10-08
8     2003-09-23
9     1998-04-30
10    1997-06-15
11    2000-09-01
12    1996-05-05
13    1994-01-14
14    1998-12-10
Name: 工作日期, dtype: datetime64[ns]
```

获取工作的年份：

```
df2.工作日期.dt.year      #或者df2['工作日期'].dt.year
```

运行结果如下：

```
0     1990
1     1996
2     1991
3     1990
4     2000
5     2001
6     1993
7     1992
8     2003
9     1998
10    1997
11    2000
12    1996
13    1994
14    1998
Name: 工作日期, dtype: int64
```

从工作日期起计算出工龄：

```
df2['工龄']=2023-df2['工作日期'].dt.year
df2[:5]
```

运行结果如图 4-12 所示。

Pandas 统计分析基础 / 第 4 章

	编号	姓名	性别	部门	工作日期	工龄	基本工资	工龄工资	奖金	水电费	实发工资
0	101	张明真	女	市场部	1990-11-12	33	7200	960	500	80	8580
1	102	陈小红	女	市场部	1996-05-13	27	8900	780	390	80	9990
2	103	刘奇峰	男	市场部	1991-08-08	32	7100	930	435	55	8410
3	104	孙浩	男	市场部	1990-01-25	33	7200	960	580	80	8660
4	201	赵亚辉	女	销售部	2000-03-16	23	6800	660	280	76	7664

图 4-12　计算工龄

3．日期数据转换成字符串

dt.strftime('%Y-%m-%d')将日期数据转换成字符串。

例如，将工作日期列转换成字符串：

```
df2['工作日期'].dt.strftime('%Y-%m-%d')
```

运行结果如下：

```
0      1990-11-12
1      1996-05-13
2      1991-08-08
3      1990-01-25
4      2000-03-16
5      2001-08-17
6      1993-06-14
7      1992-10-08
8      2003-09-23
9      1998-04-30
10     1997-06-15
11     2000-09-01
12     1996-05-05
13     1994-01-14
14     1998-12-10
Name: 工作日期, dtype: object
```

'%Y-%m-%d'中%Y 代表年份；%m 代表月份；%d 代表日，可通过格式字符串控制转换后的字符串内容。

例如，使转换后字符串内容仅包含月和日：

```
df2['工作日期'].dt.strftime('%m/%d')+"日"
```

运行结果如下：

```
0      11/12 日
1      05/13 日
2      08/08 日
3      01/25 日
4      03/16 日
5      08/17 日
6      06/14 日
```

```
7        10/08 日
8        09/23 日
9        04/30 日
10       06/15 日
11       09/01 日
12       05/05 日
13       01/14 日
14       12/10 日
Name: 工作日期, dtype: object
```

4.8 Pandas 数据运算

4.8.1 简单算术运算

Pandas 可通过对各字段进行加、减、乘、除四则运算，将计算出的结果作为新的字段。
例如，对成绩表增加总分列：

```
import pandas as pd
df= pd.DataFrame([ [199901, '张海', '男' ,100, 100, 25, 72],
            [199902, '赵大强', '男', 95, 54, 44, 88],
            [199903, '李梅', '女', 54, 76, 13, 91],
            [199904, '吉建军', '男', 89, 78, 26, 100]] ,
            columns = ['xuehao', 'name', 'sex', 'physics', 'Python', 'math',
'English'])
    df['总分']=df['physics']+df['Python']+df['math']+df['English']
    df
```

运行结果如图 4-13 所示。

	xuehao	name	sex	physics	Python	math	English	总分
0	199901	张海	男	100	100	25	72	297
1	199902	赵大强	男	95	54	44	88	281
2	199903	李梅	女	54	76	13	91	234
3	199904	吉建军	男	89	78	26	100	293

图 4-13 成绩表增加总分列

例如，计算工龄、工龄工资和实发工资等，假设计算时为 2023 年：

```
df2 = pd.read_excel('D:\\工资表.xlsx')
df2['工龄']= 2023-df2['工作日期'].dt.year
df2['工龄工资']= df2['工龄']*30
df2['实发工资']= df2['基本工资']+ df2['工龄工资']+ df2['奖金']- df2['水电费']
df2[:5]
```

运行结果如图 4-14 所示。

	编号	姓名	性别	部门	工作日期	工龄	基本工资	工龄工资	奖金	水电费	实发工资
0	101	张明真	女	市场部	1990-11-12	33	7200	990	500	80	8610
1	102	陈小红	女	市场部	1996-05-13	27	8900	810	390	80	10020
2	103	刘奇峰	男	市场部	1991-08-08	32	7100	960	435	55	8440
3	104	孙洁	男	市场部	1990-01-25	33	7200	990	580	80	8690
4	201	赵亚辉	女	销售部	2000-03-16	23	6800	690	280	76	7694

图 4-14 计算工龄、工龄工资和实发工资

4.8.2 应用函数运算

如果希望将函数应用到 Series 和 DataFrame 对象的行或列，则可以使用 apply()。使用 apply() 时，通常传入一个 lambda 表达式或一个函数。

```
DataFrame.apply(self, func, axis=0, **kwds)
```

部分参数说明如下。

func：代表传入的函数或 lambda 表达式。

axis：代表处理行或列，该参数默认为 0。参数值为 0 表示函数处理的是每一列，为 1 表示函数处理的是每一行。

apply() 表示经过传入的函数或 lambda 表达式处理后，数据以 Series 或 DataFrame 格式返回。

1．计算每个元素的平方根

这里为了方便，直接使用 NumPy 的 sqrt() 函数。

```
import pandas as pd
import numpy as np
df =pd.DataFrame([[4,9] , [4,9] , [4,9]],columns = ['A','B'])
print(df)
```

运行结果如下：

```
   A  B
0  4  9
1  4  9
2  4  9
```

传入函数：

```
df.apply(np.sqrt)
```

运行结果如下：

```
    A    B
0  2.0  3.0
1  2.0  3.0
2  2.0  3.0
```

2．计算每一列元素的均值

这里传入的数据是以列的形式存在的，所以 axis=0，可以省略。

```
df.apply(np.mean)
```

运行结果如下：

```
A    4.0
B    9.0
```

3．计算每一行元素的均值

与计算每一列元素的均值不同的是，这里传入的数据是以行的形式存在的，要加上参数 axis =1。

```
df.apply(np.mean,axis = 1)
```

运行结果如下：

```
0    6.5
1    6.5
2    6.5
dtype: float64
```

4．添加新列 C，其值分别为列 A、列 B 之和

简单的一行代码即可实现这个功能。

```
df['C'] = df.A +df.B    #或者 df['C'] = df['A'] +df['B']
```

但这里如果要用 apply()来实现列间操作，则操作步骤如下：
（1）先定义一个函数实现列 A +列 B；
（2）利用 apply()添加该函数，且数据需要逐行加入，因此设置 axis = 1。

```
def Add (x):
    return x.A+x.B
df['C'] = df.apply(Add,axis=1)
print(df)
```

运行结果如下：

```
   A  B  C
0  4  9  13
1  4  9  13
2  4  9  13
```

5．Series 使用 apply()

Series 使用 apply()函数的方法与 DataFrame 相似。
（1）Series 使用函数
代码如下：

```
import pandas as pd
s=pd.Series([2,3,4,5,6])
s.apply(lambda x:x+1)    #所有元素加 1
```

运行结果如下：

```
0    3
```

```
1    4
2    5
3    6
4    7
```

代码如下：

```
dtype: int64
s.apply(np.sqrt)        #计算平方根
```

运行结果如下：

```
0    1.414214
1    1.732051
2    2.000000
3    2.236068
4    2.449490
dtype: float64
```

（2）DataFrame 的一列使用函数

DataFrame 的一列就是一个 Series，通过"DataFrame.列名"即可使用 apply()函数。例如，对 df 的列 A 中所有元素实现加 1 操作：

```
df.A =df.A +1        #不用 apply()函数
```

利用 apply()函数进行操作，传入一个 lambda 表达式：

```
df.A = df.A.apply(lambda x:x+1)
print(df)
```

运行结果如下：

```
   A  B   C
0  5  9  13
1  5  9  13
2  5  9  13
```

判断列 A 中元素是否能够被 2 整除，用 Yes 或 No 在旁边标注：

```
df.A = df.A.apply(lambda x:str(x)+" Yes" if x%2==0 else str(x)+"\tNo")
print(df)
```

运行结果如下：

```
    A    B
0  5 No   9
1  5 No   9
2  5 No   9
```

apply()的大部分用法介绍完毕，这里的例子较简单，但对于理解基础用法已经足够。

4.9 Pandas 数据分析应用案例——学生成绩统计分析

本节使用 Pandas 进行简单的学生成绩统计分析。假设有一个成绩单文件 score.xlsx，如

表 4-8 所示，现需实现如下功能。

表 4-8 成绩单文件 score.xlsx

学号	姓名	班级	出生日期	年龄	高数	英语	计算机	总分	等级
50101	田晴	计算机 051	2001-8-19		86	71	87		
50102	杨庆红	计算机 051	2002-10-08		61	75	70		
50201	王海茹	计算机 052	2004-12-16		作弊	88	81		
50202	陈晓英	计算机 052	2003-6-25		65	缺考	66		
50103	李秋兰	计算机 051	2001-7-06		90	78	93		
50104	周磊	计算机 051	2002-5-10		56	68	86		
50203	吴涛	计算机 052	2001-8-18		87	81	82		
50204	赵文敏	计算机 052	2002-9-17		80	93	91		

（1）统计每个学生的总分。

由于存在作弊、缺考、缺失值的情况，因此应该预先处理这些情况。

```
import pandas as pd
from pandas import DataFrame,Series
import numpy as np
df = pd.read_excel("score.xlsx")
#观察数据，有重复数据先去重
df = df.drop_duplicates()
#将缺失值和汉字替换掉
df1 = df.fillna(value=0)
df2 = df1.replace(["作弊","缺考"],[0,0])
#计算各科总分
df2["总分"] = df2.高数 + df2.英语 + df2.计算机
print(df2)
```

（2）按照总分分为优秀、较好、一般这 3 个等级。

```
#计算等级
bins = [df2["总分"].min()-1,180,240,df2["总分"].max()+1]
print(bins)
label = ["一般","较好","优秀"]
df2["等级"]= pd.cut(df2["总分"],bins,right=False,labels=label)
print(df2)
```

（3）计算出每个人的年龄。

```
#计算出每人的年龄
#方法一：
#出生日期是Timestamp类型，用Timestamp.year获取年份
df2["年龄"]=[2023-x.year for x in df["出生日期"]]
print(df2["年龄"])
```

```
#方法二：
#出生日期采用 astype('str')强制转换成字符串，取前 4 个字符后转换成数值型
df2["年龄 2"]=2023-df2["出生日期"].astype('str').str[0:4].apply(pd.to_numeric)
print(df2["年龄 2"])
```

（4）按班级汇总每个班的高数、英语、计算机的平均分。

```
m=df2.groupby(by='班级').size()
print(m)                    #每个班的人数
math=df2.groupby(by='班级')['高数'].agg(np.mean)
print(math)
english=df2.groupby(by='班级')['英语'].agg(np.mean)
print(english)
three=df2.groupby(by='班级')[['高数','英语','计算机']].agg(np.mean)
print(three)
```

运行结果如下：

```
班级
计算机 051      4
计算机 052      4
dtype: int64
班级
计算机 051      73.25
计算机 052      58.00
Name: 高数, dtype: float64
班级
计算机 051      73.0
计算机 052      65.5
Name: 英语, dtype: float64
班级       高数     英语     计算机
计算机 051  73.25  73.0   84.0
计算机 052  58.00  65.5   80.0
```

（5）按班级进行总分降序排序。

```
# 仅仅指定按总分降序排序
df2.sort_values(by="总分",ascending= False)
# 分别指定班级升序和总分降序排序
df2=df2.sort_values(by =["班级","总分"],ascending= [True,False])
print(df2)
```

运行结果如下：

	学号	姓名	班级	出生日期	年龄	高数	英语	计算机	总分	等级
4	50103	李秋兰	计算机 051	2001-07-06	20	90	78	93	261	优秀
0	50101	田晴	计算机 051	2001-08-19	20	86	71	87	244	优秀

5	50104	周磊	计算机 051	2002-05-10	19	56	68	86	210	较好
1	50102	杨庆红	计算机 051	2002-10-08	19	61	75	70	206	较好
7	50204	赵文敏	计算机 052	2002-09-17	19	80	93	91	264	优秀
6	50203	吴涛	计算机 052	2001-08-18	20	87	81	82	250	优秀
2	50201	王海茹	计算机 052	2004-12-16	17	0	88	81	169	一般
3	50202	陈晓英	计算机 052	2003-06-25	18	65	0	66	131	一般

（6）统计高数各分数段人数，例如，60 到 80 分人数，60 分以下人数，80 分以上人数。

```
#统计高数各分数段人数
m1=df2.loc[(df2['高数']>=60) & (df2['高数']<=80)].高数.count()
print("60 到 80 分之间人数: ",m1)
m2=df2.loc[(df2['高数']>=0) & (df2['高数']<60)].高数.count()
print("60 分以下人数: ",m2)
m3=df2.loc[(df2['高数']>80)].高数.count()
print("80 分以上人数: ",m3)
```

运行结果如下：

```
60 到 80 分人数: 3
60 分以下人数: 2
80 分以上人数: 3
```

（7）统计每科的平均分、最高分和最低分。

```
#统计每科的平均分、最高分和最低分
print("统计高数的平均分:",df2['高数'].mean())
print("统计高数的最高分:",df2['高数'].max())
print("统计高数的最低分:",df2['高数'].min())
print("统计每科的平均分:\n",df2[['高数','英语','计算机']].mean())
print("统计每科的最高分:\n",df2[['高数','英语','计算机']].max())
print("统计每科的最低分:\n",df2[['高数','英语','计算机']].min())
```

运行结果如下：

```
统计高数的平均分: 65.625
统计高数的最高分: 90
统计高数的最低分: 0
统计每科的平均分:
高数      65.625
英语      69.250
计算机     82.000
统计每科的最高分:
高数      90
英语      93
```

计算机	93

统计每科的最低分:

高数	0
英语	0
计算机	66

习　题

1. 按要求进行如下练习。

（1）创建一个名为 series_a 的 Series 数组，其中值为[1,2,3,4]，对应的索引为['n', 'l', 'a', 'x']。

（2）创建一个名为 dict_a 的字典，字典内容为{'t':1, 's':2, 'd':32, 'x':44}。

（3）将 dict_a 字典转化成名为 series_b 的 Series 数组。

2. 按要求进行如下练习。

（1）创建一个 5 行 3 列的名为 df1 的 DataFrame 数组，列名为['province', 'city', 'community']，行名为['one','two','three','four','five']。

（2）给 df1 添加新列，列名为 new_add，值为[7,6,5,4,3]。

3. 有如下数据:

```
s1 = Series([41, 23, 76, 32, 58], index=['z', 'y', 'j', 'i', 'e'])
d1 = DataFrame({'e': [14, 23, 46, 15], 'f': [0, 15, 43, 22]})
```

按要求进行如下练习。

（1）对 s1 进行按索引排序，并将结果存储到 s2。

（2）对 d1 进行按值排序（index 为 f），并将结果存储到 d2。

4. 有如下数据:

```
s1 = Series([5, 22, 4, 10], index=['v', 'a', 'b', 'c'])
d1 = DataFrame(np.arange(9).reshape(3,3), columns=['aa','bb','cc'])
```

按要求进行如下练习。

（1）在 s1 中删除 c 行，并赋值到 s2。

（2）在 d1 中删除 zz 列，并赋值到 d2。

5. 假设有用户数据表 users.csv（见表 4-9）。完成以下任务。

表 4-9　用户数据表 users.csv

user_id	age	gender	occupation	zip_code
1	24	M	technician	85711
2	53	F	other	94043
3	23	M	writer	32067
...	...	...	...	...
943	22	M	student	77841

（1）导入数据。

（2）以职业（occupation）分组，求每一种职业所有用户的平均年龄（age）。

（3）求每一种职业男性的占比，并按照从低到高的顺序排列。

（4）获取每一种职业对应的最大和最小用户年龄。

6. 假设有订单表 order.csv（见表 4-10）。实现订单表数据的过滤与排序。

表 4-10　订单表 order.csv

order_id	quantity	item_name	item_price
1	1	Chips and Fresh Tomato Salsa	2.39
1	1	Izze	3.39
2	2	Chicken Bowl	16.98
3	1	Canned Soda	10.98
…	…	…	…

（1）导入数据，计算出有多少商品的价格（item_price）值大于 10。

（2）根据商品的价格对数据进行排序。

（3）在所有商品中价格最高的商品的数量（quantity）是多少？

（4）在所有订单中，商品鸡肉饭（Chicken Bowl）的订单数是多少？

（5）在所有订单中，商品苏打水（Canned Soda）的订单数是多少？

实验四　Pandas 数据分析应用

一、实验目的

通过本实验，了解数据处理和数据分析的意义，掌握使用 Pandas 库对数据进行分析、加工的方法和过程，从大量杂乱无章、难以理解的数据中去除缺失、重复、错误和异常的数据，并对处理过的数据进行简单分析。

二、实验要求

1. 掌握使用 Pandas 库进行数据清理的过程，包括删除空列和重复列等。

2. 使用 Pandas 库实现数据的函数变换和标准化处理。

3. 使用 Pandas 库进行简单的数据分析。

三、实验内容与步骤

1. 读入数据源。读入数据文件 score.csv 并输出前 5 行数据。

```
import pandas as pd
from pandas import Series,DataFrame
#文件路径中有中文时，打开文件的处理方式
f=open(r'D:\\实验四\\score.csv',encoding='utf-8')
stu_score=pd.read_csv(f,header=0)
previous_col=stu_score.shape[1]
print(previous_col)      #文件数据列数为 17
stu_score[:5]
```

运行结果如图 4-15 所示。

	学号/工号	学生姓名	院系	专业	班级	课程ID	课程名称	分数	状态	领取时间	提交时间	IP	考试离开次数	学生排名	其他 (满分100.0)	批阅教师	批阅IP
0	201928301	于逸飞	软件学院	软件工程	RB软工互193	222855134	计算机专业英语	86	已完成	2022/6/12 9:01	2022/6/12 10:19	115.60.89.119/河南	0	40	86	王琳	10.0.16.158
1	201928302	张子冉	软件学院	软件工程	RB软工互193	222855134	计算机专业英语	88	已完成	2022/6/12 9:00	2022/6/12 10:15	39.163.71.27/河南	0	29	88	王琳	10.0.16.158
2	201928303	杨菲	软件学院	软件工程	RB软工互193	222855134	计算机专业英语	87	已完成	2022/6/12 9:01	2022/6/12 10:30	223.91.69.121/河南	0	37	87	王琳	202.196.32.91
3	201928304	王佳雯	软件学院	软件工程	RB软工互193	222855134	计算机专业英语	95	已完成	2022/6/12 9:00	2022/6/12 10:21	202.196.32.91/河南	0	2	95	王琳	10.0.16.158
4	201928305	余博	软件学院	软件工程	RB软工互193	222855134	计算机专业英语	89	已完成	2022/6/12 9:00	2022/6/12 10:26	10.0.16.158/	0	23	89	王琳	10.0.16.158

图 4-15 读取数据

2. 对学生数据进行数据清理。

（1）删除重复行。

```
stu_score.duplicated()
stu_score.drop_duplicates()
```

（2）删除空列。

```
#删除全空列
stu_score.dropna(axis=1,how='all',inplace=True)
```

3. 对学生数据进行描述性统计。

程序代码：

```
stu_score.describe()
```

运行结果如图 4-16 所示。

	学号/工号	课程ID	分数	考试离开次数	学生排名	其他 (满分100.0)
count	6.700000e+01	67.0	67.000000	67.000000	67.000000	67.000000
mean	2.019284e+08	222855134.0	86.880597	0.253731	31.805970	86.880597
std	5.052525e+01	0.0	6.008888	0.893466	19.246597	6.008888
min	2.019283e+08	222855134.0	65.000000	0.000000	1.000000	65.000000
25%	2.019283e+08	222855134.0	84.000000	0.000000	17.000000	84.000000
50%	2.019283e+08	222855134.0	88.000000	0.000000	29.000000	88.000000
75%	2.019284e+08	222855134.0	90.000000	0.000000	50.000000	90.000000
max	2.019284e+08	222855134.0	96.000000	6.000000	67.000000	96.000000

图 4-16 对学生数据进行描述性统计

4. 对学生数据进行数据类型转换。

程序代码：

```
#将领取时间和提交时间转换为 datetime 类型
stu_score['领取时间']=pd.to_datetime(stu_score['领取时间'])
stu_score['提交时间']=pd.to_datetime(stu_score['提交时间'])
stu_score[['领取时间','提交时间']].dtypes
```

运行结果如下：

```
领取时间    datetime64[ns]
提交时间    datetime64[ns]
dtype: object
```

程序代码：

```
#将分数列转换为数值类型
stu_score['分数']=pd.to_numeric(stu_score['分数'])
stu_score['分数'].dtype
```

运行结果如下：

```
dtype('int64')
```

5. 将不符合考试要求的学生的分数修改为 0 分，并将修改后的数据保存到 CSV 文件中。
程序代码：

```
#查找考试时间少于30分钟的学生
#stu_trick=stu_score['提交时间']-stu_score['领取时间']<'00:30:00'
min_test=pd.Timedelta(minutes=30)
stu_trick=stu_score['提交时间']-stu_score['领取时间']<min_test
stu_score[stu_trick]
#将不符合考试要求的学生的分数修改为0分
stu_score.loc[stu_score[stu_trick].index,'分数']=0
stu_score[stu_trick]
stu_score.to_csv('stu_score.csv')    #将修改后数据保存到CSV文件中
```

6. 对学生数据进行统计分析。
（1）统计最早交卷和最晚交卷的学生。
程序代码：

```
#最早交卷的学生
print('最早交卷: ',stu_score['提交时间'].min())
stu_score[stu_score['提交时间']==stu_score['提交时间'].min()]
```

运行结果如图 4-17 所示。

图 4-17　统计最早交卷的学生

程序代码：

```
print('最晚交卷: ',stu_score['提交时间'].max())
stu_score[stu_score['提交时间']==stu_score['提交时间'].max()]
```

运行结果如图 4-18 所示。

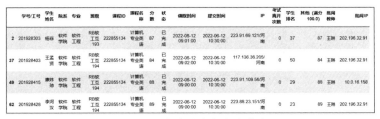

图 4-18　统计最晚交卷的学生

（2）按班级分组，统计最高分、最低分和平均分。

```python
import numpy as np
stu_score_grp=stu_score[['班级','分数']].groupby(by='班级')
#for s in stu_score_grp:
#    print(s)
stu_score_grp.agg([np.max,np.min,np.mean])
```

运行结果如图 4-19 所示。

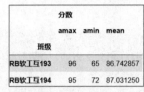

班级	分数 amax	amin	mean
RB软工互193	96	65	86.742857
RB软工互194	95	72	87.031250

图 4-19　分组统计

（3）按分数进行降序排序。

```python
stu_score.sort_values(by='分数',ascending=False)
```

（4）创建以班级为索引的数据透视表。

```python
#创建以班级为索引的数据透视表
stu_score.pivot_table(index='班级',columns='学生姓名',values='分数',aggfunc='max',
margins=True)
```

运行结果如图 4-20 所示。

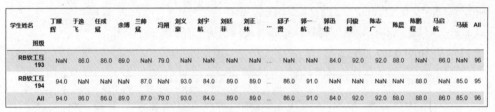

学生姓名 班级	丁罩辉	于逸飞	任成斌	余博	兰帅斌	冯翔	刘义豪	刘宇航	刘廷菲	刘正林	…	邱子贤	郭一航	郭迅佳	冉俊峰	陈志广	陈晨	陈鹏程	马启航	马硕	All
RB软工互193	NaN	86.0	86.0	89.0	NaN	79.0	NaN	NaN	NaN	NaN	…	NaN	NaN	84.0	92.0	92.0	88.0	NaN	86.0	NaN	96
RB软工互194	94.0	NaN	NaN	NaN	87.0	NaN	93.0	84.0	89.0	89.0	…	86.0	91.0	NaN	NaN	NaN	NaN	88.0	NaN	85.0	95
All	94.0	86.0	86.0	89.0	87.0	79.0	93.0	84.0	89.0	89.0	…	86.0	91.0	84.0	92.0	92.0	88.0	88.0	86.0	85.0	96

图 4-20　创建数据透视表

（5）创建交叉表。

```python
pd.crosstab(stu_score['班级'],stu_score['分数'],margins=True)
```

运行结果如图 4-21 所示。

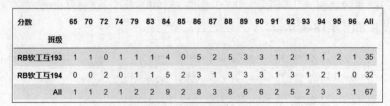

分数 班级	65	70	72	74	79	83	84	85	86	87	88	89	90	91	92	93	94	95	96	All
RB软工互193	1	1	0	1	1	1	4	0	5	2	5	3	3	1	2	1	1	2	1	35
RB软工互194	0	0	2	0	1	1	5	2	3	1	3	3	1	2	1	0	1	0	0	32
All	1	1	2	1	2	2	9	2	8	3	8	6	2	5	2	3	3	1	1	67

图 4-21　创建交叉表

第5章 Python 爬取网页数据

所谓网页爬取，就是把 URL（Uniform Resource Locator，统一资源定位符）中指定的网络资源从网络流中读取出来，保存到本地，类似于使用程序模拟 IE 浏览器的功能，把 URL 作为 HTTP（Hypertext Transfer Protocol，超文本传送协议）请求的内容发送到服务器，然后读取服务器的响应资源。本章详细介绍通过网页爬取和相关库来分析、处理网页内容，从而获取数据分析所需的数据集。

5.1 HTTP 与网络爬虫相关知识

HTTP 与网络爬虫
相关知识、urllib 库

HTTP 是用于从 WWW（World Wide Web，万维网）服务器传输超文本文档到本地浏览器的传送协议。它可以使浏览器更加高效，还可以减少网络传输时间。它不仅保证计算机可正确、快速地传输超文本文档，还能够确定传输文档中的哪一部分，以及哪部分内容首先显示（如文本先于图形）等。

1．HTTP 的请求响应模型

HTTP 永远都是客户端发出请求信息，服务器回送响应信息。这样就限制了 HTTP 的使用，服务器无法实现在客户端没有发出请求的时候，将响应消息推送给客户端。

HTTP 是一个无状态的协议，即同一个客户端的当前请求和上次请求之间没有对应关系。

2．HTTP 的工作流程

一次 HTTP 操作称为一个事务，其工作流程（见图 5-1）可分为 4 步。

建立连接
发出请求信息
回送响应信息
关闭连接

客户端　　　　　　　　　　　　　服务器

图 5-1　HTTP 工作流程

（1）首先客户端与服务器需要建立连接。只要单击某个超链接，HTTP 的工作便开始了。

（2）建立连接后，客户端发出一个请求给服务器，请求内容：URL、协议版本号、MIME（Multipurpose Internet Mail Extensions，多用途互联网邮件扩展）信息，包括请求修饰符、客户端信息等。

（3）服务器接收请求后，回送相应的响应信息，其格式为一个状态行，包括信息的协议版本号、一个成功或错误的代码，后边是 MIME 信息，包括服务器信息、实体信息等。

（4）客户端接收服务器所返回的信息，信息通过浏览器显示在用户的显示屏上，然后客户端与服务器断开连接。

如果在以上流程中的某一步出现错误，那么产生的错误信息将回送到客户端，由显示屏输出。对于用户来说，这些流程是由 HTTP 自己完成的，用户只要用鼠标单击，等待信息显示就可以了。

3．网络爬虫

网络爬虫（简称爬虫），也叫网络蜘蛛（Web Spider）。如果把互联网比喻成一张蜘蛛网，爬虫就是一只在网上爬来爬去的蜘蛛，它是搜索引擎爬取信息的重要工具。爬虫的主要目的是将互联网的网页下载到本地，形成互联网内容的镜像备份。网络爬虫是根据网页的地址来寻找网页的，也就是通过 URL。我们在浏览器的地址栏中输入的字符串就是 URL，如 https://www.baidu.com/。URL 的一般格式如下（带方括号的为可选参数）：

```
protocol :// hostname[:port] / path / [;parameters][?query]#fragment
```

URL 主要由以下部分组成。

（1）protocol：第一部分就是协议，例如，百度使用的是 HTTPS（Hypertext Transfer Protocol Secure，超文本传输安全协议）。

（2）hostname[:port]：第二部分就是主机名（还有端口号，但端口号为可选参数，一般网站默认的端口号为 80），例如，百度的主机名就是 www.baidu.com。

（3）path：第三部分就是主机资源的具体地址，如目录和文件名等。

网络爬虫就是根据 URL 来获取网页信息的。网络爬虫的工作一般分为两个步骤：通过 URL 获取网页内容；对获得的网页内容进行处理。这两个步骤分别使用不同的库：urllib（或者 requests）和 BeautifulSoup。

5.2 urllib 库

5.2.1 urllib 库简介

urllib 是 Python 标准库中最为常用的 Python 网页访问模块之一，它可以让用户像访问本地文件一样读取网页内容。Python 2 使用的是 urllib2，Python 3 后将其全部整合为 urllib。在 Python 3.x 中，我们可以使用 urllib 库爬取网页。

urllib 库提供了访问网页的简单、易懂的 API，还包括一些函数、方法，常用于参数编码、网页下载等操作。这个模块的使用门槛不高，初学者也可以尝试用它来爬取、读取或者保存网页。urllib 是一个 URL 处理包，这个包中集合了一些处理 URL 的模块，示例如下。

（1）urllib.request 模块是用来打开和读取 URL 的。

（2）urllib.error 模块包含一些由 urllib.request 产生的错误，可以使用 try 进行捕捉、处理。

（3）urllib.parse 模块包含一些解析 URL 的方法。

（4）urllib.robotparser 模块用来解析 robots.txt 文件。它提供了一个单独的 RobotFileParser 类，该类提供的 can_fetch()方法用于测试爬虫是否可以下载一个页面。

5.2.2 urllib 库的基本使用

下面的例子中我们将结合 urllib.request 和 urllib.parse 这两个模块，说明 urllib 库的使用方法。

1．获取网页信息

我们使用 urlopen()这个函数就可以打开一个网站，读取并输出网页信息。
urlopen()函数格式：

```
urllib.request.urlopen(url, data=None, [timeout], cafile=None, capath=None, cadefault=False, context=None)
```

urlopen()返回一个 HTTPResponse 对象，我们可以像操作本地文件一样操作这个对象来获取远程数据。其中参数 url 表示远程数据的路径，一般是网址；参数 data 表示以 POST 方式提交到 url 的数据（提交数据的两种方式：POST 与 GET），一般情况下很少用到这个参数。urlopen()还有一些可选参数，具体信息可以查阅 Python 自带的文档。

urlopen()返回的 HTTPResponse 对象提供了如下方法。

read()、readline()、readlines()、fileno()、close()：这些方法的使用方式与文件对象的完全一样。

info()：返回一个 HTTPMessage 对象实例，表示远程服务器返回的头信息。

getcode()：返回 HTTP 状态码。如果是 HTTP 请求，200 表示请求成功完成；404 表示网址未找到。

geturl()：返回请求的 URL。

了解到这些知识，就可以写一个非常简单的爬取网页的程序。

```
#爬虫-001.py
from urllib import request
if __name__ == "__main__":
    response = request.urlopen("http://fanyi.baidu.com")
    html = response.read()
    html = html.decode("utf-8")   #decode()对网页的信息进行解码，否则会乱码
    print(html)
```

urllib 使用 urlopen()打开和读取 URL 信息，返回的 response 对象如同一个文件对象，我们可以调用 read()进行读取，再通过 print()将读到的信息输出。

运行程序文件，输出信息如图 5-2 所示。

其实图 5-2 所示就是浏览器接收到的信息，只不过我们在使用浏览器的时候，浏览器已经将这些信息转化成了页面供我们浏览。浏览器作为客户端，先从服务器获取信息，然后将信息解析，再展示出来。

这里通过 decode()对网页信息进行解码：

```
html = html.decode("utf-8")
```

当然前提是我们已经知道了这个网页是使用 UTF-8 来编码的。怎么查看网页的编码方式呢？非常简单的方法是使用浏览器查看网页源代码，只需要找到<head>标签开始位置的 charset，就能知道网页采用何种编码方式了。

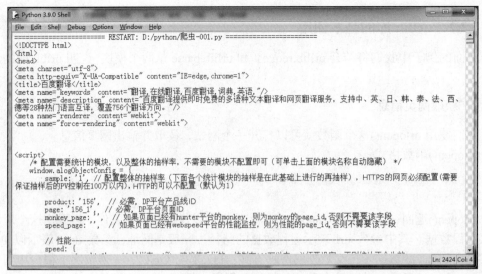

图 5-2　读取的百度翻译网页源代码

需要说明的是，urlopen()函数中的 url 参数不仅可以是一个字符串，也可以是一个 Request 对象，这就需要我们先定义一个 Request 对象，然后将这个 Request 对象作为 urlopen() 的参数使用，方法如下：

```
req = request.Request("http://fanyi.baidu.com/")    #定义 Request 对象
response = request.urlopen(req)
html = response.read()
html = html.decode("utf-8")
print(html)
```

注意，如果要把对应文件下载到本地，可以使用 urlretrieve()函数。

```
from urllib import request
request.urlretrieve("https://www.zut.edu.cn/images/xwgk.jpg","zut_campus.jpg")
```

以上代码可以把网络上中原工学院的图片资源 xwgk.jpg 下载到本地，生成 zut_campus.jpg 图片文件。

2．获取服务器响应信息

和浏览器的交互过程一样，urlopen()代表请求过程，它返回的 HTTPResponse 对象代表响应。返回内容作为一个对象更便于操作，HTTPResponse 对象包含多个属性。其中 status 属性返回 HTTP 请求后的状态，在处理数据之前要先判断状态；如果请求未被响应，需要终止内容处理。reason 属性非常重要，返回请求未被响应的原因。url 属性可返回页面 URL。此外 HTTPResponse.read()可获取请求的页面内容的二进制形式。

也可以使用 getheaders()返回 HTTP 响应的头信息，例如：

```
from urllib import request
f=request.urlopen('http://fanyi.baidu.com')
data = f.read()
print('Status:', f.status, f.reason)
for k, v in f.getheaders():
    print('%s: %s' % (k, v))
```

运行后可以看到 HTTP 响应的头信息：

```
Status: 200 OK
Content-Type: text/html
Date: Sat, 15 Jul 2017 02:18:26 GMT
P3p: CP=" OTI DSP COR IVA OUR IND COM "
Server: Apache
Set-Cookie: locale=zh; expires=Fri, 11-May-2018 02:18:26 GMT; path=/; domain=
.baidu.com
Set-Cookie: BAIDUID=2335F4F896262887F5B2BCEAD460F5E9:FG=1; expires=Sun, 15-Jul-
18 02:18:26 GMT; max-age=31536000; path=/; domain=.baidu.com; version=1
Vary: Accept-Encoding
Connection: close
Transfer-Encoding: chunked
```

可以使用 Response 对象的 geturl()方法、info()方法、getcode()方法获取相关的 URL、响应信息和 HTTP 状态码。

```
# -*- coding: UTF-8 -*-
from urllib import request
if __name__ == "__main__":
    req = request.Request("http://fanyi.baidu.com/")
    response = request.urlopen(req)
    print("geturl 输出信息: %s"%(response.geturl()))
    print('**********************************************')
    print("info 输出信息: %s"%(response.info()))
    print('**********************************************')
    print("getcode 输出信息: %s"%(response.getcode()))
```

运行后可以得到如下结果：

```
geturl 输出信息: http://fanyi.baidu.com/
**********************************************
info 输出信息: Content-Type: text/html
Date: Sat, 15 Jul 2017 02:42:32 GMT
P3p: CP=" OTI DSP COR IVA OUR IND COM "
Server: Apache
Set-Cookie: locale=zh; expires=Fri, 11-May-2018 02:42:32 GMT; path=/; domain=
.baidu.com
Set-Cookie: BAIDUID=976A41D6B0C3FD6CA816A09BEAC3A89A:FG=1; expires=Sun, 15-Jul-
18 02:42:32 GMT; max-age=31536000; path=/; domain=.baidu.com; version=1
Vary: Accept-Encoding
Connection: close
Transfer-Encoding: chunked
**********************************************
getcode 输出信息: 200
```

截至目前，我们已经了解了如何使用简单的语句对网页进行爬取。接下来我们学习如何向服务器发送数据。

3．向服务器发送数据

调用百度翻译

我们可以通过 urlopen()函数中的 data 参数向服务器发送数据。根据 HTTP 规范，GET 用于信息获取，POST 用于向服务器提交数据。换句话说：客户端向服务器提交数据使用 POST；客户端从服务器获得数据使用 GET。然而 GET 也可以提交数据，与 POST 的区别如下。

（1）GET 方式通过 URL 提交数据，待提交数据是 URL 的一部分；采用 POST 方式，待提交数据放置在 HTML 头部。

（2）GET 方式提交的数据最多不超过 1024 字节，POST 没有对提交内容的长度设置限制。

如果没有设置 urlopen()函数的 data 参数，HTTP 请求采用 GET 方式，也就是我们从服务器获取数据；如果已设置 data 参数，HTTP 请求采用 POST 方式，也就是我们向服务器传递数据。

data 参数有自己的格式，是基于 application/x-www.form-urlencoded 的格式。具体格式我们不用了解，因为我们可以使用 urlencode()函数将字符串自动转换成上面所说的格式。

下面我们向百度翻译发送要翻译的数据，得到翻译结果。该实例需要先在百度翻译开放平台注册，获得 app ID 参数。

使用百度翻译需要通过 POST 或 GET 向 http://api.fanyi.baidu.com/api/trans/vip/translate 发送表 5-1 所示的请求参数来访问服务器。

表 5-1　请求参数

参数名	类型	是否为必填参数	描述	备注
q	TEXT	是	请求翻译	UTF-8 编码
from	TEXT	是	翻译源语言	语言列表（可设置为 auto）
to	TEXT	是	译文语言	语言列表（不可设置为 auto）
appid	INT	是	app ID	可在管理控制台查看
salt	INT	是	随机数	
sign	TEXT	是	签名	appid+q+salt+密钥的 MD5 值

签名是为了保证调用安全，使用 MD5 算法生成的一段字符串，生成的签名长度为 32 位，签名中的英文字符均为小写字母。为保证翻译质量，需将单次请求长度控制在 6000 字节（汉字约为 2000 个）以内。

签名生成方法如下。

（1）将请求参数中的 app ID（appid）、翻译 query（q，注意为 UTF-8 编码）、随机数（salt），以及平台分配的密钥（可在管理控制台查看）按照 appid+q+salt+密钥的顺序拼接得到字符串 1。

（2）对字符串 1 做 MD5 运算，得到 32 位小写的签名。

注意：

（1）请先将需要翻译的文本转换为 UTF-8 编码。

（2）在发送 HTTP 请求之前需要对各字段做 URL 编码。

（3）在生成 appid+q+salt+密钥字符串时，q 不需要做 URL 编码；在生成签名之后，发送 HTTP 请求之前才需要对要发送的待翻译文本字段 q 做 URL 编码。

例如，将 apple 从英文翻译成中文，请求参数如下。

• q=apple。

- from=en。
- to=zh。
- appid=2015063000000001。
- salt=1435660288。
- 平台分配的密钥：12345678。

生成签名参数 sign 步骤如下。

（1）首先拼接字符串 1。

```
appid=2015063000000001+q=apple+salt=1435660288+密钥=12345678
字符串 1 =2015063000000001apple143566028812345678
```

（2）然后计算签名 sign（对字符串 1 做 MD5 加密，注意 MD5 加密之前，字符串 1 必须使用 UTF-8 编码）。

```
sign=md5(2015063000000001apple143566028812345678)
sign=f89f9594663708c1605f3d736d01d2d4
```

通过 Python 提供的 hashlib 模块中的 md5() 可以实现签名计算。例如：

```
import hashlib
m = '2015063000000001apple143566028812345678'
m_MD5 = hashlib.md5(m)
sign = m_MD5.hexdigest()
print('m = ',m)
print('sign = ',sign)
```

得到签名之后，按照百度翻译文档中的要求，生成 URL 请求，提交后可返回翻译结果。完整 URL 请求：

```
http://api.fanyi.baidu.com/api/trans/vip/translate?q=apple&from=en&to=zh&appid=2
015063000000001&salt=1435660288&sign=f89f9594663708c1605f3d736d01d2d4
```

也可以使用 POST 方式传送需要的参数。

本实例采用 urlopen() 函数中 data 参数，向服务器发送数据。

下面是发送数据实例的完整代码。

```
from urllib import request
from urllib import parse
import json
import hashlib
def translate_Word(en_str):
    # 模拟浏览，加载主机 URL，获取 cookie
    URL = 'http://api.fanyi.baidu.com/api/trans/vip/translate'
    #en_str=input("请输入要翻译的内容: ")
    #创建 Form_Data 字典，存储向服务器发送的数据
    #Form_Data={'from':'en','to':'zh','q':en_str,''appid'':'2015063000000001',
'salt': '1435660288'}
    Form_Data = {}
    Form_Data['from'] = 'en'
    Form_Data['to'] = 'zh'
    Form_Data['q'] = en_str                              #要翻译的数据
```

```
            Form_Data['appid'] = '2015063000000001'              #申请的 app ID
            Form_Data['salt'] = '1435660288'
            Key="12345678"                                        #平台分配的密钥
            m=Form_Data['appid']+en_str+Form_Data['salt']+Key
            m_MD5 = hashlib.md5(m.encode('utf8'))
            Form_Data['sign'] = m_MD5.hexdigest()

            data = parse.urlencode(Form_Data).encode('utf-8')  #使用 urlencode()将字符串转换
为 POST 数据要求的格式
            response = request.urlopen(URL,data)                 #传递转换完格式的数据
            html = response.read().decode('utf-8')               #读取信息并解码
            translate_results = json.loads(html)                 #转换为 JSON 数据
            print(translate_results)                             #输出 JSON 数据
            translate_results = translate_results['trans_result'][0]['dst']  #找到翻译结果
            #print("翻译的结果是: %s" % translate_results)          #输出翻译信息
            return  translate_results
    if __name__ == "__main__":
        en_str = input("输入要翻译的内容: ")
        response = translate_Word(en_str)
        print("翻译的结果是: %s"%(response))
```

这样我们就可以查看翻译的结果了，如下所示。

```
输入要翻译的内容: I  am  a  teacher
翻译的结果是: 我是个教师
```

我们得到的 JSON 数据如下：

```
{'from': 'en', 'to': 'zh', 'trans_result': [{'dst': '我是个教师', 'src': 'I am a teacher'}]}
```

返回结果是 JSON 格式，包含表 5-2 中的字段。

表 5-2　翻译结果的 JSON 字段

字段名	类型	描述
from	TEXT	翻译源语言
to	TEXT	译文语言
trans_result	MIXED LIST	翻译结果
src	TEXT	原文
dst	TEXT	译文

其中 trans_result 包含 src 和 dst 字段。

　　JSON 是一种轻量级的数据交换格式，JSON 数据保存着我们想要的翻译结果，我们需要从爬取到的内容中找到 JSON 格式的数据，再将得到的 JSON 格式的翻译结果解析出来。

　　存储向服务器发送的数据的 Form_Data 也可以直接写成：

```
    Form_Data= {'from':'en','to':'zh','q':en_str,'' appid'':'2015063000000001',
' salt': '1435660288'}
```

以上为将英文翻译成中文，稍微修改就可以将中文翻译成英文了：

```
    Form _Data ={'from':'zh','to':'en','q':en_str, ''appid'':'20150630000000001',
' salt': '1435660288'}
```

修改 from 和 to 的取值，上述代码可以用于完成其他语言之间的翻译。翻译源语言不确定时 from 可设置为 auto，译文语言不确定时 to 不可设置为 auto。百度翻译支持的部分语言代码如表 5-3 所示。

表 5-3　百度翻译支持的部分语言代码

语言代码	名称	语言代码	名称
auto	自动检测	bul	保加利亚语
zh	中文（简体）	est	爱沙尼亚语
en	英语	dan	丹麦语
yue	中文（粤语）	fin	芬兰语
wyw	中文（文言文）	cs	捷克语
jp	日语	rom	罗马尼亚语
kor	韩语	slo	斯洛文尼亚语
fra	法语	swe	瑞典语
spa	西班牙语	hu	匈牙利语
th	泰语	cht	中文（繁体）
ara	阿拉伯语	vie	越南语
ru	俄语	el	希腊语
pt	葡萄牙语	nl	荷兰语
de	德语	pl	波兰语

读者请查阅资料并编程，实现向有道翻译发送要翻译的数据，得到翻译结果。

4．使用 User Agent 隐藏身份

（1）为何要设置 User Agent

有一些网站不喜欢被爬虫程序访问，所以会检测连接对象。如果连接对象是爬虫程序，也就是非人单击访问，网站就不允许继续访问。所以为了让爬虫程序可以正常运行，需要隐藏爬虫程序的"身份"。我们可以通过设置 User Agent 来达到隐藏身份的目的。User Agent 的中文名为用户代理，简称 UA。

User Agent 存放于 headers 参数中，服务器通过查看 headers 中的 User Agent 来判断是谁在访问。在 Python 中，如果不设置 User Agent，程序将使用默认的参数，那么这个 User Agent 就会有"Python"的字样。如果服务器检查 User Agent，那么没有设置 User Agent 的 Python 程序将无法正常访问网站。

Python 允许我们修改 User Agent 来模拟浏览器访问，它的强大毋庸置疑。

（2）常见的 User Agent

① Android 的一些 User Agent 如下。

```
    Mozilla/5.0 (Linux; Android 4.1.1; Nexus 7 Build/JRO03D) AppleWebKit/535.19
(KHTML,like Gecko) Chrome/18.0.1025.166 Safari/535.19
    Mozilla/5.0 (Linux; U; Android 4.0.4; en-gb; GT-I9300 Build/IMM76D) AppleWebKit/
534.30 (KHTML, like Gecko) Version/4.0 Mobile Safari/534.30
    Mozilla/5.0 (Linux; U; Android 2.2; en-gb; GT-P1000 Build/FROYO) AppleWebKit/
533.1 (KHTML, like Gecko) Version/4.0 Mobile Safari/533.1
```

② Firefox 的一些 User Agent 如下。

```
    Mozilla/5.0 (Windows NT 6.2; WOW64; rv:21.0) Gecko/20100101 Firefox/21.0
    Mozilla/5.0 (Android; Mobile; rv:14.0) Gecko/14.0 Firefox/14.0
```

③ Chrome 的一些 User Agent 如下。

```
    Mozilla/5.0 (Windows NT 6.2; WOW64) AppleWebKit/537.36 (KHTML, like Gecko)
Chrome/27.0.1453.94 Safari/537.36
    Mozilla/5.0 (Linux; Android 4.0.4; Galaxy Nexus Build/IMM76B) AppleWebKit/
535.19 (KHTML, like Gecko) Chrome/18.0.1025.133 Mobile Safari/535.19
```

④ iOS 的一些 User Agent 如下。

```
    Mozilla/5.0 (iPad; CPU OS 5_0 like Mac OS X) AppleWebKit/534.46 (KHTML, like
Gecko) Version/5.1 Mobile/9A334 Safari/7534.48.3
    Mozilla/5.0 (iPod; U; CPU like Mac OS X; en) AppleWebKit/420.1 (KHTML, like
Gecko) Version/3.0 Mobile/3A101a Safari/419.3
```

上面列举了 Andriod、Firefox、Chrome、iOS 的一些 User Agent。

（3）设置 User Agent 的方法

想要设置 User Agent，有两种方法。

① 在创建 Request 对象的时候，传入 headers 参数（包含 User Agent 信息），这个 headers 参数为字典。

② 在创建 Request 对象的时候不添加 headers 参数，创建之后，使用 add_header()添加 headers 参数。

方法一：使用上面提到的 Android 的第一个 User Agent，在创建 Request 对象的时候传入 headers 参数。编写代码如下：

```python
from urllib import request
if __name__ == "__main__":
    #以 CSDN 为例，不更改 User Agent 是无法访问 CSDN 的
    url = 'http://www.csdn.net/'
    head = {}
    #写入 User Agent 信息
    head['User-Agent'] = 'Mozilla/5.0 (Linux; Android 4.1.1; Nexus 7 Build/JRO03
D) AppleWebKit/535.19 (KHTML, like Gecko) Chrome/18.0.1025.166  Safari/535.19'
    req = request.Request(url, headers=head)    #创建 Request 对象
    response = request.urlopen(req)             #传入创建好的 Request 对象
    html = response.read().decode('utf-8')      #读取响应信息并解码
    print(html)                                 #输出信息
```

方法二：使用上面提到的 Android 的第一个 User Agent，在创建 Request 对象时不传入 headers 参数，创建之后使用 add_header()添加 headers 参数。编写代码如下：

```python
# -*- coding: UTF-8 -*-
```

```
from urllib import request
if __name__ == "__main__":
    #以 CSDN 为例，不更改 User Agent 是无法访问 CSDN 的
    url = 'http://www.csdn.net/'
    req = request.Request(url)                          #创建 Request 对象
    req.add_header('User-Agent', 'Mozilla/5.0 (Linux; Android 4.1.1; Nexus 7
Build/JRO03D) AppleWebKit/535.19 (KHTML, like Gecko) Chrome/18.0.1025.166  Safari/
535.19')    #传入 headers 参数
    response = request.urlopen(req)                     #传入创建好的 Request 对象
    html = response.read().decode('utf-8')             #读取响应信息并解码
    print(html)                                         #输出信息
```

5.3 BeautifulSoup 库

5.3.1 BeautifulSoup 库概述

BeautifulSoup 是处理 HTML/XML 文件的 Python 函数库，是 Python
的网页分析工具，可用来快速地转换被爬取的网页。它产生一棵转换后的 DOM（Document
Object Model，文档对象模型）树（简称文档树），尽可能和原文档内容、含义保持一致，
这种措施通常能够满足用户收集数据的需求。

BeautifulSoup 提供一些简单的方法以及类 Python 语法来查找、定位、修改一棵转换后
的 DOM 树。BeautifulSoup 自动将送进来的文档转换为 Unicode 编码，而且在输出的时候
转换为 UTF-8 编码。BeautifulSoup 可以找出"所有的链接<a>"，或者"所有 class 是×××
的链接<a>"，再或者"所有匹配.cn 的链接"。

1．BeautifulSoup 安装

使用 pip 直接安装 BeautifulSoup 4，命令如下：

```
pip3 install beautifulsoup4
```

推荐在现在的项目中使用 BeautifulSoup 4（bs4），导入时我们需要使用的命令为 import bs4。

2．BeautifulSoup 的基本使用方式

下面使用一段代码演示 BeautifulSoup 的基本使用方式。

```
from bs4 import BeautifulSoup
#doc 可以是包含 HTML 内容的字符串，本例是列表，需要转换成字符串
doc = ['<html><head><title> The story of Monkey </title></head>',
       '<body><p id="firstpara" align="center">This is one paragraph </p>',
       '<p id="secondpara" align="center">This is two paragraph </p>',
       '</html>']
soup = BeautifulSoup(''.join(doc), "html.parser")    #提供列表信息，join(doc)将其合并
为字符串
print(soup.prettify())
```

使用时 BeautifulSoup 首先必须导入 bs4 库：

```
from bs4 import BeautifulSoup
```

创建 BeautifulSoup 对象：

```
soup = BeautifulSoup(html)
```

另外，我们还可以用本地 HTML 文件来创建 BeautifulSoup 对象，例如：

```
soup = BeautifulSoup(open('index.html') , "html.parser")    #提供本地 HTML 文件
```

上面的代码便是将本地 index.html 文件打开，用它来创建 soup 对象。

也可以使用 URL 获取 HTML 文件，例如：

```
from urllib import request
response = request.urlopen("http://www.baidu.com")
html = response.read()
html = html.decode("utf-8")    #decode()对网页的信息进行解码，否则会乱码
soup = BeautifulSoup(html , "html.parser")                    #远程网站上的 HTML 文件
```

程序段最后格式化输出 BeautifulSoup 对象的内容。

```
print(soup.prettify())
```

运行结果如下：

```
<html>
<head>
<title> The story of Monkey </title>
</head>
<body>
<p align="center" id="firstpara">
   This is one paragraph
</p>
<p align="center" id="secondpara">
   This is two paragraph
</p>
</body>
</html>
```

以上便是输出结果，格式化输出了 BeautifulSoup 对象（DOM 树）的内容。

5.3.2　BeautifulSoup 库的四大对象

BeautifulSoup 可将复杂 HTML 文件转换成一个复杂的树形结构，每个节点都是 Python 对象，对象可以归纳为以下 4 种：

- Tag 对象；
- NavigableString 对象；
- BeautifulSoup 对象（5.3.1 小节的例子中已经使用过）；
- Comment 对象。

（1）Tag 对象

Tag 对象代表了解析的文档树中一个 HTML/XML 标签，具有属性和内容。例如，BeautifulSoup 解析出标签\<b>penguin\</b>，它就会创建一个 Tag 对象代表\<b>标签。

Tag 对象是什么？通俗点讲就是 HTML 文档中的一个个标签。例如：

```
<title> The story of Monkey </title>
<a href="http://www.baidu.com" id="link1">baidu</a>
```

上面的<title>、<a>等 HTML 标签加上里面的内容就是 Tag 对象。下面用 BeautifulSoup 来获取 Tag 对象。

```
print(soup.title)
print(soup.head)
```

输出：

```
<title> The story of Monkey </title>
<head><title> The story of Monkey </title></head>
```

我们可以利用 BeautifulSoup 对象 soup 加上标签名轻松地获取标签的内容。不过要注意，这种方法查找的是所有内容中的第一个符合要求的标签。

我们可以验证这些对象的类型。

```
print(type(soup.title))        #输出：<class 'bs4.element.Tag'>
```

对于 Tag 对象，它有两个重要的属性，即 name 和 attrs，下面我们分别来感受一下。

```
print(soup.name)               #输出：[document]
print(soup.head.name)          #输出：head
```

soup 对象本身比较特殊，它的 name 即[document]；对于其他内部标签，输出的值为标签本身的名称。

```
print(soup.p.attrs)            #输出：{'id': 'firstpara', 'align': 'center'}
```

在这里，我们把<p>标签的所有属性输出，得到的是一个字典。

如果我们想要单独获取某个属性，例如，我们想要获取 P 标签的 id，方法如下：

```
print(soup.p['id'])            #输出：firstpara
```

还可以利用 get()方法，传入属性的名称，二者是等价的。

```
print(soup.p.get(' id'))       #输出：firstpara
```

我们可以对这些属性进行修改，例如：

```
soup.p['class']="newClass"
```

还可以对这些属性进行删除，例如：

```
del soup.p['class']
```

（2）NavigableString 对象

NavigableString 对象是文档树中的字符串,与 Python 中的 Unicode 字符串相同。BeautifulSoup 解析标签penguin时，会为"penguin"字符串创建一个 NavigableString 对象。

得到标签的内容后，可以用 .string 获取标签内部的文字，也就是返回一个 NavigableString 对象。BeautifulSoup 用 NavigableString 类来处理字符串。例如：

```
print(soup.title.string)       #输出：The story of Monkey
```

```
print(type(soup.title.string))    #输出: <class 'bs4.element.NavigableString'>
```

这样我们就轻松地获取了<title>标签内部的文字，如果用正则表达式则麻烦得多。

Tag 中包含的字符串如何修改？通过 NavigableString 类提供的 replace_with()方法：

```
soup. title.string.replace_with('welcome to BeautifulSoup')
```

这样就将 HTML 文档标题改成了'welcome to BeautifulSoup'。

（3）BeautifulSoup 对象

BeautifulSoup 对象表示的是一个文档的全部内容。大部分时候可以把它当作特殊的 Tag 对象。下面代码可以分别获取 BeautifulSoup 对象的类型、名称以及属性。

```
print(type(soup))        #输出: <class 'bs4.BeautifulSoup'>
print(soup.name)         #输出: [document]
print(soup.attrs)        #输出空字典: {}
```

（4）Comment 对象

Comment 对象是一个特殊类型的 NavigableString 对象，其内容不包括注释符号。如果不好好处理它，它可能会为我们的文本处理带来意想不到的麻烦。

5.3.3 BeautifulSoup 库解析文档树

BeautifulSoup 库
解析文档树

1．遍历文档树

（1）.contents 属性和.children 属性获取直接子节点

Tag 的.contents 属性可以将 Tag 的子节点以列表的方式输出。

```
print(soup.body.contents)
```

输出:

```
[<p align="center" id="firstpara">This is one paragraph</p>,
 <p align=" center " id="secondpara">This is two paragraph</p>]
```

输出为列表，我们可以用索引来获取它的某一个元素。

```
print(soup.body.contents[0])       #获取第一个<p>
```

输出:

```
<p align="center" id="firstpara">This is one paragraph </p>
```

.children 属性返回的不是一个列表，而是一个列表生成器对象。我们可以通过遍历获取所有子节点。

```
for child in soup.body.children:
    print(child)
```

输出:

```
<p align="center" id="firstpara"> This is one paragraph </p>
<p align=" center " id="secondpara">This is two paragraph </p>
```

（2）.descendants 属性获取所有子孙节点

.contents 和.children 属性仅包含 Tag 的直接子节点，.descendants 属性可以对所有 Tag 的子孙节点进行递归循环。和.children 类似，我们也需要通过遍历获取其中的内容。

```
for child in soup.descendants:
    print(child)
```

从运行结果可以发现，所有的节点都被输出了，先是最外层的 HTML 标签，其次是 <head>标签，依次类推。

（3）.string 属性获取节点内容

如果一个标签里面没有标签了，那么.string 就会返回标签里面的内容。如果标签里面只有唯一的标签，那么.string 会返回最里面标签的内容。

如果 Tag 包含多个子节点，Tag 就无法确定.string 应该输出哪个子节点的内容，.string 的输出结果是 None。

```
print(soup.title.string)        #输出<title>标签里面的内容
print(soup.body.string)         #<body>标签包含多个子节点，所以输出 None
```

输出：

```
The story of Monkey
None
```

（4）.strings 属性获取多个内容

.strings 属性可获取多个内容，不过需要遍历获取，例如：

```
for string in soup.body.strings:
    print(repr(string))
```

输出：

```
'This is one paragraph'
'This is two paragraph'
```

输出的字符串可能包含很多空格或空行，使用.stripped_strings 可以去除多余的空白内容。

（5）.parent 属性获取父节点

.parent 属性可获取父节点。

```
p = soup.title
print(p.parent.name)            #输出父节点名 Head
```

输出：

```
Head
```

（6）.next_sibling 和.previous_sibling 属性获取兄弟节点

兄弟节点可以理解为和本节点处在同一级的节点，.next_sibling 属性可获取该节点的下一个兄弟节点，.previous_sibling 则与之相反，如果节点不存在，则返回 None。

注意：实际文档中的 Tag 的.next_sibling 和.previous_sibling 属性通常是字符串或空白，因为空白或者换行也可以被视作一个节点，所以得到的结果可能是空白或者换行。

（7）获取全部兄弟节点

通过.next_siblings 和.previous_siblings 属性可以将当前节点的兄弟节点迭代输出。

```
for sibling in soup.p.next_siblings:
```

```
                print(repr(sibling))
```

以上是遍历文档树的基本操作。

2. 搜索文档树

（1）find_all(name , attrs , recursive , text , limit, **kwargs)

find_all()方法可搜索当前 Tag 的所有 Tag 子节点，并判断是否符合过滤器的条件。参数如下。

① name 参数。

表示查找所有名字为 name 的标签。

```
    print(soup.find_all('p'))      #输出所有<p>标签
    [<p align="center" id="firstpara">This is one paragraph</p>, <p align="cente
r" id="secondpara">This is two paragraph</p>]
```

如果 name 参数传入正则表达式，BeautifulSoup 会通过正则表达式的 match() 来匹配内容。下面找出所有以 h 开头的标签：

```
    for tag in soup.find_all(re.compile("^h")):
        print(tag.name , end=" ")          # 输出: html  head
```

这表示< html >和< head >标签都被找到。

② attrs 参数。

按照 Tag 标签属性值检索，需要列出属性名和值，采用字典形式。

```
    soup.find_all('p',attrs={'id':"firstpara"})#或者 soup.find_all('p',{'id':
"firstpara"})
```

以上代码表示查找id属性值是"firstpara"的<p>标签，也可以采用关键字形式soup.find_all('p', id="firstpara"})来实现。

③ recursive 参数。

调用 Tag 的 find_all()方法时，BeautifulSoup 会检索当前 Tag 的所有子孙节点。如果只想搜索 Tag 的直接子节点，可以设置参数 recursive=False。

④ text 参数。

通过 text 参数可以搜索文档中的字符串内容。

```
    print(soup.find_all(text=re.compile("paragraph"))) # re.compile()正则表达式
#输出: ['This is one paragraph', 'This is two paragraph']
```

re.compile("paragraph")表示所有含"paragraph"的字符串都匹配。

⑤ limit 参数。

find_all()方法返回全部的搜索结构，如果文档树很大，那么搜索会很慢。如果我们不需要全部结果，可以使用limit参数限制返回结果的数量。当搜索到的结果数量达到 limit 的限制时，就停止搜索，返回结果。

文档树中有 2 个 Tag 符合搜索条件，但结果只返回了 1 个，因为我们限制了返回结果的数量：

```
soup.find_all("p", limit=1)
[<p align="center" id="firstpara">This is one paragraph</p>]
```

（2）find(name , attrs , recursive , text)

它与 find_all()方法唯一的区别是 find_all()方法返回全部结果的列表,而 find()方法返回找到的第一个结果。

3．select()

我们在写 CSS 选择器时,标签名不加任何修饰,类名前加".",id 名前加"#"。在这里我们也可以利用类似的方法来筛选元素,用到的方法是 soup.select(),返回的是列表。

（1）通过标签名查找
方法如下:

```
soup.select('title')                    #选取标签名是 title 的元素
```

（2）通过类名查找
方法如下:

```
soup.select('.firstpara')               #选取类名是 firstpara 的元素
soup.select_one(".firstpara")           #选取类名是 firstpara 的第一个元素
```

（3）通过 id 名查找
方法如下:

```
soup.select('#firstpara')               #选取 id 名是 firstpara 的元素
```

以上的 select()方法返回的结果都是列表,可以以遍历形式输出,然后用 get_text()方法或 text 属性来获取它的内容。

```
soup = BeautifulSoup(html, 'html.parser')
print type(soup.select('div'))
print(soup.select('div')[0].get_text())        #输出首个 div 元素的内容
for title in soup.select('div'):
    print( title.text)                          #输出所有 div 元素的内容
```

处理网页需要对 HTML 有一定的理解,而 BeautifulSoup 库是非常完备的 HTML 解析函数库。有了 BeautifulSoup 库的知识,就可以开始网络爬虫实战了。

5.4 requests 库

requests 库的使用

5.4.1 requests 库的使用

requests 库和 urllib 库的作用相似且使用方法基本一致,都是根据 HTTP 操作各种消息和页面。但使用 requests 库比 urllib 库更简单些。

1．安装 requests 库

使用 pip 直接安装 requests 库:

```
pip3 install requests
```

安装后使用 Python 导入模块,并测试是否安装成功:

```
import requests
```

没有出错即安装成功。

requests 库的使用请参阅相关官方文档。

2．发送请求

发送请求很简单，首先要导入 requests 模块：

```
>>> import requests
```

接下来让我们获取一个网页，例如中原工学院的首页：

```
>>> r = requests.get('http://www.zut.edu.cn')
```

此时，我们就可以使用 r 对象的各种方法和函数了。

另外，HTTP 请求还有很多类型，如 POST、PUT、DELETE、HEAD、OPTIONS，也都可以用类似的方式实现。

```
>>> r = requests.post(url, data={key: value})   #发送 POST 请求
>>> r = requests.head(url, args)   #发送 HEAD 请求，一般用来获取头部资源
```

3．在 URL 中传递参数

有时候我们需要在 URL 中传递参数，比如在采集百度搜索结果时，我们的 wd 参数（搜索词）和 rn 参数（搜索结果数量）可以通过字符串连接的形式手动组成 URL，但 requests 提供了一种简单的方法：

```
>>> payload = {'wd': '夏敏捷', 'rn': '100'}
>>> r = requests.get("http://www.baidu.com/s", params=payload)
>>>print(r.url)
```

结果是

```
http://www.baidu.com/s?wd=%E5%A4%8F%E6%95%8F%E6%8D%B7&rn=100
```

上面"wd="后的乱码就是"夏敏捷"的 URL 转码形式。

POST 参数请求例子如下：

```
requests.post(url, data={'comment': '测试 POST'})  #POST 参数
```

4．获取响应内容

```
>>> r = requests.get('http://www.baidu.com')        #返回一个 Response 对象 r
>>> r.text
```

使用 get()方法后，会返回一个 Response 对象，其存储了服务器响应的内容。

用户可以通过 r.text 来获取网页的内容，结果是

```
'<!DOCTYPE html>\r\n<!--STATUS OK--><html><head><meta http-equiv=content-type co
ntent=text/html;charset=utf-8><meta http-equiv=X-UA-Compatible content=IE=Edge><meta
 content=always name=referrer>...'
```

另外，还可以通过 r.content 来获取网页的内容。

```
>>> r.content
```

r.content 是以字节的方式去显示的, 所以在 IDLE 中以 b 开头。

```
>>> r.encoding            #可以使用 r.encoding 来获取网页编码
```

结果是

```
'utf-8'
```

当发送请求时, requests 库会根据 HTTP 头部来获取网页编码; 当使用 r.text 时, requests 库就会使用这个编码。若 HTTP 头部中没有 charset 字段则默认为 ISO-8859-1 编码模式, 因此无法解析中文, 这是乱码的原因。可以修改 requests 库的编码方式:

```
>>> r = requests.get('http://www.baidu.com')
>>> r.encoding
'ISO-8859-1'
>>> r.encoding = 'utf-8'         #修改编码解决乱码问题
```

说明: apparent_encoding 会从网页的内容中分析网页编码的方式, 所以 apparent_encoding 比 encoding 更加准确。当网页中出现乱码时可以把 apparent_encoding 的编码格式赋值给 encoding。

5. JSON

如果用到 JSON 数据, 就要导入新模块, 如 json 和 simplejson, 但 requests 库中已经有了内置的函数 json()。以查询 IP(Internet Protocol, 互联网协议)地址的 API 为例:

```
>>> url='http://whois.pconline.com.cn/ipJson.jsp?ip=202.196.32.7&json=true'
>>> r = requests.get(url)
>>> r.json()
{'ip': '202.196.32.7', 'pro': ' 河南省 ', 'proCode': '410000', 'city': ' 郑州市 ',
'cityCode': '410100', 'region': '', 'regionCode': '0', 'addr': '河南省郑州市 中原工学院',
'regionNames': '', 'err': ''}
>>> r.json()['city']
'郑州市'
```

6. 获取网页状态码

我们可以用 r.status_code 来获取网页的状态码。

```
>>> r = requests.get('http://www.baidu.com')
>>> r.status_code
200
```

能正常打开的网页返回 200, 不能正常打开的网页返回 404。

7. 获取响应头内容

可以通过 r.headers 来获取响应的头部内容。

```
>>> r = requests.get('http://www.baidu.com')
>>> r.headers
{'Cache-Control': 'private, no-cache, proxy-revalidate, no-transform',
```

```
    'Connection': 'keep-alive',
    'Content-Encoding': 'gzip',
  'Content-Type': 'text/html',
      ...
  }
```

可以看到全部内容以字典的形式返回。我们也可以访问部分内容：

```
>>> r.headers['content-type']
'text/html'
>>> r.headers.get('content-type')
'text/html'
```

8．设置超时时间

我们可以通过 timeout 属性设置超时时间，一旦超过这个时间还没获得响应内容，就会提示错误。

```
>>> requests.get('http://www.baidu.com', timeout=0.001)
Traceback (most recent call last):
  File "<stdin>", line 1, in <module>
requests.exceptions.Timeout: HTTPConnectionPool(host='www.baidu.com', port=8
0): Request timed out. (timeout=0.001)
```

9．设置代理访问

采集数据时为避免 IP 地址被封禁，我们经常会使用代理。Requests 库也有相应的 proxies 属性。

```
import requests
proxies = {
  "http": "http://10.10.1.10:3128",
  "https": "http://10.10.1.10:1080",
}
requests.get("http://www.baidu.com", proxies=proxies)
```

如果代理需要账户和密码，则需设置如下：

```
proxies = {
    "http": "http://user:pass@10.10.1.10:3128/",
}
```

10．获取请求头内容

请求头内容可以用 r.request.headers 来获取。

```
>>> r.request.headers
{'Accept-Encoding': 'identity, deflate, compress, gzip',
'Accept': '*/*', 'User-Agent': 'python-requests/1.2.3 CPython/2.7.3 Windows/XP'}
```

11．自定义请求头

伪装的请求头是爬虫采集信息时经常用的，我们可以用这个方法来隐藏自己：

```
>>> r = requests.get('http://www.baidu.com')
>>> print(r.request.headers['User-Agent'])          #输出 python-requests/2.13.0
```

```
>>>headers = {'User-Agent': 'xmj'}
>>>r = requests.get('http://www.baidu.com', headers = headers)      #伪装的请求头
>>>print(r.request.headers['User-Agent'])                  #输出 xmj, 避免被反爬虫
```

另一个自定义请求头的例子：

```
import requests
import json
data = {'some': 'data'}
headers = {'content-type': 'application/json',
          'User-Agent': 'Mozilla/5.0 (X11; Ubuntu; Linux x86_64; rv:22.0) Gecko/20
100101 Firefox/22.0'}
r = requests.post('https://www.baidu.com', data=data, headers=headers)
print(r.text)
```

5.4.2　requests 库的应用案例

requests 库的
应用案例

下面我们用 requests 库爬取当当网的图书信息并保存到 CSV 文件中。

爬取当当网中关于 Python 的图书信息，内容包括图书名称、作者、出版社、当前价格等。具体步骤如下。

（1）打开当当网，搜索 "python"，等待页面加载，获取当前网址 "http://search. dangdang.com/?key=python&act=input"。

（2）右击，在弹出的快捷菜单中选择 "检查"（查看经过 JavaScript 处理过的网页源代码）或者 "查看网页源代码"，获取当前页面的信息。

（3）分析网页源代码，截取的内容（部分）如图 5-3 所示。

```
▼<ul class="bigimg" id="component_59">
  ▼<li ddt-pit="1" class="line1" id="p24003310" sku="24003310"> == $0
    ▶<a title=" Python编程 从入门到实践" ddclick="act=normalResult_picture&pos=24003310_0_1_q"
    ▶<p class="name" name="title">…</p>
    ▶<p class="detail">…</p>
    ▶<p class="price">…</p>
    ▶<div class="lable_label">…</div>
    ▼<p class="search_star_line">
      ▶<span class="search_star_black">…</span>
        <a href="http://product.dangdang.com/24003310.html?point=comment_point" target="_blank
        评论</a>
      </p>
      <span class="tag_box"></span>
    ▶<p class="search_book_author">…</p>
    ▶<div class="shop_button">…</div>
    </li>
  ▶<li ddt-pit="2" class="line2" id="p25576578" sku="25576578">…</li>
  ▶<li ddt-pit="3" class="line3" id="p25218035" sku="25218035">…</li>
  ▶<li ddt-pit="4" class="line4" id="p23997502" sku="23997502">…</li>
  ▶<li ddt-pit="5" class="line5" id="p25312917" sku="25312917">…</li>
  ▶<li ddt-pit="6" class="line6" id="p25333314" sku="25333314">…</li>
  ▶<li ddt-pit="7" class="line7" id="p23961748" sku="23961748">…</li>
  ▶<li ddt-pit="8" class="line8" id="p25574315" sku="25574315">…</li>
  ▶<li ddt-pit="9" class="line9" id="p25286312" sku="25286312">…</li>
  ▶<li ddt-pit="10" class="line10" id="p25251315" sku="25251315">…</li>
  ▶<li ddt-pit="11" class="line11" id="p23617284" sku="23617284">…</li>
```

图 5-3　图书信息所在标签位置

所有图书信息位于<ul class="bigimg" id="component_59">中，其内部的每一项<li>即一本书的信息。如下所示：

```
<li ddt-pit="1" class="line1" id="p29280602">
```

```
<a title=" Python 编程从入门到实践" href="http://product.dangdang.com/29280602.html
" target="_blank"><img src="http://img3m0.ddimg.cn/67/4/24003310-1_b_7.jpg" alt=" Py
thon 编程从入门到实践"><p class="cool_label"></p></a>
<p class="price"><span class="search_now_price">¥62.00</span><a class="search_ d
iscount" style="text-decoration:none;">定价: </a><span class="search_ pre_  price">
¥89.00</span><span class="search_discount"> (6.97 折)</span></p>
…
<li>
```

从中可以获取每本图书对应的详细信息的页面，例如，上面的<li>内部的图书是《Python 编程从入门到实践》，对应详细信息的页面链接 URL 为 http://product.dangdang.com/29280602.html，图书封面图片 URL 为 http://img3m0.ddimg.cn/67/4/24003310-1_b_7.jpg，定价为 89.00 元。

（4）爬取相关图书的 URL 后，再遍历每个 URL，从该图书对应的详细信息的页面中寻找图书名称、作者、出版社、当前价格信息。如果仅仅要爬取图书名称、定价这些内容，则可以不进入每本书对应的详细信息的页面获取，在搜索出来的图 5-4 所示的页面中获取即可。

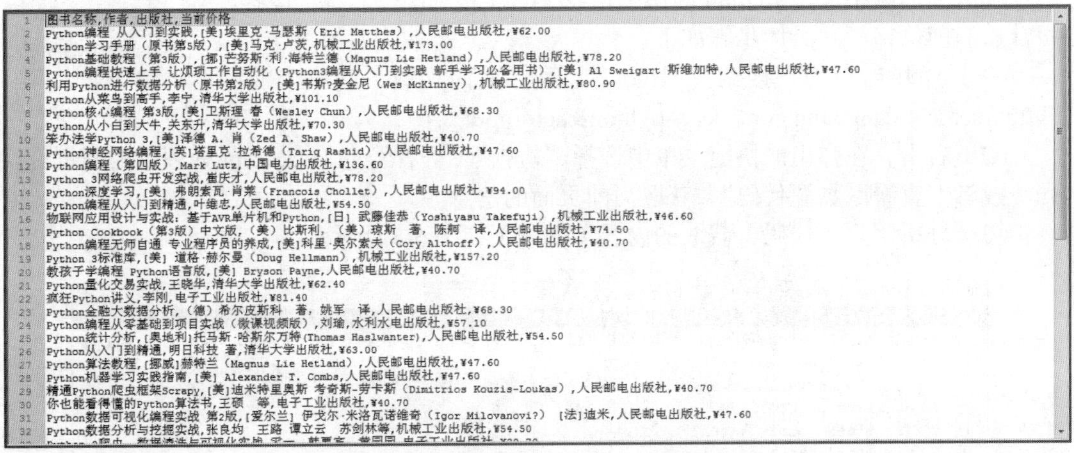
图书名称,作者,出版社,当前价格
Python编程 从入门到实践,[美]埃里克·马瑟斯（Eric Matthes）,人民邮电出版社,¥62.00
Python学习手册（原书第5版）,[美]马克·卢茨,机械工业出版社,¥173.00
Python基础教程（第3版）,[挪]芒努斯·利·海特兰德（Magnus Lie Hetland）,人民邮电出版社,¥78.20
Python编程快速上手 让烦琐工作自动化（Python3编程从入门到实践 新手学习必备用书）,[美] Al Sweigart 斯维加特,人民邮电出版社,¥47.60
利用Python进行数据分析（原书第2版）,[美]韦斯?麦金尼（Wes McKinney）,机械工业出版社,¥80.90
Python从菜鸟到高手,李宁,清华大学出版社,¥101.10
Python核心编程 第3版,[美]卫斯理 春（Wesley Chun）,人民邮电出版社,¥68.30
Python从小白到大牛,关东升,清华大学出版社,¥70.30
笨办法学Python 3,[美]泽德 A. 肖（Zed A. Shaw）,人民邮电出版社,¥40.70
Python神经网络编程,[英]塔里克·拉希德（Tariq Rashid）,人民邮电出版社,¥47.60
Python编程（第四版）,Mark Lutz,中国电力出版社,¥136.60
Python 3网络爬虫开发实战,崔庆才,人民邮电出版社,¥78.20
Python深度学习,[美] 弗朗索瓦·肖莱（Francois Chollet）,人民邮电出版社,¥94.00
Python编程从入门到精通,叶维忠,人民邮电出版社,¥54.50
物联网应用设计与实战：基于AVR单片机和Python,[日] 武藤佳恭（Yoshiyasu Takefuji）,机械工业出版社,¥46.60
Python Cookbook（第3版）中文版,（美）比斯利，（美）琼斯 著，陈舸 译,人民邮电出版社,¥74.50
Python编程无师自通 专业程序员的养成,[美]科里·奥尔索夫（Cory Althoff）,人民邮电出版社,¥40.70
Python 3标准库,[美] 道格·赫尔曼（Doug Hellmann）,机械工业出版社,¥157.20
教孩子学编程 Python语言版,[美] Bryson Payne,人民邮电出版社,¥40.70
Python量化交易实战,王晓华,清华大学出版社,¥62.40
疯狂Python讲义,李刚,电子工业出版社,¥81.40
Python金融大数据分析,（德）希尔皮斯科 著，姚军 译,人民邮电出版社,¥68.30
Python编程从零基础到项目实战（微课视频版）,刘瑜,水利水电出版社,¥57.10
Python统计分析,[奥地利]托马斯·哈斯尔万特(Thomas Haslwanter),人民邮电出版社,¥54.50
Python从入门到精通,明日科技 著,清华大学出版社,¥63.00
Python算法教程,[挪威]赫特兰（Magnus Lie Hetland）,人民邮电出版社,¥47.60
Python机器学习实践指南,[美] Alexander T. Combs,人民邮电出版社,¥47.60
精通Python爬虫框架Scrapy,[美]迪米特里奥斯 考奇斯-劳卡斯（Dimitrios Kouzis-Loukas）,人民邮电出版社,¥40.70
你也能看得懂的Python算法书,王硕 等,电子工业出版社,¥40.70
Python数据可视化编程实战 第2版,[爱尔兰] 伊戈尔·米洛瓦诺维奇（Igor Milovanovi?） [法]迪米,人民邮电出版社,¥47.60
Python数据分析与挖掘实战,张良均 王路 谭立云 苏剑林等,机械工业出版社,¥54.50

图 5-4　获取的所有关于 Python 的图书信息

代码如下：

```
import requests
from bs4 import BeautifulSoup
def get_all_books():                    #获取每本图书的 URL
    """
        获取该页面所有符合要求的图书的 URL
    """
    url = 'http://search.dangdang.com/?key=python&act=input'
    book_list = []
    r = requests.get(url, timeout=30)
    soup = BeautifulSoup(r.text, 'lxml')

    book_ul = soup.find_all('ul', {'class': 'bigimg'})
    book_ps = book_ul[0].find_all('p',{'class':'name','name':'title'})
    for book_p in book_ps:
```

```python
            book_a = book_p.find('a')
            book_url = book_a.get('href')          #对应详细信息的页面链接 URL
            book_title = book_a.get('title')       #图书名称
            #print(book_title+"\n"+book_url)
            book_list.append(book_url)
        return book_list


    def get_book_information(book_url):
        """
            获取每本图书的信息
        """
        print(book_url)
        headers = {
          'User-Agent': 'MMozilla/5.0 (Windows NT 6.1; WOW64; rv:31.0) Gecko/20100101
Firefox/31.0'
          }
        r= requests.get("http:"+book_url,headers=headers) #此处 book 网址有变化,少了 http:
开头
        #r = requests.get(book_url, timeout=60)
        soup = BeautifulSoup(r.text, 'lxml')       # 通过 pip3 install lxml 直接安装 lxml 库
        book_info = []
        #获取图书名称
        div_name = soup.find('div', {'class': "name_info",'ddt-area':"001"})
        h1 = div_name.find('h1')
        book_name = h1.get('title')
        book_info.append(book_name)
        #获取作者
        div_author = soup.find('div',{'class':'messbox_info'})
        span_author = div_author.find('span',{'class':'t1','dd_name':'作者'})
        book_author = span_author.text.strip()[3:]
        book_info.append(book_author)
        #获取出版社
        div_press = soup.find('div',{'class':'messbox_info'})
        span_press = div_press.find('span',{'class':'t1','dd_name':'出版社'})
        book_press = span_press.text.strip()[4:]
        book_info.append(book_press)
        #获取当前价格
        div_price = soup.find('div',{'class':'price_d'})
        book_price = div_price.find('p',{'id':'dd-price'}).text.strip()
        book_info.append(book_price)
        return book_info
import csv
#获取每本图书的信息,并把信息保存到 CSV 文件中
def main():
    header = ['图书名称','作者','出版社','当前价格']
    with open('DeepLearning_book_info.csv','w',encoding='utf-8',newline='') as f:
        writer = csv.writer(f)
```

```
        writer.writerow(header)
        books=get_all_books()
        for i,book in enumerate(books):
            if i%10 == 0:
                print('获取了{}条信息，一共{}条信息'.format(i,len(books)))
            l = get_book_information(book)
            writer.writerow(l)
if __name__ == '__main__':
    main()
```

运行以上程序，可以获取关于 Python 的图书名称、作者、出版社、当前价格并保存到 DeepLearning_book_info.csv 文件中，用记事本打开并查看，便得到图 5-4 所示的内容。掌握上述技术后，我们爬取搜狗图片动态网页中某主题的图片。

5.5 动态网页爬虫

5.5.1 AJAX 动态网页爬取

动态网页爬虫

访问搜狗图片，并搜索"壁纸"。然后按"F12"键打开开发者工具（编者用的是 Chrome 浏览器）。右击某张图片，在弹出的快捷菜单中选择"检查"，结果如图 5-5 所示。

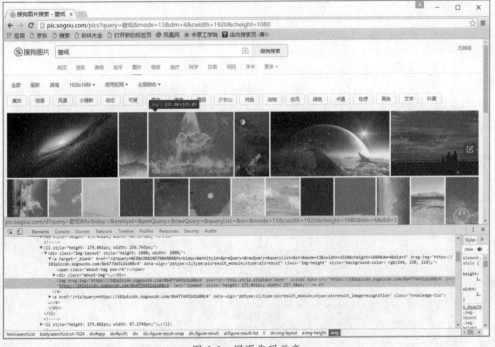

图 5-5 网页代码示意

可以发现，需要的图片 src 是在<img>标签下的。先试着用 Python 的 requests 提取该<img>标签，进而获取 img 的 src，然后使用 urllib.request.urlretrieve 逐个下载图片，从而达到批量获取资料的目的。爬取的 URL 为

```
http://pic.sogou.com/pics?query=%E5%A3%81%E7%BA%B8&mode=13
```

此 URL 来自进入分类后的浏览器的地址栏，其中"%E5%A3%81%E7%BA%B8"是壁纸的
URL 编码。

写出如下代码：

```
import requests
import urllib
from bs4 import BeautifulSoup
res = requests.get('http://pic.sogou.com/pics?query=%E5%A3%81%E7%BA%B8')# 爬 取 的
URL
soup = BeautifulSoup(res.text,'html.parser')
print(soup.select('img'))
```

输出：

```
[<img alt="搜狗图片"
src="//search.sogoucdn.com/pic/pc/static/img/logo.a430dba.png"drag-img="https://hhyp
ic.sogoucdn.com/deploy/pc/common_ued/images/common/logo_cb2e773.png"
```

可以发现，输出内容并不包含需要的图片元素，而只是 logo
（商标）图片 logo.a430dba.png（见图 5-6），这显然不是我们想要
的。也就是说，需要的图片资料不在 http://pic.sogou.com/
pics?query=%E5%A3%81%E7%BA%B8 的 HTML 源代码里面。

图 5-6 logo.a430dba.png

这是为什么呢？可以发现，在网页内向下滚动鼠标滚轮，图
片是动态刷新并显示出来的。也就是说，该网页并不是一次加载
全部资源，而是动态加载资源。这也避免了因为网页过于臃肿而影响加载速度。网页动态
加载时找出图片元素的方法：按"F12"键，单击"Network"→"XHR"→XHR 下的文件
链接→"Preview"，如图 5-7 所示。

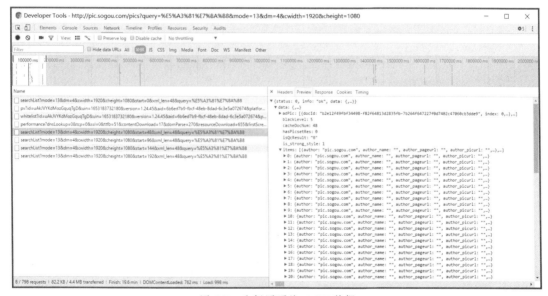

图 5-7 分析网页的 JSON 数据

说明：XHR 全称 XMLHttpRequest，意为可扩展超文本传输请求，其中 XML 为可扩展

标记语言，Http 为超文本传送协议，Request 为请求。XMLHttpRequest 对象可以在不向服务器提交整个页面的情况下，实现局部更新网页。在页面全部加载完毕后，客户端通过该对象向服务器请求数据，服务器接收数据并处理后，向客户端反馈数据。XMLHttpRequest 对象提供了对 HTTP 的完全支持，具备发出 POST 和 HEAD 请求以及普通的 GET 请求的能力。XMLHttpRequest 可以同步或异步返回 Web 服务器的响应，并且能以文本或者 DOM 形式返回内容。尽管名为 XMLHttpRequest，但它并不限于和 XML 文档一起使用：它可以接收任何形式的文档。XMLHttpRequest 对象是名为 AJAX（Asynchronous JavaScript and XML，异步 JavaScript 和 XML 技术）的 Web 应用程序架构的一项关键功能。

因为每个页面可加载的图片是有限的，所以通过不断地往下滚动鼠标滚轮，页面会动态地加载新图片。我们会发现图 5-7 中不断地出现重复的 http://pic.sogou.com/ napi/pc/ searchList?mode。单击图 5-7 中右侧 JSON 数据 items，发现下面是 0、1、2、3……一个一个貌似是图片元素。试着打开一个 thumbUrl（URL），发现确实是图片的地址。找到目标之后单击"XHR"下的"Headers"得到 Request URL：

```
http://pic.sogou.com/napi/pc/searchList?mode=13&dm=4&cwidth=1920&cheight=1080&start=0&xml_len=48&query=%E5%A3%81%E7%BA%B8
```

试着去掉一些不必要的部分，技巧就是删掉该部分之后访问不受影响。最后得到的 URL：

```
http://pic.sogou.com/napi/pc/searchList?start=0&xml_len=48&query=%E5%A3%81%E7%BA%B8
```

从字面意思理解，query 后面可能为分类，start 为开始索引，xml_len 为长度，即图片的数量。通过这个 URL 请求得到的 JSON 数据包含着所需要的图片地址。有了上面的分析可以写出如下代码：

```python
import requests
import json
import urllib
def getSogouImag(category,length,path):
    n = length
    cate = category
    url='http://pic.sogou.com/napi/pc/searchList?query='+cate+'&start=0&xml_len='+str(n)
    print(url)
    imgs = requests.get(url)
    jd = json.loads(imgs.text)
    items = jd['data']['items']
    imgs_url = []
    for j in items:
        imgs_url.append(j['thumbUrl'])
    m = 0
    for img_url in imgs_url:
            print('***** '+str(m)+'.jpg *****'+'   Downloading...')
            urllib.request.urlretrieve(img_url,path+str(m)+'.jpg')
            m = m + 1
    print('Download complete!')
getSogouImag('壁纸',200,'D:/download/壁纸/')      #下载 200 张图片到"D:/download/壁纸"
文件夹
```

程序运行结果如图 5-8 所示。

图 5-8　爬取并存储到"D:/download/壁纸"文件夹下的图片

至此，该爬虫程序的编程过程叙述完毕。整体来看，找到需要爬取的元素所在的 URL，是诸多环节中的关键。

5.5.2　动态网页爬虫——爬取今日头条新闻

一些网站由前端的 JavaScript 脚本生成 AJAX 动态网页。呈现在网页上的内容是由 JavaScript 脚本生成的，能够在浏览器上看到，但是在 HTML 源代码中却无法查找到。今日头条网站也采用 AJAX 动态网页。浏览器呈现的今日头条科技网页如图 5-9 所示。

网页中的新闻在 HTML 源代码中一条都找不到，全是由 JavaScript 脚本动态生成、加载的。遇到这种情况，我们应该如何对网页进行爬取呢？有两种方法。

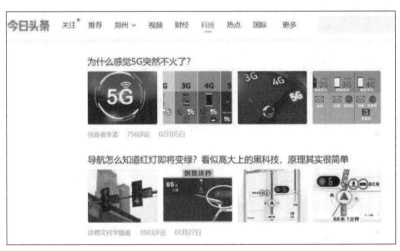

图 5-9　今日头条科技网页

方法一：和在搜狗图片中获取图片的方法一样，从网页响应中找到 JavaScript 脚本返回的 JSON 数据。

方法二：使用 Selenium 模拟浏览器访问并爬取网页。

方法一需要手动获取数据接口，程序编写比较复杂。方法二采用 Selenium 模拟浏览器访问网页，可以很好地解决这个问题。5.6.5 小节将讲解如何利用 Selenium 来爬取今日头条新闻。

5.6 Selenium 实现 AJAX 动态加载

Selenium 实现
AJAX 动态加载

Selenium 是一个用于 Web 的自动化测试工具，最初是为网站自动化测试而开发的，类似人们玩游戏用的按键精灵，可以按指定的命令自动操作。不同的是，Selenium 测试直接运行在浏览器中，就像用户在操作一样。Selenium 支持的浏览器包括 IE、Firefox、Safari、Chrome、Opera 等。

5.6.1 安装 Selenium

Selenium 可以根据用户命令，让浏览器自动加载页面，获取需要的数据，甚至获取页面的截屏，或者执行网站上某些动作。Selenium 本身不带浏览器，需要与第三方浏览器结合在一起使用。但是用户有时需要让它内嵌在代码里运行，此时可以使用"无界面"的 PhantomJS 浏览器代替真实的浏览器。

要想使用 Selenium，必须先安装。安装 Selenium 的方法如下。

方法一：在联网的情况下，在 Windows 命令提示符窗口下输入 pip install selenium 并执行即可自动安装 Selenium。安装完成后，输入 pip show selenium 并执行即可查看当前的 Selenium 版本，如图 5-10 所示。

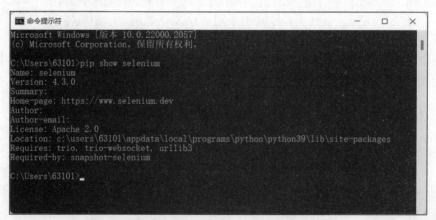

图 5-10　查看当前的 Selenium 版本

方法二：从 Selenium 官网直接下载 Selenium 包。将包解压后，在解压文件夹下执行 python3 setup.py install　即可安装。

安装 Selenium 成功后，还需要安装浏览器驱动。以下是三大浏览器驱动的下载方法。

• Chrome 的驱动 chromedriver 下载。

Chrome 的驱动 chromedriver 可在 googleapis 公共库下载。

下载时注意 Chrome 的版本，查看本机的 Chrome 的版本的具体方法如下。

在浏览器的地址栏输入 chrome://version/后按"Enter"键，出现图 5-11 所示的界面。

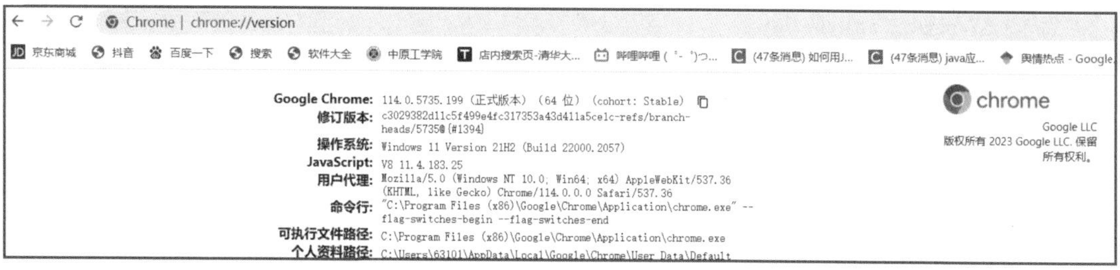

图 5-11　查看本机的 Chrome 的版本

chromedriver 版本和 Chrome 版本的对应关系如下：

v2.33 支持 Chrome v60-62；

v2.32 支持 Chrome v59-61；

v2.31 支持 Chrome v58-60；

v2.30 支持 Chrome v58-60；

v2.29 支持 Chrome v56-58。

• Firefox 的驱动 geckodriver 下载。

Firefox 的驱动 geckodriver 可在 GitHub 官网下载。

• IE 的驱动 IEdriver 下载。

IE 的驱动 IEdriver 可在 NuGet 官网下载。

注意：下载并解压后，最好将 chromedriver.exe、geckodriver.exe、IEdriver.exe 复制到 Python 的安装目录，如 D:\python；再将 Python 的安装目录添加到系统环境变量的 Path 下面。

打开 Python IDLE，分别执行以下代码来启动不同的浏览器并测试 Selenium 代码。

（1）启动 Chrome 浏览器。

```
from selenium import webdriver
browser = webdriver.Chrome()
#如果没有添加到系统环境变量，则需要指定 chromedriver.exe 所在文件夹
browser=webdriver.Chrome("D:\\chromedriver_win32\\chromedriver.exe")
browser.get('http://www.baidu.com/')
```

（2）启动 Firefox 浏览器。

```
from selenium import webdriver
browser = webdriver.Firefox()
browser.get('http://www.baidu.com/')
```

（3）启动 IE 浏览器。

```
from selenium import webdriver
browser = webdriver.Ie()
browser.get('http://www.baidu.com/')
```

（4）测试 Selenium 代码。

```
from selenium import webdriver
browser=webdriver.Chrome("D:\\chromedriver_win32\\chromedriver.exe")
try:
    browser.get("https://www.baidu.com")
```

```
    print(browser.page_source)
finally:
    browser.close()
```

5.6.2　Selenium 详细用法

1．声明浏览器对象

WebDriver 可以认为是浏览器的驱动，要驱动浏览器必须用到 WebDriver。它支持多种浏览器，如 Chrome、Firefox、Safari 和 Edge 等。

```
from selenium import webdriver
#声明 Chrome、Firefox、Safari 和 Edge 等浏览器对象
browser=webdriver.Chrome()
browser=webdriver.Firefox()
browser=webdriver.Safari()
browser=webdriver.Edge()
browser=webdriver.PhantomJS()
```

2．访问页面

浏览器对象调用 get()方法可访问指定页面。

```
from selenium import webdriver
browser=webdriver.Chrome()
browser.get("http://www.taobao.com")        #访问淘宝页面
print(browser.page_source)                   #输出页面的源代码
browser.close()                              #关闭当前页面
```

3．查找单个元素

浏览器对象调用 find_element_by_name()、find_element_by_xpath()、find_element_by_tag_name()、find_element_by_class_name()、find_element_by_css_selector()和 find_element() 可实现查找单个元素。注意，以上方法均返回单个元素。

```
from selenium import webdriver
from selenium.webdriver.common.by import By
browser=webdriver.Chrome()
browser.get("http://www.taobao.com")
input_first=browser.find_element_by_id("q")                    #查找 ID 是"q"的单个元素
input_second=browser.find_element_by_css_selector("#q")        #查找 CSS 类名是"q"的单个元素
input_third=browser.find_element(By.ID,"q")                    #查找 ID 是"q"的单个元素
print(input_first,input_second,input_first)
browser.close()
```

4．查找多个元素

浏览器对象调用 find_elements_by_css_selector()、find_elements ()可实现查找多个符合条件的元素。

```
from selenium import webdriver
from selenium.webdriver.common.by import By
browser=webdriver.Chrome()
browser.get("http://www.taobao.com")
lis=browser.find_elements_by_css_selector("li")        #查找 CSS 类名是"li"的多个元素
lis_c=browser.find_elements(By.CSS_SELECTOR,"li")      #查找 CSS 类名是"li"的多个元素
print(lis,lis_c)
browser.close()
```

5. 元素的交互操作

对获取到的元素调用交互方法，可实现输入内容和单击操作。

```
from selenium import webdriver
import time
browser=webdriver.Chrome()
browser.get("https://www.taobao.com")
input=browser.find_element_by_id("q")
input.send_keys("iPhone")                              #输入内容 iPhone
time.sleep(10)                                         #推迟执行 10 秒
input.clear()
input.send_keys("iPad")                                #输入内容 iPad
button=browser.find_element_by_class_name("btn-search")  #查找 btn-search 按钮
button.click()                                         #单击操作
time.sleep(10)
browser.close()
```

6. 交互动作

页面上的一些鼠标操作，如单击、拖曳鼠标、双击等，可以通过使用 ActionChains 把动作附加到交互动作链中，从而执行这些动作。

```
from selenium import webdriver
from selenium.webdriver import ActionChains
import time
from selenium.webdriver.common.alert import Alert
browser=webdriver.Chrome()
url="http://www.runoob.com/try/try.php?filename=jqueryui-api-droppable"
browser.get(url)
#切换到目标元素所在的 frame
browser.switch_to.frame("iframeResult")
#确定拖曳的起点
source=browser.find_element_by_id("draggable")
#确定拖曳的终点
target=browser.find_element_by_id("droppable")
#形成交互动作链
actions=ActionChains(browser)
actions.drag_and_drop(source,target)
```

```
#执行动作
actions.perform()
```

7．执行 JavaScript 脚本

下面的例子是拖曳进度条的进度到最大，并弹出消息框。

```
from selenium import webdriver
browser=webdriver.Chrome()
browser.get("https://www.zhihu.com/explore")
browser.execute_script("window.scrollTo(0,document.body.scrollHeight)")
browser.execute_script("alert('To Button')")
browser.close()
```

8．获取元素信息

下面的例子是获取元素属性信息。

```
from selenium import webdriver
browser=webdriver.Chrome()
url="https://www.zhihu.com/explore"
browser.get(url)
logo=browser.find_element_by_id("zh-top-link-logo")
print(logo)
print(logo.get_attribute("class"))     #获取元素 class 属性信息
browser.close()
```

下面的例子是获取元素文本内容。

```
from selenium import webdriver
browser=webdriver.Chrome()
url="https://www.zhihu.com/explore"
browser.get(url)
logo=browser.find_element_by_id("zh-top-link-logo")
print(logo)
print(logo.text)            #获取元素文本内容
browser.close()
```

下面的例子是获取元素 ID、位置、标签名和大小。

```
from selenium import webdriver
browser=webdriver.Chrome()
url="https://www.zhihu.com/explore"
browser.get(url)
logo=browser.find_element_by_id("zh-top-link-logo")
print(logo)
print(logo.id)                  #ID
print(logo.location)            #位置
print(logo.tag_name)            #标签名
print(logo.size)                #大小
browser.close()
```

9．浏览器的后退和前进操作

可使用 back()和 forward()实现浏览器的后退和前进操作。

```
from selenium import webdriver
import time
browser=webdriver.Chrome()
browser.get("https://www.taobao.com")
browser.get("https://www.baidu.com")
browser.back()          #后退
time.sleep(1)
browser.forward()       #前进
browser.close()
```

10．cookie 的处理

可使用 get_cookies()获取页面上所有的 cookie。可使用 delete_all_cookies()删除页面上所有的 cookie。

```
from selenium import webdriver
import time
browser=webdriver.Chrome()
browser.get("https://www.zhihu.com/explore")
print(browser.get_cookies())           #获取页面上所有的 cookie
browser.add_cookie({"name":"name","domain":"www.zhihu.com","value":"germey"})   #添加
cookie
print(browser.get_cookies())
browser.delete_all_cookies()           #删除页面上所有的 cookie
print(browser.get_cookies())
browser.close()
```

11．页面的切换

一个浏览器可打开多个页面，可使用 switch_to_window()实现页面的切换。

```
from selenium import webdriver
import time
browser=webdriver.Chrome()
browser.get("https://www.zhihu.com/explore")            #打开页面
browser.execute_script("window.open()")                 #又打开一个空页面
print(browser.window_handles)
browser.switch_to_window(browser.window_handles[1])     #切换页面
browser.get("https://www.taobao.com")
browser.close()
```

5.6.3 Selenium 应用案例

使用 Selenium 控制 Chrome 浏览器访问百度，并搜索关键词"夏敏捷"，获取搜索结果。

```
from selenium import webdriver
from selenium.webdriver.common.by import By
```

```
from selenium.webdriver.common.keys import Keys
from selenium.webdriver.support import expected_conditions as EC
from selenium.webdriver.support.wait import WebDriverWait
import time
#browser=webdriver.Chrome("chromedriver_win32/chromedriver.exe") #过时，建议使用
Service
path = Service("chromedriver_win32/chromedriver.exe")
browser = webdriver.Chrome(service=path)
browser.maximize_window()
try:
    browser.get("https://www.baidu.com")
    #注释掉的代码部分，其语法格式是 Selenium 4.x 之前版本适用的
    #input=browser.find_element_by_id("kw")
    #Selenium 4.x 以后 find_element 元素定位部分代码语法有所改变，需要用下面的代码格式
    input=browser.find_element(By.ID, "kw")
    input.send_keys("夏敏捷")        #模拟输入"夏敏捷"
    input.send_keys(Keys.ENTER)    #模拟按"Enter"键
    wait=WebDriverWait(browser,10)
    wait.until(EC.presence_of_element_located((By.ID,"content_left")))
    print(browser.current_url)
    print(browser.get_cookies())      #获取 cookie
    print("------------------")
    print(browser.page_source)        #输出 HTML 源代码
    time.sleep(2)
finally:
    browser.close()
```

运行结果如图 5-12 所示，同时输出访问的 URL 和 cookies 信息。

```
https://www.baidu.com/s?ie=utf-8&f=8&rsv_bp=0&rsv_idx=1&tn=baidu&wd=%E5%A4%8F%E6
%95%8F%E6%8D%B7&rsv_pq=b71a1d700000caa0&rsv_t=8adbrMVl7YLIA1t7mK%2BHO6K%2Bptd8LFPW%2
B06JI2vZgts6%2FNemuPyu4Q4C99Q&rqlang=cn&rsv_enter=1&rsv_sug3=3&rsv_sug2=0&inputT=116
&rsv_sug4=116

[{'name': 'H_PS_PSSID', 'path': '/', 'domain': '.baidu.com', 'secure': False, 'h
ttpOnly': False, 'value': '1426_21094_26350_28413'}, {'name': 'delPer', 'path': '/',
 'domain': '.baidu.com', 'secure': False, 'httpOnly': False, 'value': '0'}, {'value'
: '3BD16854B4625F26780D8F5E9941B0B1:FG=1', 'name': 'BAIDUID', 'path': '/', 'secure':
 False, 'domain': '.baidu.com', 'httpOnly': False, 'expiry': 3697442966.154094}, {'v
alue': '1549959323', 'name': 'PSTM', 'path': '/', 'secure': False, 'domain': '.baidu
.com', 'httpOnly': False, 'expiry': 3697442966.154283}, {'value': '3BD16854B4625F267
80D8F5E9941B0B1', 'name': 'BIDUPSID', 'path': '/', 'secure': False, 'domain': '.baid
u.com', 'httpOnly': False, 'expiry': 3697442966.154209}{'value': '0e71MPCfHjWuwbXsG2
Oy5C3tmxeyIA5NY', 'name': 'H_PS_645EC', 'path': '/', 'secure': False, 'domain': 'www
.baidu.com', 'httpOnly': False, 'expiry': 1549961912}]

<html><head><meta http-equiv="Content-Type" content="text/html;charset=utf-8"><m
eta http-equiv="X-UA-Compatible" content="IE=edge,chrome=1"><meta content="always" n
ame="referrer"><meta name="theme-color" content="#ffffff"><meta name="description" c
ontent="全球领先的中文搜索引擎，致力于让网民更便捷地获取信息，找到所求。百度超过千亿的中文网页数据库，
可以瞬间找到相关的搜索结果。"><title>夏敏捷_百度搜索</title>
    ……（源代码部分略）
```

图 5-12 关键词"夏敏捷"的搜索结果

5.6.4 Selenium 处理滚动条

Selenium 并不是万能的，有时候页面上的某些操作是无法实现的，这时候就需要借助于 JavaScript 脚本。例如，当页面上的元素超出当前屏幕时，想操作屏幕外的元素，但 Selenium 不能直接定位到屏幕外的元素。这时候需要借助滚动条来滚动页面，使被操作的元素显示在当前的屏幕上。滚动条是无法直接用定位工具来定位的，Selenium 里面也没有直接的方法去控制滚动条，因此只能借助于 JavaScript 脚本。Selenium 提供了一个操作 JavaScript 脚本的方法 execute_script()，可以直接执行 JavaScript 脚本。

1．控制垂直滚动条

（1）让滚动条回到顶部
示例如下：

```
js="var q=document.documentElement.scrollTop=0"
driver.execute_script(js)
```

（2）将滚动条拉到底部
示例如下：

```
js="var q=document.documentElement.scrollTop=10000"
driver.execute_script(js)
```

可以修改 scrollTop 的值来定位滚动条，0 表示顶部，10000 表示底部。
以上方法在 Firefox 和 IE 浏览器上是适用的，但是在 Chrome 浏览器中不适用。Chrome 浏览器中的办法如下：

```
js="var q=document.body.scrollTop=0"          //让滚动条回到顶部
js="var q=document.body.scrollTop=10000"      //将滚动条拉到底部
driver.execute_script(js)
```

2．控制水平滚动条

有时候浏览器页面需要左右滚动（窗口最大化后，左右滚动的情况已经很少见了），通过 scrollTo(x, y)可同时控制水平和垂直滚动条。

```
js = "window.scrollTo(100,400);"
driver.execute_script(js)
```

3．元素聚焦

前面的方法可以解决滚动条的位置问题，但是有时候无法确定需要操作的元素在什么位置，有可能每次打开的页面不一样，元素所在的位置也不一样。这个时候可以先让页面直接聚焦到元素出现的位置，然后就可以操作了。

同样需要借助于 JavaScript。具体如下：

```
target = driver.find_element_by_xxxx()
driver.execute_script("arguments[0].scrollIntoView();", target)
```

例如，聚焦 id=J_ItemList 的元素的方法如下：

```
#聚焦 id =J_ItemList 的元素
target = driver.find_element_by_id("J_ItemList")
driver.execute_script("arguments[0].scrollIntoView();", target)
```

5.6.5　Selenium 动态加载——爬取今日头条新闻

下面实现一个借助 Selenium 处理滚动条解决 AJAX 动态加载网页，获取今日头条科技新闻信息的爬虫程序。

```
import time
from selenium import webdriver
from selenium.webdriver.common.by import By
from selenium.webdriver.chrome.service import Service

path = Service("chromedriver/chromedriver.exe")
driver = webdriver.Chrome(service=path)
driver.maximize_window()
driver.get('https://www.toutiao.com/')
time.sleep(3)
#driver.find_element_by_link_text('科技').click()    #模拟单击“科技”选项卡，已被弃用
driver.find_element(By.XPATH,'//*[@id="root"]//div/div/div/div[1]/div/ul/li[6]/div/div').click()#模拟单击“科技”选项卡
time.sleep(3)

url_list=[]
# 获取新闻详情页面链接、新闻标题、新闻内容，并添加到列表中
def get_info():
    #获取所有 class="title"的 a 元素
    urls = driver.find_elements(By.XPATH,'//a[@class="title"]')
    for url in urls:
```

```
            url = url.get_attribute('href')
            url_list.append(url)  # 获取新闻详情页面链接
        for url in url_list:
            driver.get(url)
            try:
                #定位到新闻标题
                title = driver.find_element(By.XPATH, '//div[@class="article-content
"]//h1').text
                #定位到新闻内容
                content=driver.find_element(By.XPATH, '//div[@class="article-content
"]//article').text
                with open("toutiao.txt", "a") as f:
                    f.write(url + "\n")
                    f.write(title + '\n')
                    #f.write(content + "\n")
                    #f.write("\n")
                time.sleep(1)
            except:
                pass

# 通过下拉滚动条继续加载页面
def get_manyinfo():
    driver.execute_script("window.scrollTo(0,document.body.scrollHeight);")
    time.sleep(3)
    get_info()
    driver.refresh()
if __name__ == '__main__':
    get_manyinfo()
```

运行结果是在磁盘上生成 toutiao.txt 文本文件，内容如下：

```
https://www.toutiao.com/article/7196592332655985156/
为什么感觉 5G 突然不火了？
https://www.toutiao.com/article/7195799254961504829/
2023 接近"完美"的 4 款手机，除了配置全性能强，关键价格还公道
```

其中是每条新闻的详情页面链接、新闻标题。

当然读者可以通过右击页面，选择"检查"分析页面结构，进一步获取发布时间等信息。

5.7 爬虫应用案例——Python 爬取新浪国内新闻

Python 爬取新浪国内新闻

要使用 Python 爬取新浪国内新闻，首先需要分析新浪国内新闻首页的页面组织结构，了解新闻标题、链接、时间等在哪个位置（也就是在哪个HTML 元素中）。用 Chrome 浏览器打开要爬取的页面，这里以新浪国内新闻为例，打开页面，按"F12"键打开开发者工具，单击工具栏左上角的 ☐（即审查元素），再单击某一个新闻标题，查看到一个 class="feed-card-item"的 div 元素，如图 5-13 所示。

```
<div class=feed-card-item>
```

```
<h2 suda-uatrack="key=index_feed&amp;value=news_click:1356:14:0" class="undefine
d"><a href="https://news.sina.com.cn/c/2019-04-13/doc-ihvhiqax2294459.shtml" target=
"_blank">全国首部不动产登记省级地方性法规将实施</a>

    <div class="feed-card-a feed-card-clearfix"><div class="feed-card-time">今天
11:51</div>

    </div>
```

图 5-13　新闻所在的 div 元素

从图 5-13 中可知，要获取的新闻标题在 h2 元素中，新闻时间在 class="feed-card-time"
的 div 元素中，新闻链接在 h2 元素内部的 a 元素中。现在，就可以根据页面组织结构编写
爬虫代码。

首先导入需要用到的模块 BeautifulSoup、urllib.request，然后解析网页。

```
from bs4 import BeautifulSoup
from datetime import datetime
import urllib.request
new_urls = set() #存放未访问 URL 集合
url = 'http://news.sina.com.cn/china/'
web_data = urllib.request.urlopen(url).read()      #调用 read()读取响应对象的内容
web_data = web_data.decode("utf-8")
soup = BeautifulSoup(web_data,"html.parser")        #解析网页
```

下面提取新闻标题、时间和链接信息。

```
for news in soup.select('.feed-card-item'):
    if(len(news.select('h2')) > 0):                 #去除为空的标题数据
        h2 = news.select('h2')[0].text              #标题被存储在标签<h2>中
        time = news.select('.feed-card-time')[0].text   #feed-card-time是CSS类名，
前面加.来表示
        a = news.select('a')[0]['href']             #将新闻链接URL存储在变量a中
        print(h2,time,a)
        new_urls.add(a)
```

soup.select('.feed-card-item')可找出所有 feed-card-item 类的元素，也就是所有新闻 div 元素。注意，soup.select()找出类为 feed-card-item 的元素，类名前面需要加点（.）。

在 h2 = news.select('h2')[0].text 中，[0]表示取 news.select('h2')结果列表中的第一个元素，text 表示取文本数据；news.select('h2')[0].text 里的文本数据存储在变量 h2 中。

time = news.select('.feed-card-time')[0].text 意思同上，将数据存储在变量 time 中。

用户要爬取的链接存放在<a>标签中，用 href 标识，a=news.select('a')[0]['href']将新闻链接 URL 存储在变量 a 中；最后输出想要爬取的新闻标题、时间、链接。

运行程序爬取新浪国内新闻的结果是空。这是什么原因造成的呢？实际上按"F12"键打开开发者工具审查元素时看到的一些元素，如<div class="feed-card-item">，是浏览器执行 JavaScript 脚本动态生成的元素，是浏览器处理过的最终网页源代码。而爬虫获得的网页源代码是服务器发送到浏览器的 HTTP 响应内容（原始网页源代码），并没有执行 JavaScript 脚本，所以就找不到 div class="feed-card-item"元素，故没有任何新闻结果。

问题解决方法如下。

一种方法是直接从 JavaScript 脚本中采集加载的数据，用 json 模块处理；另一种方法是借助 PhantomJS 和 Selenium 模拟浏览器直接采集浏览器中已经加载好数据的网页。

这里我们通过 Selenium 模拟浏览器解决，爬取新浪国内新闻代码如下：

```
import urllib.request
from bs4 import BeautifulSoup
from selenium import webdriver
#如果没有添加到系统环境变量，则需要指定 chromedriver.exe 所在文件夹
driver=webdriver.Chrome("D:\\chromedriver_win32\\chromedriver.exe")
#driver = webdriver.Chrome()
driver.maximize_window()
driver.get("https://news.sina.com.cn/china/")
data = driver.page_source
soup = BeautifulSoup(data, 'lxml')
for new in soup.select('.feed-card-item'):
    if len(new.select('h2'))>0:
        a =new.select('a')[0]['href']
        print(new.select('a')[0]['href'])        #新闻链接
        print(new.select('a')[0].text)           #新闻标题
new_urls.add(a)
```

爬取 2023 年 7 月 8 日新浪国内新闻部分结果如下：

```
https://news.sina.com.cn/c/2023-07-07/doc-imyzwuam4736690.shtml
腾讯回应收央行罚款通知：对集团整体的经营和财务状况没有任何重大不利影响
https://news.sina.com.cn/c/2023-07-07/doc-imyzwpup4858479.shtml
平台"罚单"落地整改完成 金融业务转入常态化监管
https://news.sina.com.cn/c/2023-07-07/doc-imyzwpup4853787.shtml
被罚没 71.23 亿元，蚂蚁集团回应！阿里美股开盘涨超 5%
https://news.sina.com.cn/c/2023-07-07/doc-imyzwpup4842547.shtml
平安银行等三家金融机构收央行罚单，合计被罚没近 9000 万
```

如果需要获取新闻的具体内容，则可以进一步分析某一个新闻页面，方法同上。

```
#根据得到的 URL 获取 HTML 文件
def get_soup(url):
    res = urllib.request.urlopen(url).read()
    res = res.decode("utf-8")
    soup = BeautifulSoup(res,"html.parser")        #解析网页
return soup
#获取新闻来源、新闻详情等内容
def get_information(soup,url):
    dict = {}
    title = soup.select_one('title')
    if(title==None):
        return dict
    dict['title'] = title.text
    #<meta name="weibo: article:create_at" content="2018-12-17 16:16:58" />
    time_source = soup.find('meta',attrs={'name':"weibo: article:create_at"})
    Lime = time_source["content"]                          #新闻时间
    dict['time'] =time
    #<meta property="article:author" content="新华网" />
    site_source = soup.find('meta',attrs={'property':"article:author"})
    dict['site'] = site_source["content"]          #新闻来源
    content_source = soup.find('meta',attrs={'name':"weibo: article:create_at"})
    content_div = soup.select('#article')     #正文<div class="article" id="article">
    dict['content'] = content_div[0].text[0:100]      #新闻详情
    return dict
```

get_information(soup,url)返回一个字典，包含新闻来源、新闻详情等内容。

最后通过循环从 url 集合中得到要访问的某一个新闻的 URL，再使用 get_information (soup,url)获取新闻详情等内容。

```
content = []
while 1:
if (not new_urls):                              #空集合
        break
    else:
        url=new_urls.pop()                      #从 url 集合中得到要访问的 URL
    soup = get_soup(url)                         #得到 soup
    dict = get_information(soup,url)   #获取新闻详情等内容
    content.append(dict)
    print(dict)
```

至此就完成了爬取新浪国内新闻的程序，运行后可见到新闻来源、新闻详情等内容。由于新浪新闻网站不断改版，所以需要根据上面的思路进行适当的修改，才能真正爬取到新浪国内新闻。

5.8 爬虫应用案例——Python 爬取豆瓣电影 TOP 250

本案例爬取豆瓣电影 TOP 250 的网页地址为 https://movie.douban.com/top250。打开网

页后用户可观察到：TOP 250 的电影被分成 10 个页面来展示，每个页面有 25 部电影。

Python 爬取豆瓣
电影 TOP 250-1

Python 爬取豆瓣
电影 TOP 250-2

那么要爬取所有电影的信息，就需要知道另外 9 个页面的 URL 链接。通过第一页底部的数字页码，可以得到如下链接。

第一页：https://movie.douban.com/top250。

第二页：https://movie.douban.com/top250?start=25& filter=。

第三页：https://movie.douban.com/top250?start=50&filter=。

依次类推。

这里以首页（第一页）为例分析网页源代码，如图 5-14 所示。

图 5-14　豆瓣电影 TOP 250 首页源代码

观察图 5-14 可以发现：

所有电影信息在一个<ol class="grid_view">标签之内，该标签的 class 属性值为 grid_view；

每部电影在一个<li>标签里；

每部电影的电影名称在<div class="hd">标签下的第一个 class 属性值为 title 的<span>标签里；

每部电影的评分在<span class="rating_num" property="v:average">标签里；

每部电影的评论人数在<div class="star">标签中的最后一个<span>标签里；

每部电影的短评在每部电影对应的<li>标签里一个 class 属性值为 inq 的<span>标签里。

根据以上分析写出如下代码：

```
import requests                      #导入 requests 模块
from bs4 import BeautifulSoup        #导入 bs4 模块
import re                            #导入正则表达式模块
```

```python
import time                          #导入时间模块
import sys                           #导入系统模块
"""获取 HTML 文件"""
def getHTMLText(url, k):
    try:
        if(k == 0):                  #首页
            kw = {}
        else:                        #其他页
            kw = {'start':k, 'filter':''}
r = requests.get(url, params = kw, headers = {'User-Agent': 'Mozilla/4.0'})
        r.raise_for_status()
        r.encoding = r.apparent_encoding
        return r.text
    except:
        print("Failed!")


"""解析 HTML 网页数据"""
def getData(html):
    soup = BeautifulSoup(html, "html.parser")
    movieList = soup.find('ol', attrs = {'class':'grid_view'})       #找到 class 属性
值为 grid_view 的<ol>标签
    moveInfo = []
    for movieLi in movieList.find_all('li'):#在<ol>标签内部找到所有<li>标签
        data = []
        #得到电影名称
        movieHd = movieLi.find('div', attrs = {'class':'hd'})        #找到 class 属性
值为 hd 的<div>标签
        #在<div class="hd">标签内部找到 class 属性值为 title 的<span>标签
        movieName = movieHd.find('span', attrs = {'class':'title'}).getText()
#也可使用.string()方法
        data.append(movieName)

        #得到电影的评分
        movieScore = movieLi.find('span',attrs={'class':'rating_num'}).getText()
        data.append(movieScore)
        #得到电影的评论人数
        movieEval=movieLi.find('div',attrs={'class':'star'})
        movieEvalNum=re.findall(r'\d+',str(movieEval))[-1]
        data.append(movieEvalNum)
        #得到电影的短评
        movieQuote = movieLi.find('span', attrs={'class': 'inq'})
        if(movieQuote):
            data.append(movieQuote.getText())
        else:
            data.append("无")
        #将电影信息写入 CSV 文件
```

```
        myfile.write(','.join(data)+"\n")   #在同一行的数据元素之间加上逗号分隔
#主程序
myfile=open('test2new.csv', 'a')      #新建 CSV 文件并以追加模式打开
myfile.write('电影名称'+','+ '评分'+','+ '评论人数'+','+ '短评'+"\n")
basicUrl = 'https://movie.douban.com/top250'
k = 0
while k <= 225:
    html = getHTMLText(basicUrl, k)
    time.sleep(2)
    k += 25
    getData(html)
myfile.close()                    #关闭文件
```

程序运行后生成电影短评 CSV 文件 test2new.csv，其内容如图 5-15 所示。

	A	B	C	D	E	F	G	H	I	J
1	电影名称	评分	评论人数	短评						
2	肖申克的	9.7	2796300	希望让人自由。						
3	霸王别姬	9.6	2069358	风华绝代。						
4	阿甘正传	9.5	2094989	一部美国近现代史。						
5	泰坦尼克	9.5	2056758	失去的才是永恒的。						
6	这个杀手	9.4	2230085	冷酷与温柔。						
7	美丽人生	9.6	1287167	最美的谎言。						
8	千与千寻	9.4	2170901	最好的宫崎骏，最好的久石让。						
9	辛德勒的	9.6	1072563	拯救一个人，就是拯救整个世界。						
10	盗梦空间	9.4	2002369	诺兰给了我们一场无法盗取的梦。						
11	星际穿越	9.4	1759560	爱是一种力量，让我们超越时空感知它的存在。						
12	楚门的世	9.4	1635335	如果再也不能见到你，祝你早安，午安，晚安。						
13	忠犬八公	9.4	1360330	永远都不能忘记你所爱的人。						
14	海上钢琴	9.3	1630395	每个人都要走一条自己坚定了的路，就算是粉身碎骨。						
15	三傻大闹	9.2	1808503	英俊版憨豆，高情商版谢耳朵。						
16	放牛班的	9.3	1274557	天籁一般的童声。						
17	机器人总	9.3	1279098	小瓦力，大人生。						
18	无间道	9.3	1314573	香港电影史上永不过时的杰作。						

图 5-15　生成电影短评 CSV 文件

习　　题

1. 开发"中国大学排名"爬虫程序。
2. 开发爬取新浪国外新闻或者某所高校的新闻的程序。
3. 分析百度图片搜索后返回结果的 HTML 代码，编写爬虫程序爬取图片，下载并形成专题图片库。
4. 爬取链家郑州二手房价格信息并存入 CSV 文件。

实验五　Python 爬取网页信息

一、实验目的

通过本实验，掌握开发爬虫程序需要的相关库的用法，理解如何从网页中将用户所需

数据从对应标签提取出来，并能通过网站提供的 API 获取 JSON 数据，从而实现获取数据分析所需要的数据集。

二、实验要求

1. 理解爬虫程序的开发过程，掌握 urllib 库的使用方法。
2. 掌握网页数据信息提取和图片文件下载方法。
3. 掌握从网站提供的 API 获取 JSON 数据的方法和 json 模块数据解析方法。

三、知识要点

1. urllib 库的使用。

urllib 库提供了网页访问的函数和方法，适用于参数编码、下载网页等操作。这个模块的使用门槛非常低，初学者也可以用它来爬取或者保存网页。

2. 将图片文件下载到本地。

图片文件下载到本地有两种方法。

（1）使用 urlretrieve()函数。

要把对应图片文件下载到本地，可以使用 urlretrieve()函数。

```
from urllib import request
request.urlretrieve("https://www.zut.edu.cn/images/yqlj05.jpg","aaa.jpg")
```

以上代码可以把网络上中原工学院的图片资源 yqlj05.jpg 下载到本地，生成 aaa.jpg 图片文件。

（2）使用 Python 的文件操作函数 write()。

程序代码：

```
from urllib import request
import urllib
url='https://www.zut.edu.cn/images/yglj05.jpg'
url1 = urllib.request.Request(url)                  #Request 对象
page = urllib.request.urlopen(url1).read()          #将 URL 页面的源代码保存成字符串
#open().write()方法原始且有效
open('aa.jpg', 'wb').write(page)                     #写入 aa.jpg 文件
```

3. JSON 的使用。

前端和后端进行数据交互，其实往往是通过 JSON 进行的。JSON 因易于被识别的特性，常被作为网络请求的返回数据格式。在爬取动态网页时，我们会经常遇到 JSON 格式的数据，Python 中可以使用 json 模块来对 JSON 数据进行解析。

四、实验内容与步骤

1. 使用 urllib 库和 BeautifulSoup 库编写简单的爬取图片的程序。在程序中输入一个网址（如当当网），则自动下载指定网址页面中所有的图片到本地的 img2 文件夹。

分析：首先我们用 urllib 库来模拟浏览器访问网站的行为，由给定的网站链接（URL）得到对应网页的源代码（HTML 标签）。第三方库 BeautifulSoup 可以根据标签的名称来对网页内容进行截取匹配，找到表示图片链接的字符串，返回一个列表。最后循环列表，根据图片链接将图片保存到本地。

```
from bs4 import BeautifulSoup
```

```
import urllib.request
def getHtmlCode(url):            #该方法传入 URL，返回 URL 的 HTML 源代码
    headers = {
        'User-Agent': 'MMozilla/5.0 (Windows NT 6.1; WOW64; rv:31.0) Gecko/20100101
Firefox/31.0'
    }
    url1 = urllib.request.Request(url, headers=headers)   #Request()将为 URL 添加头部，
模拟浏览器访问
    page = urllib.request.urlopen(url1).read()      #将 URL 页面的源代码保存成字符串
    page = page.decode('GB2312')                    #字符串转码
    return page
def getImg(page,localPath):    # 该方法传入 HTML 源代码，截取其中的<img>标签，将图片保存到本地
    soup = BeautifulSoup(page,'html.parser')        #按照 HTML 格式解析页面
    imgList = soup.find_all('img')                  #返回包含所有<img>标签的列表
    x = 0
    for imgUrl in imgList:                          #列表循环
        if url.startswith('//'):
            url="http:"+url
            print(url)
        print('正在下载: %s'%imgUrl.get('src'))
        #urlretrieve(url,local)方法根据图片的 URL 将图片保存到本地
        urllib.request.urlretrieve(imgUrl.get('src'),localPath+'%d.jpg'%x)
        x+=1
if __name__ == '__main__':
    url = 'http://product.dangdang.com/28486010.html'           #指定网址
    localPath = './img2/'
    page = getHtmlCode(url)
    getImg(page,localPath)
```

可见使用 BeautifulSoup 能非常轻松地找到所有<img>标签。如果爬虫程序不仅要获取图片，还要获取价格、出版社等信息，则使用 BeautifulSoup 比较方便。使用 BeautifulSoup 可以轻松获取当当网中图书的名称、价格、作者、出版社等信息。

2. 编写爬虫程序爬取各城市天气预报信息。许多网站提供了 API，用户通过 API 可获取网站提供的信息，如天气预报信息、股票交易信息、火车售票信息等。中国天气网向用户提供国内各城市天气数据，并提供 API 供程序获取所需的天气数据，返回数据的格式为 JSON。

中国天气网提供的 API 网址类似于 http://t.weather.itboy.net/api/weather/city/101180101，其中，101180101 为郑州市的城市编码。城市编码可通过网络搜索获取。

下面代码为调用 API 在中国天气网获取郑州市当天天气预报数据的实例。

```
import urllib.request     #导入 urllib 中的模块 request
import json               #导入 json 模块
code='101180101'          #郑州市的城市编码
#用字符串变量 url 保存合成的网址
#url='http://www.weather.com.cn/data/cityinfo/%s.html'% code
url='http://t.weather.itboy.net/api/weather/city/%s'% code
print('url=',url)
```

```
obj=urllib.request.urlopen(url)    #调用 urlopen()打开合成的网址，结果保存到对象 obj 中
print('type(obj)=',type(obj))      #输出 obj 的类型
data_b=obj.read()                  #调用 read()从对象 obj 中读取内容，内容为字节流数据
#print('字节流数据=',data_b)
data_s=data_b.decode('utf-8')      #将字节流数据转换为字符串数据
#print('字符串数据=',data_s)
#调用 json 模块的 loads()将 data_s 中保存的字符串数据转换为字典型数据
data_dict=json.loads(data_s)
print('data_dict=',data_dict)      #输出字典 data_dict 的内容
rt=data_dict['data']               #取得键为"data"的内容
twoweekday=rt['forecast']          #获取 2 周天气
today=twoweekday[0]                #twoweekday[0]是今天
print('today=',today)              #twoweekday[0]仍然为字典型变量
#获取城市名称、日期、天气状况、最高温度和最低温度
my_rt=('%s,%s,%s,%s~%s')%(data_dict['cityInfo']['city'],data_dict['date'],today[
'type'],today['high'],today['low'])
print(my_rt)
```

上述代码用字符串变量 url 保存合成的网址，该网址为给定城市编码对应的城市的 API 网址。调用 urlopen()打开合成的网址，结果保存到对象 obj 中。调用 read()从对象 obj 中读取天气预报内容，最后调用 json 模块的 loads()将天气预报信息转换为字典型数据，保存到字典型变量 data_dict 中。从字典型变量 data_dict 中取得键为"weatherinfo"的内容，保存到变量 rt 中，rt 仍然为字典型变量，rt['forecast']存储 2 周天气。

天气状况、最高温度和最低温度，这些内容均从字典型变量 today 中取得，键分别为"type""high""low"。

代码运行结果如下。

```
url= http://t.weather.itboy.net/api/weather/city/101180101
type(obj)= <class 'http.client.HTTPResponse'>
data_dict= {'message': 'success 感谢又拍云(upyun.com)提供 CDN 赞助', 'status': 200,
'date': '20231220', 'time': '2023-12-20 20:40:28', 'cityInfo': {'city': '郑州市',
'citykey':'101180101', 'parent': '河南', 'updateTime':'19:31'}, 'data': {'shidu': '46%',
'pm25': 42.0, 'pm10': 58.0, 'quality': '良', 'wendu': '-7', 'ganmao': '极少数敏感人群减
少户外活动', 'forecast': [{'date': '20', 'high': '高温 0℃', 'low': '低温 -7℃', 'ymd':
'2023-12-20', 'week': '星期三', 'sunrise': '07:28', 'sunset': '17:17', 'aqi': 62, 'fx':
'东北风', 'fl': '2 级', 'type': '晴', 'notice': '愿你拥有比阳光明媚的心情'}, {'date': '21',
'high': '高温 -3℃', 'low': '低温 -10℃', 'ymd': '2023-12-21', 'week': '星期四', 'sunrise':
'07:29', 'sunset': '17:18', 'aqi': 78, 'fx': '西北风', 'fl': '3 级', 'type': '晴', 'notice':
'愿你拥有比阳光明媚的心情'}, ……}
today= {'date': '20', 'high': '高温 0℃', 'low': '低温 -7℃', 'ymd': '2023-12-20',
'week': '星期三', 'sunrise': '07:28', 'sunset': '17:17', 'aqi': 62, 'fx': '东北风', 'fl':
'2 级', 'type': '晴', 'notice': '愿你拥有比阳光明媚的心情'}
郑州市,20231220,晴,高温 0℃~低温 -7℃
```

从结果可知，urlopen()的返回值为来自服务器的响应对象，调用该对象的 read()可得字节流类型的数据，将字节流类型的数据转换为字符串类型，即 JSON 数据。调用 json 模块的 loads()可将 JSON 数据转换为字典型数据，而中国天气网返回的数据为嵌套的字典型数

据，因此，首先从嵌套的字典 data_dict 取得城市 2 周天气的数组列表，从而获取今天的天气预报信息字典型数据 today，再通过 today['type']、today['high']和 today['low']取得具体的数据。

五、编程并上机调试

1. 通过 Python 实现爬取京东上手机的名称、价格、好评总数、差评总数等数据。

2. 通过 Python 开发一个小小翻译器。翻译器使用百度翻译开放平台提供的 API（http://api.fanyi.baidu.com/api/trans/ vip/translate），可提供简单的翻译功能，用户输入自己需要翻译的单词或者句子，单击"翻译"按钮即可得到翻译的结果，运行界面如图 5-16 所示。该翻译器不仅可以将英文翻译成中文，还可以将中文翻译成英文，或者其他语言。

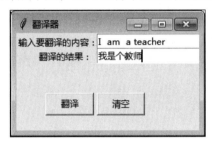

图 5-16　小小翻译器运行界面

第6章 数据处理与数据分析

在大数据环境下，对海量的数据进行收集、整理、加工和分析，提炼出有价值的信息，能够科学、完整地反映客观问题，帮助人们做出理性、正确的决策和计划，这就是数据处理与数据分析的意义。Pandas 是进行数据处理与数据分析的重要工具，提供了日常应用中的众多数据处理与数据分析方法，在工程学、社会科学、金融、统计等各个领域都有着广泛的应用。

6.1 数据处理

当今现实世界的数据极易受噪声、缺失值和不一致数据的侵扰。数据清理可以清除数据中的噪声，纠正不一致。数据集成可以将数据由多个数据源合并成一致的数据存储。数据归约可以通过聚集、删除冗余特征或聚类来缩小数据的规模。数据变换（如标准化）可以把数据压缩到较小的区间，如 0.0~1.0，能提高涉及距离度量的挖掘算法的精确率和效率。这些技术不是相互排斥的，可以一起使用。例如，数据清理可能涉及纠正错误数据的变换，如通过把一个数据字段的所有项都变换成公共格式进行数据清理。

如果数据能满足其应用要求，那么它是高质量的。数据质量涉及许多因素，包括准确性、完整性、一致性、时效性、可信性和可解释性等。

本节讲解数据处理的主要步骤：数据清理、数据集成、数据变换与数据离散化。

6.1.1 数据清理

现实世界的数据一般是不完整的、有噪声的和不一致的。数据清理试图填充缺失值、"光滑"噪声、识别或删除异常值，并纠正数据中的不一致。

数据清理

1. 缺失值

假设分析某公司的销售和顾客数据时发现许多记录的一些属性（如顾客的收入）没有值。怎样处理该属性的缺失值？可用的处理方法如下。

（1）删除记录：删除记录简单直接，付出的代价和消耗的资源较少，并且易于实现，然而直接删除记录会浪费该记录中被正确记录的属性。当属性为缺失值的记录所占百分比很大时，该处理方法的性能特别差。

（2）人工填充缺失值：一般地说，该方法很费时，并且当数据集很大、缺失值很多时，该方法可能行不通。

（3）使用一个全局常量填充缺失值：将缺失值用同一个常量（如"Unknown"或"–"）替换。如果缺失值都用"Unknown"替换，则挖掘程序可能误以为它们形成了一个有趣的概念，因为它们都具有相同的值——"Unknown"。因此，尽管该方法简单，但是并不十分可靠。

（4）使用与缺失值属同一类的所有样本的属性均值或中位数：如果将顾客按 credit_risk（信用风险）分类，则用具有相同信用风险的顾客的平均收入替换 income（收入）中的缺失值。如果给定类的数据分布是倾斜的，则中位数是更好的选择。

（5）使用最可能的值填充缺失值：可以用回归、贝叶斯形式化方法的推理工具或决策树归纳确定。例如，利用数据集里其他顾客的属性，可以构造一棵判定树，来预测 income 的缺失值。

方法（3）到（5）使数据有偏差，填充的值可能不正确。方法（5）是最流行的方法之一，与其他方法相比，它使用已有记录（数据）的其他部分信息来推测缺失值。在估计 income 的缺失值时，通过考虑其他属性的值，有更大的机会保持 income 和其他属性之间的联系。

在某些情况下，缺失值并不意味着有错误。理想情况下，每个属性都应当有一个或多个关于空值条件的规则。这些规则可以说明是否允许空值，并且说明这样的空值应当如何处理或转换。

2．噪声与异常值

噪声是被测量变量的随机误差（一般指错误的数据）。异常值是数据集中的一些数据对象，但它们与数据的一般行为或模型不一致（正常值，但偏离大多数数据）。例如，图 6-1 中出现年龄为负值（噪声），以及 85～90 岁的用户（异常值）。

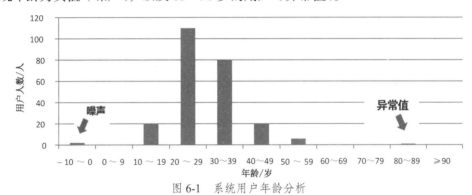

图 6-1　系统用户年龄分析

给定一个数值属性，可以采用下面的数据光滑技术光滑数据，去掉噪声。

（1）分箱

分箱通过考察数据的"近邻"（即周围的值）来光滑有序数据。这些有序数据被分布到一些"桶"或"箱"中。由于分箱只考察近邻的值，因此它进行的是局部光滑。

如图 6-2 所示，数据首先排序并被划分到大小为 3 的等深的箱中。对于箱均值光滑，箱中每一个值都被替换为箱中值的均值。类似地，可以使用箱边界光滑或者箱中位数光滑等。

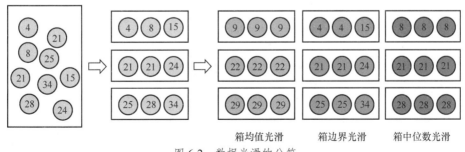

图 6-2　数据光滑的分箱

① 箱均值光滑：箱中每一个值被箱中值的均值替换。

② 箱边界光滑：箱中的最大值和最小值被视为边界值。箱中的每一个值被最近的边界值替换。

③ 箱中位数光滑：箱中的每一个值被箱中值的中位数替换。

上面的分箱采用等深分箱（每个箱中的样本个数相同），也可以采用等宽分箱（每个箱的区间范围相同）。一般而言，宽度越大，光滑效果越明显。分箱也可以看作一种离散化技术。

（2）回归

回归（Regression）是指用一个函数拟合数据来光滑数据。线性回归尝试找出拟合两个属性（或变量）的"最佳"直线，使得能够通过一个属性预测另一个属性。图 6-3 表示对数据进行线性回归拟合。已知 10 个点，此时在横坐标 7 的位置出现一个新的点，不知道纵坐标，请预测最有可能的纵坐标值。这是典型的预测问题，可以通过回归来解决。预测结果如图 6-3 所示，预测点用菱形标出。

多线性回归是线性回归的扩展，它涉及两个以上的属性，并将数据拟合到一个多维面。使用回归找出适合数据的拟合函数，能够帮助消除噪声。

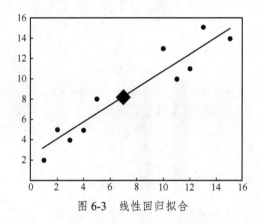

图 6-3　线性回归拟合

（3）聚类

聚类用于检测异常值。聚类将类似的值组织成群或簇。直观地，落在簇之外的值被视为异常值。

图 6-4 显示了 3 个数据簇。

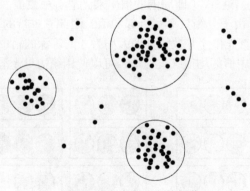

图 6-4　聚类出 3 个数据簇

许多数据光滑的技术也适用于数据离散化（一种数据变换方式）和数据归约。例如，上面介绍的分箱技术减少了每个属性不同值的数量，对于基于逻辑的数据挖掘（决策树归纳），这充当了一种数据归约的形式。概念分层是一种数据离散化形式，也可以用于数据光滑。

3．不一致数据

对于有些事务，记录的数据可能存在不一致。有些数据不一致可以根据其他信息人工加以更正。例如，数据输入时的错误可以根据纸上的记录加以更正。也可以用纠正不一致数据的程序工具来检测违反限制的数据。例如，知道属性间的函数依赖，可以查找违反函数依赖的值。

6.1.2　数据集成

数据集成、数据变换与数据离散化

上述数据清理技术一般应用于同一数据源的不同数据记录。在实际应用中，我们经常会遇到来自不同数据源的同类数据，且数据在用于分析之前需要进行合并操作。实施这种合并操作的步骤被称为数据集成。有效的数据集成有助于减少合并后的数据冲突、降低数据冗余程度等。

数据集成需要解决的问题如下。

（1）属性匹配

对于来自不同数据源的数据记录，需要判定记录中是否存在重复记录。首先需要做的是确定不同数据源中数据属性间的对应关系。例如，从不同销售商收集的销售记录可能对用户 ID 的表达有多种形式（销售商 A 使用 "cus_id"，数据类型为字符串型；销售商 B 使用 "customer_id_number"，数据类型为整型），在进行销售记录集成之前，需要先对不同的记录表示形式进行识别和对应。

（2）冗余去除

数据集成后产生的冗余包括两个方面。一方面是数据记录的冗余。例如，街景车在拍摄街景照片时，不同的街景车可能有路线上的重复，这些重复路线上的照片数据在进行集成时便会造成数据冗余（同一街区被不同街景车拍摄）。另一方面是数据属性间的推导关系造成的数据属性冗余。例如，在调查问卷的统计数据中，来自地区 A 的问卷统计结果注明了总人数和男性受调查人数，而来自地区 B 的问卷统计结果注明了总人数和女性受调查人数，当对两个地区的问卷统计数据进行集成时，需要保留"总人数"这一数据属性，而"男性受调查人数"和"女性受调查人数"这两个属性保留一个即可，因为两者中任一属性可由"总人数"与另一属性推出。我们应避免在集成过程中由于保留所有不同数据属性（即使仅出现在部分数据源中）而造成的属性冗余。

（3）数据冲突检测与处理

数据冲突是指来自不同数据源的数据记录在集成时表现出某种属性或约束上的冲突，导致数据集成无法进行。例如，当来自两个国家的销售商使用的交易货币不同时，无法对两份交易记录直接进行数据集成（涉及货币单位不同这一属性冲突）。

数据挖掘和数据可视化经常需要通过数据集成合并来自多个数据存储中心的数据。谨慎集成有助于减少结果数据集的冗余和不一致，也有助于提高数据挖掘和数据可视化过程的准确性和速度。

6.1.3　数据变换与数据离散化

在数据处理阶段，变换或统一数据，可使得数据可视化更准确，挖掘的模式可能更容易理解。数据离散化是一种数据变换策略。

1．数据变换策略概述

数据变换策略包括如下几种。

（1）光滑：去掉数据中的噪声。涉及的技术包括分箱、回归和聚类。

（2）属性构造（或特征构造）：由给定的属性构造新的属性并添加到属性集中，以帮助挖掘。

（3）聚集：对数据进行汇总。例如，可以聚集日销售数据，计算月和年销售数据。通常这一策略用来为多个抽象层的数据分析构造数据立方体。

（4）标准化：把属性数据按比例缩放，使之落入一个特定的小区间，如-1.0～1.0或0.0～1.0。又称规范化。

（5）离散化：将数值属性（如年龄）的原始值用区间标签（如0～10、11～20等）或概念标签（如 youth、adult、senior）替换。这些标签可以递归地组织成更高层概念，产生数值属性的概念分层。

（6）由标称数据产生概念分层：属性（如 street）可以泛化到较高的概念层（如 city 或 country）。

2．通过分箱离散化

分箱是一种基于指定的箱个数的自顶向下的分裂技术。前文已经介绍过。

分箱并不使用分类信息，因此是一种非监督离散化技术。它对用户指定的箱个数很敏感，也容易受异常值的影响。

3．通过直方图分析离散化

像分箱一样，直方图分析也是一种非监督离散化技术，因为它也不使用分类信息。直方图把数值属性 A 的值划分成不相交的区间，称作桶或箱。桶被安放在水平轴上，而桶的高度（或面积）是该桶所代表的值的出现频率。通常，桶表示给定属性的一个连续区间。

可以使用各种划分规则定义直方图。例如，在图 6-5 所示的等宽直方图中，属性价格的值被分成相等区间，每个桶宽度为 10 美元。

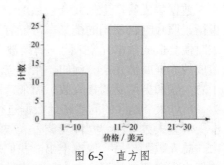

图 6-5　直方图

4．通过聚类、决策树离散化

聚类是一种流行的离散化技术。通过将数值属性 A 的值划分成群或簇，聚类可以用来离散化 A。聚类考虑 A 的分布以及数据点的邻近性，因此可以产生高质量的离散化结果。

为分类生成决策树的技术可以实现离散化。这类技术使用自顶向下划分的方法。离散化的决策树方法是有监督的，因为它使用分类信息。其主要思想是选择划分点，使得一个给定的结果分区包含尽可能多的同类记录。

6.2　Pandas 数据清理

Pandas 数据清理包括处理缺失值和清除无意义的数据，如删除原始数

Pandas 数据清理

据集中的无关数据、重复数据，光滑噪声，处理异常值等。

6.2.1 处理缺失值

1．查找数据中的缺失值

在 Pandas 中可以使用 isna()方法来查找 DataFrame 对象和 Series 对象中的缺失值。它可以将查找结果以 DataFrame 对象或者 Series 对象的形式进行返回。

DataFrame.isna()返回的是 DataFrame 对象，Series.isna()返回的是 Series 对象。

返回的对象的内容都是布尔值，缺失数据会用 True 来表示，False 则代表数据不缺失。

下面的代码可实现读取表 6-1 所示的成绩单文件 score.xlsx。

表 6-1 成绩单文件 score.xlsx

学号	姓名	班级	出生日期	年龄	高数	英语	计算机	总分	等级
50101	田晴	计算机 051	2001-08-19		86	71	87		
50102	杨庆红	计算机 051	2002-10-08		61	75	70		
50201	王海茹	计算机 052	2004-12-16		作弊	88	81		
50202	陈晓英	计算机 052	2003-06-25		65	缺考	66		
50103	李秋兰	计算机 051	2001-07-06		90	78	93		
50104	周磊	计算机 051	2002-05-10		56	68	86		
50203	吴涛	计算机 052	2001-08-18		87	81	82		
50204	赵文敏	计算机 052	2002-09-17		80	93	91		

```
import pandas as pd
from pandas import DataFrame,Series
import numpy as np
df = pd.read_excel("D:\\score.xlsx")
#查看 df
print(df)
```

结果如图 6-6 所示。

	学号	姓名	班级	出生日期	年龄	高数	英语	计算机	总分	等级
0	50101	田晴	计算机051	2001-08-19	NaN	86	71	87	NaN	NaN
1	50102	杨庆红	计算机051	2002-10-08	NaN	61	75	70	NaN	NaN
2	50201	王海茹	计算机052	2004-12-16	NaN	作弊	88	81	NaN	NaN
3	50202	陈晓英	计算机052	2003-06-25	NaN	65	缺考	66	NaN	NaN
4	50103	李秋兰	计算机051	2001-07-06	NaN	90	78	93	NaN	NaN
5	50104	周磊	计算机051	2002-05-10	NaN	56	68	86	NaN	NaN
6	50203	吴涛	计算机052	2001-08-18	NaN	87	81	82	NaN	NaN
7	50204	赵文敏	计算机052	2002-09-17	NaN	80	93	91	NaN	NaN

图 6-6 查看成绩单

Pandas 中 NaN 代表缺失值。对于缺失值，最简单的方法就是将含有缺失值的行直接删除，也可以给缺失值填充数据。

```
#查看 df 的缺失值
df.isna()
```

结果如图 6-7 所示。

	学号	姓名	班级	出生日期	年龄	高数	英语	计算机	总分	等级
0	False	False	False	False	True	False	False	False	True	True
1	False	False	False	False	True	False	False	False	True	True
2	False	False	False	False	True	False	False	False	True	True
3	False	False	False	False	True	False	False	False	True	True
4	False	False	False	False	True	False	False	False	True	True
5	False	False	False	False	True	False	False	False	True	True
6	False	False	False	False	True	False	False	False	True	True
7	False	False	False	False	True	False	False	False	True	True

图 6-7　查看 df 的缺失值

从结果中可以直接看到数据的缺失情况，其中 True 表示该位置的数据为缺失值。在 Pandas 中，可以使用 df.head()或 df.tail()方法查看数据。

使用 df.head()方法默认可以查看数据的前 5 行，df.tail()方法则默认可以查看数据的后 5 行。除了默认查看 5 行，还可以在 df.head()及 df.tail()中填写数字，指定要查看的行数。例如，df.head(10)表示查看前 10 行。

2．删除数据中的缺失值

在 Pandas 中可以使用 dropna()方法直接删除 DataFrame 对象和 Series 对象中的缺失值。执行 df.dropna()可以将 DataFrame 对象中包含缺失值的每一行全部删掉。

dropna()语法格式如下：

```
DataFrame.dropna(axis=0, how='any', subset=None, inplace=False)
```

参数说明如下。

axis：默认为 0，表示逢空值删除整行；如果设置参数 axis＝1，表示逢空值删除整列。

how：默认为'any'，如果一行（或一列）里任何一个数据为 NaN 就删除整行（整列）；如果设置为'all'，只有一行（或一列）都是 NaN 才删除整行（整列）。

subset：设置要检查缺失值的列。如果要检查多个列，可以使用列名的列表作为参数。

inplace：默认为 False，返回一个新的 DataFrame，不会修改原数据；如果参数为 True，则修改原数据。

例如：

```
df.dropna()                          # 删除所有缺失值
```

df.dropna()返回一个删掉所有缺失数据的 DataFrame 对象，但原数据并没有改变，需要将 df.dropna()的运行结果重新赋值给 df 变量，这样才可以保存删除缺失值后的结果。

```
df = df.dropna()                     # 删除所有缺失值
df.info()                            # 查看数据基本信息
```

如果需要针对某几列的缺失数据进行删除，就需要用到 df.dropna()的 subset 参数。把列名写在方括号中，然后赋值给 subset 参数，就可以限定 dropna()方法的删除范围。

例如，删除 df 中"总分"和"等级"2 列数据中有缺失值的行，可以使用如下代码：

```
df.dropna(subset=['总分', '等级'])
```

subset 参数应是以列表的形式存在的。

3．填充数据中的缺失值

有时候直接删除缺失值会影响分析的结果，这时可以对缺失值进行填充，如使用数值或者任意字符替代缺失值。

df.fillna()主要用来对缺失值进行填充，可以选择固定值、邻近值或描述性统计量填充。

（1）固定值填充

语法格式如下：

```
df.fillna(value=None, method=None, axis=None, inplace=False, **kwargs)
```

主要参数说明如下。

value：填充的值，可以是一个常量或者字典等。如果是字典，则可以指定某些列填充的具体值。

method：填充的方法，为 backfill 或 bfill 代表用缺失值的后一个数据替代 NaN，为 ffill或 pad 代表用缺失值的前一个数据替代 NaN。

```
df.fillna(value='?')        #或者df.fillna('?')
```

结果如图 6-8 所示。

	学号	姓名	班级	出生日期	年龄	高数	英语	计算机	总分	等级
0	50101	田晴	计算机051	2001-08-19	?	86	71	87	?	?
1	50102	杨庆红	计算机051	2002-10-08	?	61	75	70	?	?
2	50201	王海茹	计算机052	2004-12-16	?	作弊	88	81	?	?
3	50202	陈晓英	计算机052	2003-06-25	?	65	缺考	66	?	?
4	50103	李秋兰	计算机051	2001-07-06	?	90	78	93	?	?
5	50104	周磊	计算机051	2002-05-10	?	56	68	86	?	?
6	50203	吴涛	计算机052	2001-08-18	?	87	81	82	?	?
7	50204	赵文敏	计算机052	2002-09-17	?	80	93	91	?	?

图 6-8　用问号填充数据中的缺失值

再如：

```
import numpy as np
import pandas as pd
df2 = pd.DataFrame([[np.nan,22,23,np.nan],[31,np.nan,12,34],[np.nan,np.nan,np.nan,23],[15,17,66,np.nan]],columns=list('ABCD'))
print(df2)
```

结果如图 6-9 所示。

填充方式如下：

```
df2.fillna(value=1)                      #缺失值填充为1
df2.fillna(value={'A':2,'B':3})          #传入一个字典，指定某列填充的具体值
```

{'A':2,'B':3}字典表示 A 列缺失值用 2 填充，B 列缺失值用 3 填充。运行结果如图 6-10 所示。

（2）邻近值填充

程序代码：

```
df2 = pd.DataFrame([[np.nan,22,23,np.nan],[31,np.nan,12,34],[np.nan,np.nan,np.nan,23],[15,17,66,np.nan]],columns=list('ABCD'))
print(df2.fillna(method='ffill'))        #用前一个数据填充
```

结果如图 6-11 所示。

	A	B	C	D
0	NaN	22.0	23.0	NaN
1	31.0	NaN	12.0	34.0
2	NaN	NaN	NaN	23.0
3	15.0	17.0	66.0	NaN

图 6-9 数据中的缺失值

	A	B	C	D
0	2.0	22.0	23.0	NaN
1	31.0	3.0	12.0	34.0
2	2.0	3.0	NaN	23.0
3	15.0	17.0	66.0	NaN

图 6-10 指定某列填充的具体值

	A	B	C	D
0	NaN	22.0	23.0	NaN
1	31.0	22.0	12.0	34.0
2	31.0	22.0	12.0	23.0
3	15.0	17.0	66.0	23.0

图 6-11 邻近值填充

注意，此处默认参数 axis=0，所以用前一行的数据填充，而不是前一列。

（3）描述性统计量填充

假设 data 是销售表，也可以使用均值、中位数等描述性统计量填充缺失值。

```
data = pd.DataFrame([['商品A1',803,25,23], ['商品A2',900,75,78],
                     ['商品B1',700,75, np.nan],[ '商品B2',890,95,98],
                     ['商品C1',780, np.nan,135],[ '商品C2', np.nan,570,560]],
                    columns=['商品名','月销量', '现价', '原价'])
print(data)
```

结果如图 6-12 所示。

利用月销量的均值来对 NaN 进行填充。

```
data["月销量"].fillna(data["月销量"].mean())
```

利用月销量的中位数来对 NaN 进行填充。

```
data["月销量"].fillna(data["月销量"].median())
```

对于一些没有现价或原价的商品，可采用原价填充现价，现价填充原价。

	商品名	月销量	现价	原价
0	商品A1	803.0	25.0	23.0
1	商品A2	900.0	75.0	78.0
2	商品B1	700.0	75.0	NaN
3	商品B2	890.0	95.0	98.0
4	商品C1	780.0	NaN	135.0
5	商品C2	NaN	570.0	560.0

图 6-12 销售表

```
data["现价"]=data["现价"].fillna(data["原价"])
data["原价"]=data["原价"].fillna(data["现价"])
```

当然，缺失值的处理方法远不止这几种，这里只是简单地介绍一般操作，还有其他更高级的操作，如随机森林插值、拉格朗日插值、牛顿插值等。这些高难度的插值方法，有兴趣的读者可以多了解。

6.2.2 处理重复值

1. 查找重复值

可以直接使用 df.duplicated()方法来查找 DataFrame 对象中的重复值。

使用 df.duplicated()方法会返回一个 Series 对象，找出所有重复值。有重复值返回 True，没有重复值返回 False。

例如：

```
data = pd.DataFrame([['商品A1',803,25,23], ['商品A2',900,75,78],
                     ['商品B1',700,75, np.nan],['商品B1',700,75, np.nan],
                     ['商品C1',780, np.nan,135],[ '商品C2', np.nan,570,560]],
                     columns=['商品名','月销量', '现价', '原价'])
# 查找 data 中的重复行
print(data.duplicated())
```

运行结果如下：

```
0      False
1      False
2      False
3       True
4      False
5      False
Dtype:bool
```

可以将 data.duplicated()返回的结果放入方括号，用来索引 data 数据，查看 data 中的重复行。

```
# 查看data 中的重复行
data[data.duplicated()]
```

运行结果如图 6-13 所示。

可以看到，这份数据含有完全重复的行，这种重复数据并不具备分析意义，而且有可能影响数据分析的结果，因此需要直接删除。

	商品名	月销量	现价	原价
3	商品B1	700.0	75.0	NaN

图 6-13　查看重复行

2. 删除重复值

使用 df.drop_duplicates()方法可以直接删除 DataFrame 对象中重复出现的整行数据。

例如：

```
# 直接删除所有重复值
data = data.drop_duplicates()
# 查看data
print(data)
```

运行结果如图 6-14 所示。

在运行结果中能看到已经没有重复数据，索引为 3 的数据行已被删除。

使用 df.drop_duplicates()方法删除的是重复出现的行，因此所有重复数据的第一行都会保留。

	商品名	月销量	现价	原价
0	商品A1	803.0	25.0	23.0
1	商品A2	900.0	75.0	78.0
2	商品B1	700.0	75.0	NaN
4	商品C1	780.0	NaN	135.0
5	商品C2	NaN	570.0	560.0

图 6-14　删除所有重复值后的结果

6.2.3　处理格式错误

数据格式错误会使数据分析变得困难，甚至不可能。可以将包含空单元格在内的行或者列中的所有单元格的数据转换为相同格式的数据。

以下实例格式化日期数据。

```
import pandas as pd
# 第三个日期格式错误
data = {
  "Date": ['2020/12/01', '2020/12/02' , '20201226'],
  "duration": [50, 40, 45]
}
df = pd.DataFrame(data, index = ["day1", "day2", "day3"])
df['Date'] = pd.to_datetime(df['Date'])
print(df.to_string())
```

运行结果如下：

```
          Date   duration
day1 2020-12-01        50
day2 2020-12-02        40
day3 2020-12-26        45
```

6.2.4　处理错误数据

数据错误也是很常见的情况，可以对错误的数据进行修改或删除。

以下实例修改错误的年龄数据。

```
import pandas as pd
person = {
"name": ['Google', 'Runoob' , 'Taobao'],
"age": [50, 40, 245]        # 245，该年龄数据是错误的
}
df = pd.DataFrame(person)
df.loc[2, 'age'] = 30        # 修改数据
print(df.to_string())
```

运行结果如下：

```
     name  age
0  Google   50
1  Runoob   40
2  Taobao   30
```

也可以设置条件语句，将 age 中大于 120 的数据设置为 120。

```
import pandas as pd
person = {
```

```
    "name": ['Google', 'Runoob' , 'Taobao'],
    "age": [50, 40, 245]    # 245，该年龄数据是错误的
}
df = pd.DataFrame(person)
for x in df.index:
  if df.loc[x, "age"] > 120:
    df.loc[x, "age"] = 120
print(df.to_string())
```

运行结果如下：

```
      name  age
0  Google   50
1  Runoob   40
2  Taobao  120
```

也可以将错误数据删除。将 age 大于 120 的行删除。

```
import pandas as pd
person = {
    "name": ['Google', 'Runoob' , 'Taobao'],
    "age": [50, 40, 245]      # 245，该年龄数据是错误的
}
df = pd.DataFrame(person)
for x in df.index:
  if df.loc[x, "age"] > 120:
    df.drop(x, inplace = True)
print(df.to_string())
```

运行结果如下：

```
      name  age
0  Google   50
1  Runoob   40
```

6.2.5　处理异常值

异常值是指数据中个别数值明显偏离其余数值的数据，也称为离群点、野值。检测异常值就是检测数据中是否有录入错误或不合理的数据。

3σ 原则（拉依达准则）假设一组检验数据只有随机误差，对原始数据进行计算处理得到标准差，按照一定的概率确定一个区间，认为误差不在这个区间的数据就属于异常值。

3σ 原则仅适用于服从正态分布或者近似正态分布的数据。

$\mu-3\sigma<x<\mu+3\sigma$，$x$ 为正常区间的数据，此区间的概率值为 0.9973。

检测异常值的方法还有很多。以下代码使用 Z-score 标准化方法，得分超过阈值（2.2）的数据标为异常。

```
import pandas as pd
df=pd.DataFrame({'col1':[1,120,3,5,2,12,13],
'col2':[12,17,31,53,22,32,43]})
#通过 Z-score 法判断异常值
df_zscore=df.copy()#复制一个用来存储 z_score 得分的 DataFrame
```

```
cols=df.columns#获得 DataFrame 的列名
for col in cols:#循环读取每列
    df_col=df[col]
    z_score=(df_col-df_col.mean())/df_col.std()#计算每列的 z_score 得分
    #判断 z_score 得分是否大于 2.2，如果是则为 True，否则为 False
    df_zscore[col]=z_score.abs()>2.2
print(df_zscore)
```

6.3 Pandas 数据集成

Pandas 数据集成

6.3.1 SQL 合并/连接

Pandas 具有功能全面的高性能连接操作，与 SQL 关系数据库非常相似。Pandas 提供了一个 merge() 函数，可实现 DataFrame 对象之间所有标准数据库连接操作。语法格式如下：

```
merge(left, right, how='inner', on=None, left_on=None, right_on=None,left_index=
False, right_index=False, sort=True)
```

参数含义如下。

left：一个 DataFrame 对象（认为是左 DataFrame）。

right：另一个 DataFrame 对象（认为是右 DataFrame）。

how：值为 left、right、outer、inner 之中的一个，默认为 inner。

on：列（名称）连接，必须在左和右 DataFrame 中存在（找到）。

left_on：左 DataFrame 中用于匹配的列（作为键），可以是列名。

right_on：右 DataFrame 中用于匹配的列（作为键），可以是列名。

left_index：如果为 True，则使用左 DataFrame 中的索引作为其连接键。

right_index：与 left_index 具有类似的用法。

sort：按照字典序通过连接键对结果 DataFrame 进行排序。默认为 True，设置为 False 时，在很多情况下能大大提高性能。

现在创建图 6-15 所示的两个 DataFrame 并对其执行连接操作，介绍每种连接操作的用法。

	Name	id	subject_id
0	Alex	1	sub1
1	Amy	2	sub2
2	Allen	3	sub4
3	Alice	4	sub6
4	Ayoung	5	sub5

（a）左DataFrame

	Name	id	subject_id
0	Billy	1	sub2
1	Brian	2	sub4
2	Bran	3	sub3
3	Bryce	4	sub6
4	Betty	5	sub5

（b）右DataFrame

图 6-15　DataFrame

程序代码：

```
import pandas as pd
left = pd.DataFrame({
        'id':[1,2,3,4,5],
        'Name': ['Alex', 'Amy', 'Allen', 'Alice', 'Ayoung'],
```

```
        'subject_id':['sub1','sub2','sub4','sub6','sub5']})
right = pd.DataFrame(
        {'id':[1,2,3,4,5],
        'Name': ['Billy', 'Brian', 'Bran', 'Bryce', 'Betty'],
        'subject_id':['sub2','sub4','sub3','sub6','sub5']})
```

"id" 列用作键，合并两个 DataFrame。

```
rs = pd.merge(left,right,on='id')
print(rs)
```

执行上面示例代码，得到以下结果：

```
   id  Name_x  subject_id_x  Name_y  subject_id_y
0   1    Alex          sub1   Billy          sub2
1   2     Amy          sub2   Brian          sub4
2   3   Allen          sub4    Bran          sub3
3   4   Alice          sub6   Bryce          sub6
4   5  Ayoung          sub5   Betty          sub5
```

多列（这里使用 "id" 和 "subject_id" 列）用作键，合并两个 DataFrame。

```
rs = pd.merge(left,right,on=['id','subject_id'])
print(rs)
```

执行上面示例代码，得到以下结果：

```
   id  Name_x  subject_id  Name_y
0   4   Alice        sub6   Bryce
1   5  Ayoung        sub5   Betty
```

可以使用 how 参数指定合并两个 DataFrame 的方法。表 6-2 列出 how 参数选项和 SQL 等效关键字。

表 6-2　how 参数选项和 SQL 等效关键字

how 参数选项	SQL 等效关键字	描述
left	LEFT OUTER JOIN	使用左 DataFrame 对象的键
right	RIGHT OUTER JOIN	使用右 DataFrame 对象的键
outer	FULL OUTER JOIN	使用键的并集
inner	INNER JOIN	使用键的交集

下面学习 left 连接。示例如下：

```
rs = pd.merge(left, right, on='subject_id', how='left')
print(rs)
```

执行上面示例代码，得到以下结果：

```
   id_x  Name_x  subject_id  id_y  Name_y
0     1    Alex        sub1   NaN     NaN
1     2     Amy        sub2   1.0   Billy
2     3   Allen        sub4   2.0   Brian
3     4   Alice        sub6   4.0   Bryce
```

```
4      5  Ayoung      sub5    5.0  Betty
```

right 连接示例代码：

```
rs = pd.merge(left, right, on='subject_id', how='right')
```

outer 连接示例代码：

```
rs = pd.merge(left, right, on='subject_id', how='outer')
```

inner 连接示例代码：

```
rs = pd.merge(left, right, on='subject_id', how='inner')
print(rs)
```

执行上面 inner 连接示例代码，得到以下结果：

```
   id_x  Name_x  subject_id   id_y  Name_y
0    2    Amy       sub2       1    Billy
1    3    Allen     sub4       2    Brian
2    4    Alice     sub6       4    Bryce
3    5    Ayoung    sub5       5    Betty
```

6.3.2　字段合并

字段合并是指将同一个 DataFrame 中的不同列合并，形成新的列。例如，当标签分散在不同字段时，将各个标签融合一起：

$$X=x1+x2+\cdots$$

x1：数据列 1。x2：数据列 2。X：返回值，DataFrame。

如果某一列是非字符串类型的数据，那么需要用 map(str)或者 astype(str)对那一列数据类型做转换。

例如，将 year、month、day 字段合并成出生日期：

```
import pandas as pd
df= pd.DataFrame([[199901, '张海','男',1999 ,5, 25],
                  [199902, '赵大强','男', 1998, 9, 14],
                  [199903, '李梅', '女', 1998, 6, 13],
                  [199904, '吉建军', '男', 2000, 7, 26]] ,
                  columns = ['xuehao', 'name', 'sex', 'year', 'month', 'day'])
df['出生日期']=df['year'].map(str)+"/"+df['month'].map(str)+"/"+df['day'].map(str)
print(df)
```

结果如图 6-16 所示。

6.3.3　记录合并

记录合并是指将两个 DataFrame 合并成一个 DataFrame，也就是在一个 DataFrame 中追加另一个 DataFrame 的数据记录。

	xuehao	name	sex	year	month	day	出生日期
0	199901	张海	男	1999	5	25	1999/5/25
1	199902	赵大强	男	1998	9	14	1998/9/14
2	199903	李梅	女	1998	6	13	1998/6/13
3	199904	吉建军	男	2000	7	26	2000/7/26

图 6-16　year、month、day 字段
合并成出生日期

1．concat()

语法格式如下：

```
pd.concat(objs, axis=0, join='outer', ignore_index=False, keys=None, …])
```

部分参数说明如下。

objs：表示需要连接的对象，如[DataFrame1，DataFrame2,…]，需要合并的 DataFrame 用列表表示。

axis：控制连接方式，axis=0 表示纵向拼接，axis=1 表示横向拼接。

join：控制使用外连接还是内连接。join='outer'表示外连接，保留两个 DataFrame 中的所有信息；join='inner'表示内连接，只保留两个 DataFrame 共有的信息。

Keys：用于给每个需要合并的 DataFrame 指定一个标签。

concat()功能强大，不仅可以纵向合并数据，还可以横向合并数据，而且支持很多其他条件设置。

（1）纵向拼接（即上下方向）

假设有 df1、df2、df3，字段列结构相同，将它们纵向合并成 result，如图 6-17 所示。

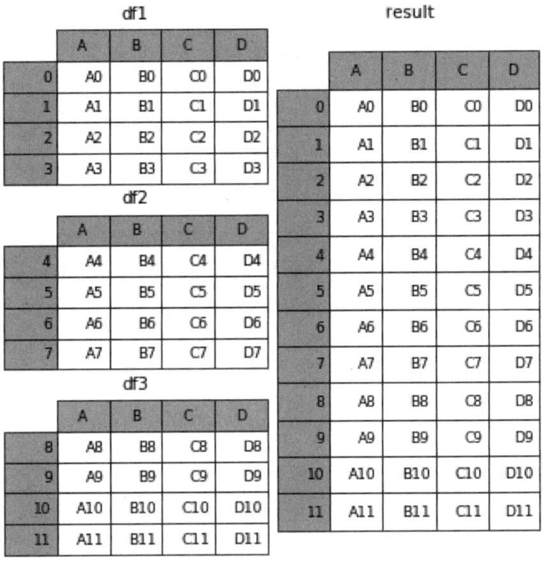

图 6-17　纵向合并 DataFrame

```
import pandas as pd
# 先构造df1、df2、df3，再将它们作为concat()的参数
df1= pd.DataFrame({'A': ['A0', 'A1', 'A2', 'A3'],
                'B': ['B0', 'B1', 'B2', 'B3'],
                'C': ['C0', 'C1', 'C2', 'C3'],
                'D': ['D0', 'D1', 'D2', 'D3']},
                index = [0, 1, 2,3])
df2= pd.DataFrame({'A': ['A4', 'A5', 'A6', 'A7'],
                'B': ['B4', 'B5', 'B6', 'B7'],
                'C': ['C4', 'C5', 'C6', 'C7'],
                'D': ['D4', 'D5', 'D6', 'D7']},
                index = [4, 5, 6,7])
```

```
df3= pd.DataFrame({'A': ['A8', 'A9', 'A10', 'A11'],
                   'B': ['B8', 'B9', 'B10', 'B11'],
                   'C': ['C8', 'C9', 'C10', 'C11'],
                   'D': ['D8', 'D9', 'D10', 'D11']} ,
                   index = [8, 9, 10,11])
frames = [df1, df2, df3]
result = pd.concat(frames)
print(result)
```

可以在连接的时候再加上 key 参数来识别数据源自哪个 DataFrame，如图 6-18 所示。

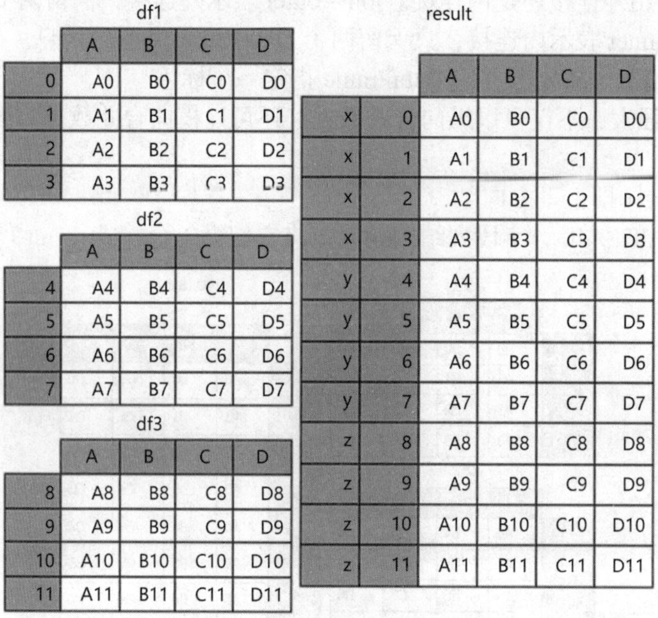

图 6-18　加索引合并 DataFrame

程序代码：

```
result = pd.concat(frames, keys=['x', 'y', 'z'])
print(result.index)
```

结果如下：

```
MultiIndex([('x',  0),
            ('x',  1),
            ('x',  2),
            ('x',  3),
            ('y',  4),
            ('y',  5),
            ('y',  6),
            ('y',  7),
            ('z',  8),
            ('z',  9),
            ('z', 10),
            ('z', 11)],
           )
```

（2）横向拼接（即左右方向）

当 axis=1 时，concat()进行横向拼接，将两个 DataFrame 合并。默认 join='outer'，表示外连接，保留两个 DataFrame 中的所有信息。

```
df4 = pd.DataFrame({'B': ['B2', 'B3', 'B6', 'B7'],
'D': ['D2', 'D3', 'D6', 'D7'],
'F': ['F2', 'F3', 'F6', 'F7']},
 index=[2, 3, 6, 7])
result = pd.concat([df1, df4], axis=1)
print(result)
```

结果如图 6-19 所示。

df1

	A	B	C	D
0	A0	B0	C0	D0
1	A1	B1	C1	D1
2	A2	B2	C2	D2
3	A3	B3	C3	D3

df4

	B	D	F
2	B2	D2	F2
3	B3	D3	F3
6	B6	D6	F6
7	B7	D7	F7

result

	A	B	C	D	B	D	F
0	A0	B0	C0	D0	NaN	NaN	NaN
1	A1	B1	C1	D1	NaN	NaN	NaN
2	A2	B2	C2	D2	B2	D2	F2
3	A3	B3	C3	D3	B3	D3	F3
6	NaN	NaN	NaN	NaN	B6	D6	F6
7	NaN	NaN	NaN	NaN	B7	D7	F7

图 6-19　横向外连接合并 DataFrame

可见按列横向拼接时，是根据索引进行横向拼接的。比如 result 中第 1 行索引为 0，由于 df1 有索引为 0 的行，df4 没有索引为 0 的行，因此横向拼接时此行 B、D、F 对应处为 NaN。result 中第 3 行索引为 2，由于 df1 和 df4 都有索引为 2 的行，所以横向拼接时此行无 NaN。

若设置 join = 'inner'，则表示内连接。

```
result = pd.concat([df1, df4], axis=1, join='inner')
print(result)
```

结果如图 6-20 所示。

df1

	A	B	C	D
0	A0	B0	C0	D0
1	A1	B1	C1	D1
2	A2	B2	C2	D2
3	A3	B3	C3	D3

df4

	B	D	F
2	B2	D2	F2
3	B3	D3	F3
6	B6	D6	F6
7	B7	D7	F7

result

	A	B	C	D	B	D	F
2	A2	B2	C2	D2	B2	D2	F2
3	A3	B3	C3	D3	B3	D3	F3

图 6-20　横向内连接合并 DataFrame

2．append()

append()主要用于追加数据，是比较简单直接的数据合并方式。格式如下：

```
df.append(
    other,
    ignore_index: 'bool' = False,
    verify_integrity: 'bool' = False,
    sort: 'bool' = False
)
```

各参数含义如下。

other：用于追加的数据，可以是 DataFrame、Series 或列表。

ignore_index：是否保留原有的索引。

verify_integrity：检测索引是否重复，如果为 True，则有重复索引会报错。

sort：并集合并方式下，对 columns 排序。

追加 DataFrame，例如：

```
df1.append(df2)          #仅把 df1 和 df2 合并起来，没有修改合并后的 df2 的索引
```

结果如图 6-21 所示。

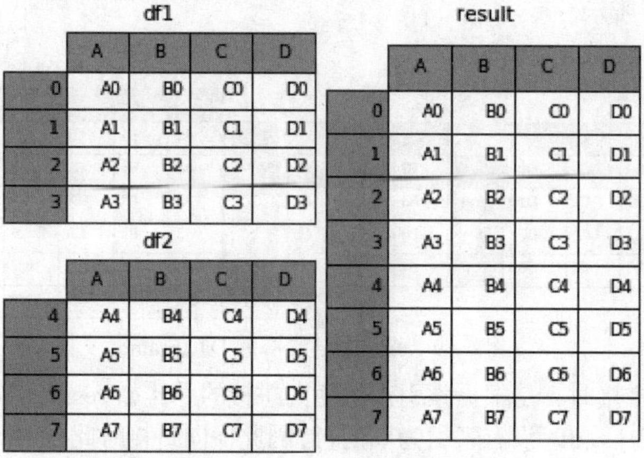

图 6-21　追加 DataFrame

当然，可以将多个 DataFrame 合并：

```
df1.append([df2,df3])      #把 df1、df2 和 df3 合并起来
```

如果两个 DataFrame 的索引都没有实际含义，可以将 ignore_index 参数设置为 True，合并两个 DataFrame 后会重新生成一个新的索引。

```
df1.append(df4, ignore_index=True)      #仅把 df1 和 df4 合并起来，修改合并后的 df4 的索引
```

结果如图 6-22 所示。

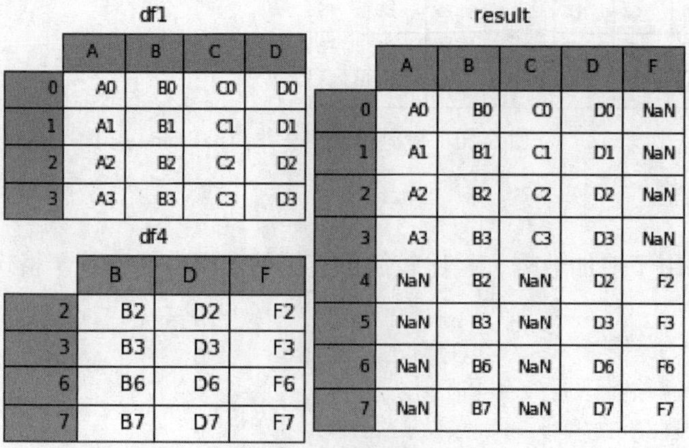

图 6-22　修改合并后的 df4 的索引

也可以将 Series 作为 DataFrame 的新一行插入。

```
s2 = pd.Series(['X0', 'X1', 'X2', 'X3'], index=['A', 'B', 'C', 'D'])
result = df1.append(s2, ignore_index=True)
print(result)
```

结果如图 6-23 所示。

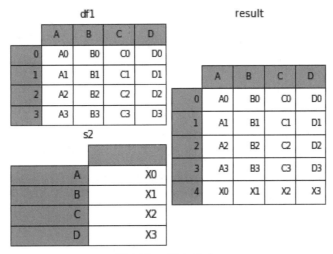

图 6-23　追加 Series

6.4　Pandas 数据变换与数据离散化

Pandas 数据变换
与数据离散化

数据变换主要有以下几点内容。

6.4.1　简单函数变换

简单函数变换包括对数据开方、求平方、取对数、取倒数、取差分、求指数等，目的是为后续分析提供想要的数据和方便分析（根据实际情况而定）。

假设 df 是销售表。

```
import numpy as np
import pandas as pd
df = pd.DataFrame([['商品A1',803,20,23,2750], ['商品A2',700,75,78,1500],
                   ['商品B1',900,65,70,5090],[ '商品B2',810,90,98,920],
                   ['商品C1',780,105,135,3150],[ '商品C2',820,500,560,4065]],
                   columns=['商品名','月销量', '现价', '原价','累计评价'])
```

由于"累计评价"的值太大，因此新增一列对"累计评价"取对数；同时插入一列，计算"优惠力度"。

```
df['对数_累计评价']=np.log(df['累计评价'])     #对"累计评价"取对数
df['优惠力度']=df['现价']/df['原价']           #计算"优惠力度"
```

执行上面示例代码，查看 df，得到图 6-24 所示的结果。

	商品名	月销量	现价	原价	累计评价	对数_累计评价	优惠力度
0	商品A1	803	20	23	2750	7.919356	0.869565
1	商品A2	700	75	78	1500	7.313220	0.961538
2	商品B1	900	65	70	5090	8.535033	0.928571
3	商品B2	810	90	98	920	6.824374	0.918367
4	商品C1	780	105	135	3150	8.055158	0.777778
5	商品C2	820	500	560	4065	8.310169	0.892857

图 6-24　数据变换结果

6.4.2　数据标准化

数据常有不同的量纲，如果不做处理，会造成数据间的差异很大。涉及空间距离计算或者相似度计算时，需要对不同特征数据进行标准化。数据标准化实际是将数据按比例缩放，使之落入特定区间，一般我们使用 Min-Max 标准化。

数据标准化是为了消除数据的量纲影响，为后续许多算法分析提供必要条件。常见的标准化方法很多，这里简单介绍两种。

1．Min-Max 标准化

Min-Max 标准化就是最小-最大标准化，又称离差标准化，是指对原始数据进行线性变换，使结果映射到区间[0,1]且无量纲。计算公式如下：

$$X^{*}=(x-\min)/(\max-\min)$$

其中 max 和 min 分别为属性的最大值和最小值。

设计离差标准化函数：

```
def MinMaxScale(data):
    return ((data-data.min())/(data.max()-data.min()))
```

使用离差标准化函数：

```
df['标准化月销量']= MinMaxScale(df['月销量'])
```

也可以不使用离差标准化函数：

```
df['标准化月销量']=df.月销量.transform(lambda x : (x-x.min())/(x.max()-x.min()))
```

执行上面代码，查看 df，得到图 6-25 所示的结果。

	商品名	月销量	现价	原价	累计评价	对数_累计评价	优惠力度	标准化月销量
0	商品A1	803	20	23	2750	7.919356	0.869565	0.515
1	商品A2	700	75	78	1500	7.313220	0.961538	0.000
2	商品B1	900	65	70	5090	8.535033	0.928571	1.000
3	商品B2	810	90	98	920	6.824374	0.918367	0.550
4	商品C1	780	105	135	3150	8.055158	0.777778	0.400
5	商品C2	820	500	560	4065	8.310169	0.892857	0.600

图 6-25　离差标准化结果

2．Z-score 标准化

Z-score 标准化（又称标准差标准化）根据原始数据的均值（Mean）和标准差（Standard Deviation）进行数据的标准处理。经过处理的数据符合标准正态分布，即均值为 0，标准差为 1。Z-score 标准化公式为

$$X^* = (x - \mu) / \sigma$$

其中 μ 表示所有样本数据的均值，σ 表示所有样本数据的标准差。将数据按属性（按列）减去均值，并除以标准差，得到的结果是每个属性（每列）的数据都聚集在 0 附近，标准差为 1。

```
#设计标准差标准化函数
def StandScale(data):
    return(data-data.mean())/data.std()
df['Z_月销量']=StandScale(df['月销量'])
```

也可以不使用标准差标准化函数：

```
#不使用标准差标准化函数
df['Z_月销量']=df['月销量'].transform(lambda x : (x-x.mean())/x.std())
```

执行上面代码，查看 df，得到图 6-26 所示的结果。

	商品名	月销量	现价	原价	累计评价	对数_累计评价	优惠力度	标准化月销量	Z_月销量
0	商品A1	803	20	23	2750	7.919356	0.869565	0.515	0.012895
1	商品A2	700	75	78	1500	7.313220	0.961538	0.000	-1.580958
2	商品B1	900	65	70	5090	8.535033	0.928571	1.000	1.513903
3	商品B2	810	90	98	920	6.824374	0.918367	0.550	0.121215
4	商品C1	780	105	135	3150	8.055158	0.777778	0.400	-0.343014
5	商品C2	820	500	560	4065	8.310169	0.892857	0.600	0.275958

图 6-26　标准差标准化结果

6.4.3　数据离散化

连续值经常需要进行离散化或者分箱，方便数据的展示和结果的可视化。常见的是日常生活中对年龄的离散化，将年龄分为幼儿、儿童、青年、中年、老年等。

```
#新增一列，将月销量划分成 10 个等级
df['df_cut']=pd.cut(df['月销量'],bins=10,labels=[1,2,3,4,5,6,7,8,9,10])
```

执行上面代码，查看 df，得到图 6-27 所示的结果。
对比如下代码：

```
#新增一列，将月销量划分成 10 个等级
df['df_qcut']=pd.qcut(df['月销量'],q=10,labels=[1,2,3,4,5,6,7,8,9,10])
```

执行上面代码，查看 df，得到图 6-28 所示的结果。
这两种方法都是对数据进行离散化，但仔细一看，这两者的结果是不同的。简单来说，

一个使用等宽分箱，另一个使用等深分箱（分位数分箱），后者往往更常用。

	商品名	月销量	现价	原价	累计评价	df_cut
0	商品A1	803	20	23	2750	6
1	商品A2	700	75	78	1500	1
2	商品B1	900	65	70	5090	10
3	商品B2	810	90	98	920	6
4	商品C1	780	105	135	3150	4
5	商品C2	820	500	560	4065	6

图 6-27　使用 cut()将月销量划分成 10 个等级

	商品名	月销量	现价	原价	累计评价	df_qcut
0	商品A1	803	20	23	2750	4
1	商品A2	700	75	78	1500	1
2	商品B1	900	65	70	5090	10
3	商品B2	810	90	98	920	6
4	商品C1	780	105	135	3150	2
5	商品C2	820	500	560	4065	8

图 6-28　使用 qcut()将月销量划分成 10 个等级

6.5　Pandas 数据分析

我们前面所做的工作全是为数据分析和数据可视化做准备。本节只是进行一些简单的数据分析，模型、算法这些内容将在第 7 章介绍。

6.5.1　描述性分析

1．集中趋势

表示数据集中趋势的指标有均值、中位数、众数、第一四分位数和第三四分位数。

假设 data 是销售表，通过定义一个函数，来查看数据的集中趋势。

```
import numpy as np
import pandas as pd
def f(x):
    return pd.DataFrame([x.mean(),x.median(),x.mode()[0],x.quantile(0.25),x.quantile(0.75)],
        index=['mean','median','mode','Q1','Q3'])
data = pd.DataFrame([['商品 A1',803,20,23,2750], ['商品 A2',700,75,78,1500],
['商品 B1',900,65,70,5090],[ '商品 B2',810,90,98,920],
['商品 C1',780,105,135,3150],[ '商品 C2',900,500,560,4065]],
columns=['商品名','月销量', '现价', '原价','累计评价'])
#调用函数
print(f(data['月销量']))
```

运行结果如下：

```
          0
mean     815.50
median   806.50
mode     900.00
Q1       785.75
Q3       877.50
```

2．离散程度

表示数据离散程度的指标有方差、标准差、极差、四分位数间距。

通过定义一个函数，来查看数据的离散程度。

```
def k(x):
    return pd.DataFrame([x.var(),x.std(),x.max()-x.min(),x.quantile(0.75)-x.quan
tile(0.25)],
                        index=['var','std','range','IQR'])
#调用函数
print(k(data['现价']))
```

运行结果如下：

```
                    0
var    31507.500000
std      177.503521
range    480.000000
IQR       33.750000
```

3．分布形态

表示数据分布形态的指标有偏度和峰度。

```
def g(x):
    return pd.DataFrame([x.skew(),x.kurt()],
                        index=['skew','kurt'])
#调用函数
g(data['现价'])
```

运行结果如下：

```
              0
skew  2.300252
kurt  5.473541
```

6.5.2　分布分析

分布分析

分布分析法又称直方图法。它是对搜集到的数据进行分组整理，绘制成直方图，用以描述数据分布状态的一种分析方法。分布分析法是比较常用的数据分析方法，可以比较快地找到数据规律，使我们对数据有清晰的结构认识。例如，在成绩分析中，统计各分数段（不及格、60～79分、80～89分、90分及以上）人数以了解学生学习情况，就适合使用分布分析。

数据的分布（Distribution）描述各个值出现的频繁程度。表示分布最常用的图形之一是直方图，这种图用于展示各个值出现的频数或概率。频数指的是数据集中一个值出现的次数。概率就是频数除以样本数量 n。频数除以 n 即可把频数转换成概率，这称为归一化（Normalization）。归一化之后的直方图对应的是 PMF（Probability Mass Function，概率质量函数），这个函数是值到其概率的映射。

分布分析应用场景如下。

（1）发现用户分布规律，优化产品和运营策略。比如通过查看最近一个月用户支付订单金额在"100 元以下""100～200 元""200 元以上"的人数分布，企业可以使用分布分析进一步掌握用户特征。

（2）锁定核心用户群，实施精细化运营。比如通过观察每个用户当天使用某核心功能时长的分布情况，找出深度用户。

（3）去除极值影响，数据更接近整体真实表现。比如统计 5%～95% 的新用户中"登录次数"的分布情况。

分布分析一般按照以下步骤执行。

（1）找到数据中的最大值和最小值。

（2）决定组距与组数。

（3）决定分点（每个区间的端点，即每组的起点和终点）。

（4）得到频率分布表。

（5）绘制直方图。

遵循的原则如下。

（1）分组必须将所有数据包含在内。

（2）各组的组宽最好相等。

pandas.cut() 将数据按最小值到最大值进行分组，主要有 7 个参数。

```
pandas.cut(x, bins, right=True, labels=None, retbins=False, precision=3, include
_lowest=False)
```

参数说明如下。

x：一维数组（如销售业绩、某科成绩、身高、体重）或者 Series。

bins：整数、数值序列或者间隔索引，是进行分组的依据。

- 如果填入整数 n，则表示将 x 中的数值分成等宽的 n 份；
- 如果是数值序列，序列中的数值表示用来分组的分界值；
- 如果是间隔索引，间隔索引必须不重叠。

right：布尔值，默认为 True，表示包含最右侧的数值。当 right=True 时，bins=[10,20,30,40] 表示(10,20],(20,30],(30,40]。当 bins 是间隔索引时，该参数被忽略。

labels：数组或布尔值，可指定分箱（分组）的标签。

retbins：是否显示分箱的分界值，默认为 False。当 bins 取整数时，可以设置 retbins=True 以显示分界值，得到划分后的区间。

precision：整数，默认为 3，存储和显示分箱标签的精度。

include_lowest：布尔值，表示区间的左边是开还是闭，默认为 False，也就是不包含区间左边。

下面以学生体重信息为例，进行分布分析，将体重信息分成 3 组。

```
import numpy as np
import pandas as pd
import matplotlib.pyplot as plt
%matplotlib inline
stu_weights = np.array([ 48, 54, 47, 50, 53, 43, 45, 43, 44, 47, 58, 46, 46, 63,
49, 50, 48, 43, 46, 45, 50, 53, 51, 58, 52, 53, 47, 49, 45, 42, 51, 49, 58, 54, 45,
53, 50, 69, 44, 50, 58, 64, 40, 57, 51, 69, 58, 47, 62, 47, 40, 60, 48, 47, 53, 47,
52, 61, 55, 55, 48, 48, 46, 52, 45, 38, 62, 47, 55, 50, 46, 47, 55, 48, 50, 50, 54,
55, 48, 50])

bins = [35,45,60,70]        #决定组距与组数为3
```

```
group_names = ['36~45偏瘦','46~60适中','61~70偏胖']
cuts = pd.cut(stu_weights,bins,labels=group_names)
print(cuts)
```

结果如下：

```
['46~60适中', '46~60适中', '46~60适中', '46~60适中', '46~60适中', ···,'46~60适中']
Length: 80
Categories(3, object): ['36~45偏瘦' < '46~60适中' < '61~70偏胖']
```

计算分组区间频数：

```
counts = pd.value_counts(cuts)#统计每个区间的人数
print(dict(counts))
```

结果如下：

```
{'46~60适中': 59, '36~45偏瘦': 14, '61~70偏胖': 7}
```

画直方图，如图 6-29 所示。

```
plt.rcParams['font.sans-serif'] = ['SimHei']
cuts.value_counts().plot(kind='bar')
```

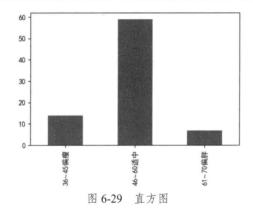

图 6-29　直方图

6.5.3　相关分析

相关分析是研究两个或两个以上随机变量之间相互依存关系的方向和密切程度的方法。线性相关分析主要采用皮尔逊（Pearson）相关系数 r 来度量连续变量之间的线性相关强度：$r>0$ 表示线性正相关；$r<0$ 表示线性负相关；$r=0$ 表示不存在线性关系，但是并不代表两个变量之间不存在任何关系，有可能存在非线性关系。

相关分析

```
#任意两列相关系数
data['月销量'].corr(data['累计评价'])
#因变量与所有变量的相关性
data[['月销量','现价','原价','累计评价']].corrwith(data['月销量'])
```

结果如下：

```
0.7566855842728074
```

月销量   1.000000
现价   0.511416
原价   0.508820
累计评价   0.756686
dtype: float64

习　题

创建两个数据表"员工信息"和"工资情况"，结构如图 6-30 所示，完成以下任务。

图 6-30　数据表结构

（1）输入数据，完善两个数据表。

（2）查看"工资情况"中数据的缺失情况，将"奖金"字段的缺失值用 0 填充。

（3）检查"工作日期"的格式是否符合"yyyy-mm-dd"，对不符合的进行转换。

（4）计算"实发工资"，实发工资=基本工资+奖金。

（5）将"编号"字段用作键，合并两个数据表，生成新数据表"员工工资表"。

（6）对"基本工资"列进行 Min-Max 标准化变换。

（7）计算并分析"基本工资"列的离散程度指标。

（8）统计"实发工资"分别在 1000～2000、2001～3000、3001～4000、4001～5000 以及 5000 以上的人数，并画出直方图。

实验六　数据处理与数据分析

一、实验目的

通过本实验，了解数据处理与数据分析的意义，掌握对数据进行分析、加工的方法和过程，从大量杂乱无章、难以理解的数据中去除缺失、重复、错误和异常的数据，并对处理过的数据进行变换、归纳和分析。

二、实验要求

1. 掌握使用 Pandas 进行数据清理的过程，包括缺失值、重复值以及错误和异常值的处理等。

2. 掌握使用 Pandas 进行数据集成的方法，对不同数据源的数据合并存储。

3. 使用 Pandas 实现数据的函数变换和标准化处理。

4. 使用 Pandas 进行简单的数据分析。

三、实验内容与步骤

1. 创建图 6-31 所示的 3 张学生成绩单（成绩可随机生成），对 3 组数据完成数据集成、数据清理以及简单的数据汇总工作。

	xuehao	name	math	English
0	199901	张海	97	70
1	199902	赵大强	59	78
2	199903	吉建军	98	81
3	199904	李梅	86	99
4	199905	孙亮	41	58

	xuehao	name	math	English
0	199906	王华	99	87
1	199907	李晓	70	79
2	199908	郑丽雯	66	91
3	199909	苏明明	82	46
4	199910	周鹏	91	70

	xuehao	name	Python	physics
0	199901	张海	70	80
1	199903	吉建军	86	95
2	199911	王晓红	75	79

图 6-31　学生成绩单

（1）建立 3 个 DataFrame 存储 3 组成绩，分别是 df1、df2、df3。代码如下：

```
import numpy as np
import pandas as pd
df1=pd.DataFrame({'xuehao':range(199901,199906),
                  'name':['张海','赵大强','吉建军','李梅','孙亮'],
                  'math':np.random.randint(0,100,size=5),     #随机生成0～100的5个随
机整数
                  'English':np.random.randint(0,100,size=5)})
df2=pd.DataFrame({'xuehao':range(199906,199911),
                  'name':['王华','李晓','郑丽雯','苏明明','周鹏'],
                  'math':np.random.randint(0,100,size=5),
                  'English':np.random.randint(0,100,size=5)})
df3=pd.DataFrame({'xuehao':[199901,199903,199911],
                  'name':['张海','吉建军','王晓红'],
                  'Python':[70,86,75],
                  'physics':[80,95,79]})
```

（2）将 df1 和 df2 首尾连接并合并成一个新的 DataFrame，即 r1。

```
r1=pd.concat([df1,df2],ignore_index=True)
print(r1)
```

也可以用 append() 实现：

```
r1=df1.append(df2,ignore_index=True)
```

结果如下：

```
   xuehao   name   math   English
0  199901   张海     97     70
1  199902   赵大强   59     78
2  199903   吉建军   98     81
3  199904   李梅     86     99
4  199905   孙亮     41     58
5  199906   王华     99     87
6  199907   李晓     70     79
7  199908   郑丽雯   66     91
```

| 8 | 199909 | 苏明明 | 82 | 46 |
| 9 | 199910 | 周鹏 | 91 | 70 |

（3）依据"xuehao"和"name"两个键，完成 df1 和 df3 的左右外连接，生成 r2。

```
r2=pd.merge(df1,df3,on=['xuehao','name'],how='outer')
print(r2)
```

结果如下：

	xuehao	name	math	English	Python	physics
0	199901	张海	97.0	70.0	70.0	80.0
1	199902	赵大强	59.0	78.0	NaN	NaN
2	199903	吉建军	98.0	81.0	86.0	95.0
3	199904	李梅	86.0	99.0	NaN	NaN
4	199905	孙亮	41.0	58.0	NaN	NaN
5	199911	王晓红	NaN	NaN	75.0	79.0

（4）将 r2 中的 Python 和 pyhsics 两列中的缺失值分别用两列的均值填充，保留 1 位小数，同时删除 math 和 English 两列中有缺失值的行。

```
r2[['Python','physics']]=r2[['Python','physics']].fillna(r2[['Python','physics']
].mean().round(1))
r2=r2.dropna(subset=['math','English'])
print(r2)
```

结果如下：

	xuehao	name	math	English	Python	physics
0	199901	张海	97.0	70.0	70.0	80.0
1	199902	赵大强	59.0	78.0	77.0	84.7
2	199903	吉建军	98.0	81.0	86.0	95.0
3	199904	李梅	86.0	99.0	77.0	84.7
4	199905	孙亮	41.0	58.0	77.0	84.7

（5）计算 r2 中每个人 4 门课程的平均成绩。

```
select_col=r2.columns[2:]
avg_scores=pd.DataFrame(r2[select_col].mean(axis=1).round(1),columns=['Average'])
print(avg_scores)
```

结果如下：

```
   Average
0    79.2
1    74.7
2    90.0
3    86.7
4    65.2
```

（6）将平均成绩 avg_scores 和 r2 合并。

```
r2=pd.merge(r2,avg_scores,left_index=True,right_index=True)
print(r2)
```

结果如下：

```
    xuehao   name    math   English  Python  physics  Average
0   199901   张海     97.0   70.0     70.0    80.0     79.2
1   199902   赵大强   59.0   78.0     77.0    84.7     74.7
2   199903   吉建军   98.0   81.0     86.0    95.0     90.0
3   199904   李梅     86.0   99.0     77.0    84.7     86.7
4   199905   孙亮     41.0   58.0     77.0    84.7     65.2
```

2. 假设有一个身体健康监测文件 bmi.xlsx，如表 6-3 所示，请完成以下数据变换与数据分析工作。

表 6-3　身体健康监测文件 bmi.xlsx

number	sex	height	weight
101	男	1.80	75
102	女	1.71	52
103	女	1.68	61
104	男	1.78	73
105	女	1.62	57
106	男	1.73	55
107	女	1.52	63
108	男	1.82	90
109	男	1.79	78
110	女	1.66	48
111	男	1.70	69
112	女	1.67	50
113	男	1.85	82
114	男	1.51	52
115	女	1.45	41
116	女	1.56	70
117	男	1.65	67
118	女	1.70	51
119	女	1.65	61
120	女	1.55	46

（1）读取身体健康监测文件 bmi.xlsx，并对 height 和 weight 两列原始数据进行 Min-Max 标准化变换。代码如下：

```
import numpy as np
import pandas as pd
import matplotlib.pyplot as plt
#定义 Min-Max 标准化函数
def MinMaxScale(data):
    return((data-data.min())/(data.max()-data.min()))
df1=pd.read_excel("bmi.xlsx")    #读取文件
select_cols1=['height','weight']
min_max_scale=MinMaxScale(df1[select_cols1])
```

```
print(min_max_scale.head(6))    #输出变换结果的前 6 行
```

运行结果如下：

```
    height    weight
0   0.875     0.693878
1   0.650     0.224490
2   0.575     0.408163
3   0.825     0.653061
4   0.425     0.326531
5   0.700     0.285714
```

（2）对 height 和 weight 两列原始数据进行 Z-score 标准化变换。

```
#定义 Z-score 标准化函数
def StandScale(data):
    return(data-data.mean())/data.std()
stand_scale=StandScale(df1[select_cols1])
print(stand_scale.tail(6))    #输出变换结果的后 6 行
```

运行结果如下：

```
     height      weight
14   -1.991786   -1.596533
15   -0.995893    0.602966
16   -0.181071    0.375432
17    0.271607   -0.838085
18   -0.181071   -0.079637
19   -1.086429   -1.217309
```

（3）计算 BMI（Body Mass Index，身体质量指数），并添加到 DataFrame 列中。BMI=体重/身高的平方（体重单位为 kg，身高单位为 m）。

```
df1['BMI']=df1['weight']/df1['height']**2
```

（4）根据性别分组，计算 height、weight、BMI 的均值，以及 weight 的标准差。

```
grouped=df1.groupby('sex')
select_cols2=['height','weight','BMI']
print(grouped[select_cols2].mean())
print(grouped['weight'].std())
```

运行结果如下：

```
height       weight       BMI
sex
女    1.615455    54.545455    21.017712
男    1.736667    71.222222    23.481079
sex
女     8.594925
男    12.183778
Name: weight, dtype: float64
```

（5）BMI≤18.5 为"偏瘦"，18.5＜BMI≤24 为"适中"，24＜BMI≤28 为"偏胖"，BMI

＞28 为"肥胖"。对 BMI 进行分布分析，将分析结果存储在新的一列中。

```
bins=[0,18.5,24,28,50]
bmi_groups=['偏瘦','适中','偏胖','肥胖']
cuts=pd.cut(df1['BMI'],bins,labels=bmi_groups,include_lowest=True)  #对 BMI 值进行
区间划分
df1['assess']=cuts
print(df1.head(10))  #输出前 10 行
counts = pd.value_counts(cuts)      #统计每个区间的人数
print(dict(counts))
```

运行结果如下：

number	sex	height	weight		BMI	assess
0	101	男	1.80	75	23.148148	适中
1	102	女	1.71	52	17.783250	偏瘦
2	103	女	1.68	61	21.612812	适中
3	104	男	1.78	73	23.040020	适中
4	105	女	1.62	57	21.719250	适中
5	106	男	1.73	55	18.376825	偏瘦
6	107	女	1.52	63	27.268006	偏胖
7	108	男	1.82	90	27.170632	偏胖
8	109	男	1.79	78	24.343809	偏胖
9	110	女	1.66	48	17.419074	偏瘦

{'适中': 10, '偏瘦': 5,'偏胖': 4,'肥胖': 1}

（6）根据所有女性在每个 BMI 区间的人数，绘制直方图。

```
df2=df1.loc[df1['sex']=='女']
cuts2=df2['assess']
plt.rcParams['font.sans-serif'] = ['SimHei']
cuts2.value_counts().plot(kind='bar')
plt.show()
```

运行结果如图 6-32 所示。

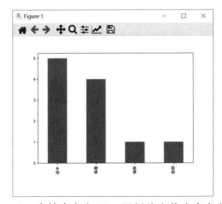

图 6-32　女性在各个 BMI 区间的人数分布直方图

数据处理与数据分析　**第 6 章**

四、编程并上机调试

假设有水果信息表 fruit.xlsx（见表6-4）和订单表 order.xlsx（见表6-5），完成以下任务。

表6-4 水果信息表 fruit.xlsx

fruit_id	fruit_name	price	region
001	苹果	8.5	华北
002	香蕉	5.6	华南
003	橙子	7.8	华中
004	梨	5.2	华北
005	葡萄	10.9	西北
…	…	…	…

表6-5 订单表 order.xlsx

order_id	user_name	fruit_id	kilogram	year	month
S01	小王	002	169	2015	8
S02	小张	005		2015	7
S03	小刘	003	203		
S04	小周	002	265	2016	9
S05	小李	001	356	2016	5
S06	小吴	002		2017	5
S07	小赵	003	178	2017	12
…	…	…	…	…	…

（1）查看订单表中数据的缺失情况，并删除 year、month 两列含有缺失数据的行。

（2）查看订单表中是否有重复的行，并删除重复行。

（3）将订单表按 fruit_id 分组，将 kilogram 列缺失值填充为每一组的均值。

（4）将订单表的 year、month 两列合并为 date 列。

（5）将 fruit_id 字段用作键，合并水果信息表和订单表，生成新的数据表，包括 order_id、user_name、fruit_id、fruit_name、kilogram、price、region、date、month 等列。

（6）生成新的一列 amount，amount=price×kilogram。

（7）对 amount 列进行 Z-score 标准化变换。

（8）计算并分析 amount 列的集中趋势指标。

第7章 sklearn 构造数据分析模型

机器学习是研究使用计算机模拟或者实现人类学习活动的学科。scikit-learn（简称 sklearn）是 Python 的一个开源机器学习模块，它建立在 NumPy 和 SciPy 模块之上，实现了各种机器学习算法，包括聚类、分类、回归等算法，主要有 SVM（Support Vector Machine，支持向量机）算法、Logistic 回归算法、朴素贝叶斯算法、K-Means（k 均值聚类）算法、DBSCAN（Density-Based Spatial Clustering of Applications with Noise，具有噪声的基于密度的聚类）算法等，可以让用户简单、高效地进行数据挖掘和数据分析。

7.1 机器学习基础

机器学习基础

7.1.1 机器学习概念

人类学习是根据历史经验归纳出事物的规律，当遇到新的问题时，根据事物的规律来预测未来，过程如图 7-1（a）所示。朝霞不出门，晚霞行千里等，这些都体现了人类的智慧。人类具有很强的归纳能力，根据每天的观察和历史经验，慢慢训练出分辨是否下雨的"分类器"（或者说规律），用于预测未来。

而机器学习是基于历史数据不断调整参数并训练出模型，输入新的数据后能使用模型预测结果，过程如图 7-1（b）所示。

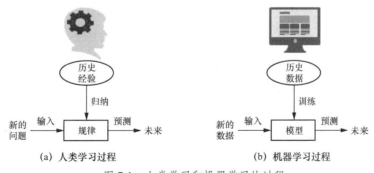

图 7-1　人类学习和机器学习的过程

7.1.2 机器学习分类

1. 监督学习

监督学习利用已知类别的样本，训练得到一个最优模型，使其达到所要求的性能，再利用训练所得模型，将所有的输入映射为相应的输出，对输出进行简单的判断，从而实现分类的目的。

通俗来讲，监督学习就是我们给计算机一堆选择题（训练样本），并同时提供给它们标准答案，计算机努力调整自己的模型参数，尽量使自己推测的答案与标准答案一致。也就是说，先让计算机学会怎么做选择题，再让计算机去帮我们做没有提供答案的选择题（测试样本）。

常见的监督学习算法有线性回归算法、BP（Back Propagation，误差逆传播）神经网络算法、决策树分类算法、支持向量机算法、k 近邻（K-Nearest Neighbor，KNN）分类算法等。

2．无监督学习

对于没有标记类别的样本，无监督学习算法直接对输入数据集进行建模，例如聚类，即"物以类聚，人以群分"，只需要把相似度高的东西归为一类，对于新加入的样本，计算相似度后，按照相似度进行归类就好。

通俗来讲，无监督学习就是我们给计算机一堆物品（训练样本），但是不提供标准的分类答案，计算机尝试分析这些物品之间的关系，再对物品进行分类。计算机也不知道这堆物品的类别分别是什么，但计算机认为每一个类别内的物品应该是相似的。

常见的无监督学习算法有层次聚类算法、K-Means 算法、DBSCAN 算法等。

3．半监督学习

半监督学习让学习系统自动地对大量未标记数据进行利用，辅以少量已标记数据进行学习。

传统的监督学习通过对大量有标签的训练样本进行学习，以建立模型用于预测新的样本的标签。在分类任务中，标签就是样本的类别；而在回归任务中，标签就是样本所对应的实际输出。随着人类收集、存储数据能力的提升，在很多实际任务中可以很容易地获取大批未标记数据，而对这些数据赋予标签往往需要耗费大量的人力、物力。半监督学习提供了利用"廉价"的未标记样本的途径，将大量的未标记样本加到有限的有标签样本中用于训练，期望能提升学习性能。

常见的半监督学习算法有标签传播算法（Label Propagation Algorithm，LPA）、生成模型算法、自训练算法、半监督支持向量机算法、半监督聚类算法等。

4．强化学习

强化学习又称再励学习、评价学习或增强学习，是以"试错"的方式进行学习，通过与环境进行交互使强化信号（奖励信号）函数值最大。强化学习中的监督学习，主要表现在强化信号上。在强化学习中，由环境提供的强化信号（通常为标量信号）用于对产生动作的好坏进行评价，而不是告诉强化学习系统如何去产生正确的动作。由于外部环境提供的信息很少，强化学习系统必须靠自身的经验进行学习。

通俗来讲，强化学习就是我们给计算机一堆选择题（训练样本），但是不提供标准答案，计算机尝试去做这些题，我们作为老师批改计算机做得对不对。对的越多，奖励越多，则计算机会努力调整自己的模型参数，希望自己能够得到更多的奖励。不严谨地讲，强化学习相当于先无监督学习后监督学习。

7.1.3 机器学习流程

机器学习的整体流程如图 7-2 所示。机器学习的整体流程是一个反复迭代的过程，即通过数据采集获取数据集；对数据集中的噪声数据、缺失数据进行清理后，进行特征提取与选择；再使用机器学习算法对特征进行计算并训练出模型（算法）；最后对模型进行评估测试，根据评估结果重新进行特征提取与选择。

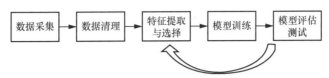

图 7-2　机器学习的整体流程

本章并不会详细地介绍具体模型（算法）的实现细节和数学推导过程，而是主要使用机器学习库 sklearn 中提供的方法来完成具体任务，以期读者能熟悉并理解机器学习过程。

7.1.4　机器学习库 sklearn 的安装

下面介绍在 Windows 操作系统上安装机器学习库 sklearn，与在 Ubuntu 系统中安装的过程类似。

1．直接安装

首先需要安装 NumPy 和 SciPy：

```
pip3 install numpy
pip3 install scipy
```

安装 sklearn：

```
pip3 install scikit-learn
```

这样，pip3 安装的库就在 D:\python3.9\Lib\site-packages 路径下（D:\python3.9 是 Python 的安装路径）。最后输出 "Successfully installed scikit-learn-1.0.2" 表示安装完成。

在命令提示符窗口下输入 pip3 list 并执行，能输出 sklearn 这一项就表示 sklearn 安装成功了。

2．通过.whl 文件安装

首先下载.whl 文件，可以从 Windows 下的 Python 扩展包网站下载，进入页面后直接按 "Ctrl+F" 键来搜索需要的包文件。在此要注意所选择的包的版本以及对应的位数，下载后通过命令提示符窗口进入.whl 文件所在目录，命令格式为 pip3 install×××.whl（文件全名）。

例如，NumPy 文件：
- numpy-1.22.4+mkl-cp39-cp39-win_amd64.whl（64 位，Python 3.9）；
- numpy-1.22.4+mkl-cp39-cp39-win32.whl（32 位，Python 3.9）。

例如，SciPy 文件：
- SciPy-1.8.1-cp39-cp39-win_amd64.whl（64 位，Python 3.9）；
- SciPy-1.8.1-cp39-cp39-win32.whl（32 位，Python 3.9）。

例如，sklearn 文件：
- scikit_learn-1.0.2-cp39-cp39-win_amd64.whl（64 位，Python 3.9）；

- scikit_learn-1.0.2-cp39-cp39-win32.whl（32 位，Python 3.9）。

然后在命令提示符窗口中，进入刚刚下载的文件的目录，执行如下命令（以 64 位为例）：

```
pip3 install numpy-1.22.4+mkl-cp39-cp39-win_amd64.whl
pip3 install SciPy-1.8.1-cp39-cp39-win_amd64.whl
pip3 install scikit_learn-1.0.2-cp39-cp39-win_amd64.whl
```

只要注意依赖包之间的安装顺序，安装过程就会非常顺利。如果确实遇到问题，有可能是已安装的部分依赖包版本和待安装的依赖包所需的版本不一致，那么可尝试先卸载旧版本的依赖包，命令格式为 pip3 uninstall ×××（相应包），再去下载对应的最新依赖包并安装，这样应该会解决绝大多数环境配置问题。

7.2 机器学习库 sklearn 的应用

机器学习通常包括特征选择、模型训练、模型评估等步骤。使用 sklearn 库可以方便地进行特征选择和模型训练工作。sklearn 库提供了数据预处理、监督学习、无监督学习、特征选择和模型评估等方法，包含众多子库或模块，如数据集（sklearn.datasets）、特征预处理（sklearn.preprocessing）、特征选择（sklearn.feature_selection）、特征抽取（feature_extraction）、模型评估（sklearn.metrics、sklearn.cross_validation）、模型训练（sklearn.cluster、sklearn.semi_supervised、sklearn.svm、sklearn.tree、sklearn.linear_model、sklearn.naive_bayes、sklearn.neural_network）等。sklearn 库常见的引用方式如下：

```
from sklearn import <模块名>
```

sklearn 常用模块和类如表 7-1 所示。

表 7-1　sklearn 常用模块和类

模块	类	类别	功能说明
sklearn.preprocessing	StandardScaler	无监督	标准化
	MinMaxScaler	无监督	区间缩放
	Normalizer	无信息	归一化，可不依赖于 fit()
	Binarizer	无信息	定量特征二值化，可不依赖于 fit()
	OneHotEncoder	无监督	定性特征编码
	Imputer	无监督	缺失值计算
	PolynomialFeatures	无信息	多项式变换，可不依赖于 fit()
	FunctionTransformer	无信息	自定义函数变换
sklearn.feature_selection	VarianceThreshold	无监督	方差选择法
	RFE	监督	递归特征消除法
	SelectFromModel	监督	自定义模型训练选择法
sklearn.decomposition	PCA	无监督	主成分分析降维
sklearn.lda	LDA	监督	线性判别分析降维

模块	类	类别	功能说明
sklearn.cluster	KMeans	无监督	k 均值聚类算法
	DBSCAN	无监督	具有噪声的基于密度的聚类算法
sklearn.linear_model	LinearRegression	监督	线性回归算法
sklearn.neighbors	KNeighborsClassifier	监督	KNN 算法
sklearn.tree	DecisionTreeClassifier	监督	决策树分类算法

说明：机器学习和数据挖掘是经常被一起提及的两个词语。机器学习是数据挖掘的一种重要工具。数据挖掘不仅要研究、拓展、应用一些机器学习方法，还要通过许多非机器学习技术来解决数据存储等更为实际的问题。机器学习应用广泛，不仅可以应用在数据挖掘领域，还可以应用到与数据挖掘不相关的其他领域，如自动控制等领域。总体来说，数据挖掘是从应用目的角度定义的名词，而机器学习则是从方法过程角度定义的名词。

sklearn 库对各类算法进行了较好的封装，几乎所有算法都可以使用 fit()、predict()、score() 等函数进行训练、预测和评价。每个算法对应一个模型，记为 model。sklearn 库为模型提供的常用接口如表 7-2 所示。

表 7-2　sklearn 库为模型提供的常用接口

接口	用途
model.fit()	训练数据，监督模型使用 fit(X, Y)，非监督模型使用 fit(X)
model.predict()	预测测试样本
model.predict_proba()	输出与预测结果相对应的置信概率
model.score()	输出模型在新数据上拟合质量的评分
model.transform()	对特征进行转换

本节主要围绕聚类、分类、回归和主成分分析介绍 sklearn 库的应用。

7.2.1　sklearn 常用数据集

sklearn 库中自带一些小型标准数据集，无须从别处下载任何文件即可加载使用，以便用户快速掌握 sklearn 中各种算法的使用方法。以下代码分别加载了 sklearn.datasets 中的两个经典数据集：iris 数据集和 digits 数据集。

sklearn 常用数据集

```
from sklearn import datasets
iris = datasets.load_iris()
print(iris.data.shape)
#print(iris.items())
digits = datasets.load_digits()
#print(digits.items())    #items()列出 digits 数据集中的所有属性
print(digits.images.shape)
```

iris 的中文意思是鸢尾花，iris 数据集包含 3 种鸢尾花，分别为山鸢尾（Iris-setosa）、变色鸢尾（Iris-versicolor）和维吉尼亚鸢尾（Iris-virginica），如图 7-3 所示。

| (a) 山鸢尾 | (b) 变色鸢尾 | (c) 维吉尼亚鸢尾 |

图 7-3　3 种鸢尾花

iris 数据集中共 150 条记录，每种鸢尾花各 50 条记录。该数据集是字典类型的数据。因此我们可以使用 iris.items()、iris.keys()、iris.values()查看其中的数据。使用 iris.keys()，得到返回结果为 dict_keys(['data', 'target', 'frame', 'target_names', 'DESCR', 'feature_names', 'filename'])。

由 iris.data，可得一个矩阵，共 4 列。该数据集共 150 条记录，可通过 iris.data.shape 查看这个矩阵的形状，得到返回结果：(150, 4)。

由 iris.feature_names，可得列表['sepal length (cm)', 'sepal width (cm)', 'petal length (cm)', 'petal width (cm)']，可知 iris.data 中的 4 列数据分别代表鸢尾花数据的萼片长度（sepal length）、萼片宽度（sepal width）、花瓣长度（petal length）、花瓣宽度（petal width），以上 4 个特征的单位都是厘米（cm）。

iris.target 是一个数组，存储了 data 中每条记录所属的鸢尾花种类，该数组元素的值分别为 0、1、2，因此共有 3 种鸢尾花。由 iris.target_names，可得 array(['setosa', 'versicolor', 'virginica'], dtype='<U10')，代表了 target 中元素值分别对应的 3 种鸢尾花。

sklearn 中的 digits 数据集存储了数字识别的数据，包含 1797 条记录，每条记录是一个 8 行 8 列的矩阵，存储的是每幅数字图里的像素信息，digits.images.shape 返回(1797, 8, 8)。

因为 sklearn 的输入数据必须是(n_samples, n_features)的形式，所以需要对 digits.image 编号，把 8×8 的矩阵变成一个含有 64 个元素的向量，具体方法：

```
import pylab as pl
data = digits.images.reshape((digits.images.shape[0], -1))
```

此时 data.shape 返回(1797, 64)。

以上是 sklearn 中常用的两个数据集，更多数据集可参考 sklearn 官网。

7.2.2　聚类

聚类是无监督学习过程，它无须根据已有标记进行学习，而是基于样本数据间的相似度自动将数据聚集到多个簇中。sklearn 提供了多种聚类函数以供不同聚类使用。K-Means 是聚类中最为常用的算法之一，即基于欧氏距离的 k 均值聚类算法。该算法的目标是使得每个样本与其所在簇中心的距离，较其与其他簇中心的距离更近。KMeans() 基本用法如下。

聚类

```
from sklearn.cluster import KMeans
```

```
model= KMeans()                          #输入参数建立模型
model.fit(Data)                          #将数据集 Data 提供给模型进行聚类
```

此外，还有基于层次的聚类算法，该算法将数据对象组成一棵聚类树，采用自底向上或自顶向下的方式遍历，最终形成聚类。sklearn 中的 AgglomerativeClustering()方法是一种聚合式层次聚类方法，其聚类方向自底向上。它首先将样本中的每个对象作为一个初始簇，然后将距离最近的两个簇合并成新的簇，再将这个新的簇与剩余簇中最近的簇合并，这种合并过程需要反复进行，直到所有的对象最终被聚到一个簇中。

AgglomerativeClustering()的基本用法如下：

```
from sklearn.cluster import AgglomerativeClustering
model = AgglomerativeClustering()        #输入参数建立模型
model.fit(Data)                          #将数据集 Data 提供给模型进行聚类
```

DBSCAN 是基于密度的聚类算法。它不是基于距离而是基于密度进行聚类的，其目标是寻找被低密度区域分割的高密度区域。简单说，它将分布密集的样本点聚类出来，而将样本点稀疏的区域作为分割区域。这种方法对噪声的容忍性非常好，应用广泛。

DBSCAN()的基本用法如下：

```
from sklearn.cluster import DBSCAN
model = DBSCAN()                         #输入参数建立模型
model.fit(Data)                          #将数据集 Data 提供给模型进行聚类
```

关于聚类，建议读者掌握 KMeans()方法。

【例 7-1】10 个点的聚类。假设有 10 个点：(1,2)、(2,5)、(3,4)、(4,5)、(5,8)、(10,13)、(11,10)、(12,11)、(13,15)、(15,14)。请将它们分成 2 类，并绘制聚类结果。

采用 KMeans()方法的代码如下。

```
#Cluster10Points.py
from sklearn.cluster import KMeans
import numpy as np
import matplotlib.pyplot as plt
dataSet = np.array([[1,2],[2,5],[3,4],[4,5],[5,8], [10,13],[11,10],[12,11],[13,1
5],[15,14]])
km = KMeans(n_clusters=2)
km.fit(dataSet)
plt.figure(facecolor = 'w')
plt.axis([0,16,0,16])
mark = ['or', 'ob']        #指定 2 种颜色，红色为 red, 蓝色为 blue
for i in range(dataSet.shape[0]):
    plt.plot(dataSet[i, 0], dataSet[i, 1], mark[km.labels_[i]])
plt.show()
```

运行代码后的聚类结果如图 7-4 所示。

类 A 包括(1,2),(2,5),(3,4),(4,5),(5,8)。

类 B 包括(10,13),(11,10),(12,11),(13,15),(15,14)。

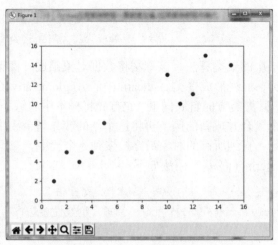

图 7-4　例 7-1 的聚类结果

7.2.3　分类

很多应用需要一个能够智能分类的工具。类似人的思维过程，为了能够让程序学会分类，需要让程序学习一些带有标签的数据，建立数据和分类结果的关联，然后程序可以应用学到的"知识"将未带标签的数据分类。与聚类不同，分类需要利用标签数据，且分类问题是监督学习问题。

常用的分类算法是 KNN 算法，该算法也是最简单的机器学习分类算法之一，对大多数问题都非常有效。KNN 算法的主要思想是，如果与一个样本在特征空间中最相似（即特征空间中最邻近）的 k 个样本大多属于某一个类别，则该样本也属于这个类别。KNeighborsClassifier() 的基本用法如下。

```
from sklearn.neighbors import KNeighborsClassifier
model = KNeighborsClassifier()          #建立分类模型
model.fit(Data,y)                       #为模型提供学习数据集 Data 和数据对应的标签结果 y
```

此外，决策树分类算法也是经典的分类算法，常用于特征含有类别信息的分类或回归问题，这种算法非常适合多分类情况。DecisionTreeClassifier() 的基本用法如下。

```
from sklearn.neighbors import DecisionTreeClassifier
model = DecisionTreeClassifier()        #建立分类模型
model.fit(Data,y)                       #为模型提供学习数据集 Data 和数据对应的标签结果 y
```

【例 7-2】基于聚类结果的坐标点分类器。例 7-1 将 10 个点分成了类 A 和类 B。现在有一个新的点 $(6, 9)$，在聚类结果 A 和 B 的基础上，新的点属于哪一类呢？

采用 KNN 算法的分类代码如下，分类结果如图 7-5 所示。

```
#m11.2Classifier.py
from sklearn.neighbors import KNeighborsClassifier
from sklearn.cluster import KMeans
import numpy as np
import matplotlib.pyplot as plt
dataSet = np.array([[1,2],[2,5],[3,4],[4,5],[5,8],[10,13],[11,10],[12,11],[13,15],
[15,14]])
```

```
km = KMeans(n_clusters=2)
km.fit(dataSet)
labels = km.labels_                              #使用 KMeans()聚类结果进行分类
knn = KNeighborsClassifier()
knn.fit(dataSet,labels)                          #学习分类结果
data_new = np.array([[6,9]])
label_new = knn.predict(data_new)                #对点(6,9)进行分类
plt.figure(facecolor = 'w')
plt.axis([0,16,0,16])
mark = ['or', 'ob']
for i in range(dataSet.shape[0]):
    plt.plot(dataSet[i, 0], dataSet[i, 1], mark[labels[i]])
plt.plot(data_new[0,0], data_new[0,1], mark[label_new[0]],markersize=17)  #画新的点
plt.show()
```

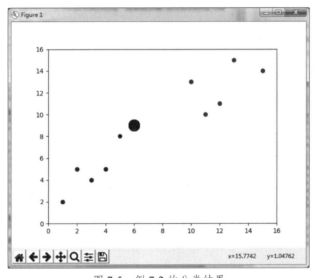

图 7-5　例 7-2 的分类结果

从图 7-5 可以看到，点(6,9)被归类 A。本例采用了 KMeans()聚类结果作为标签进行分类。然而，分类本身并不一定使用聚类结果，聚类结果只是给出了数据点和类别的一种对应关系。只要分类器学习了某种对应关系，它就能够进行分类。

7.2.4　回归

回归模型是统计预测模型,用以描述和评估因变量与一个或多个自变量之间的关系，即自变量 X 与因变量 y 的关系。

线性回归模型是非常简单的回归模型。线性回归的思想是根据数据点构造回归函数 $y=f(X)$, 函数的参数基于数据点通过解方程获得。LinearRegression()的基本用法如下。

回归、主成分分析

```
from sklearn.linear_model import LinearRegression
model = LinearRegression()                    #建立线性回归模型
model.fit(X,y)                                 #建立线性回归模型，X 是自变量，y 是因变量
```

```
predicted = model.predict(X_new)       #对新样本进行预测
```

在实际应用中存在很多二分类问题，可以使用 Logistic 回归解决此类问题。在 Logistic 回归中，回归函数的 y 值只有两个可能，也称为二元回归。可以使用 sklearn 库中的 LogisticRegression()接收数据并进行预测，基本用法如下。

```
from sklearn.linear_model import LogisticRegression
model = LogisticRegression()              #建立 Logistic 回归模型
model.fit(X,y)                            #建立 Logistic 回归模型，X 是自变量，y 是因变量
predicted = model.predict(X_new)          #对新样本进行预测
```

【例 7-3】坐标点的预测器。已知 10 个点，此时获得信息，在横坐标 7 的位置将出现一个新的点，却不知道纵坐标。请预测最有可能的纵坐标。

这是典型的预测问题，可以通过回归来实现。下面给出基于线性回归模型的预测器代码，预测结果如图 7-6 所示，预测点采用菱形表示。

```
#Regression.py
from sklearn import linear_model
import numpy as np
import matplotlib.pyplot as plt
dataSet = np.array([[1,2],[2,5],[3,4],[4,5],[5,8], [10,13],[11,10],[12,11],[13,15],[15,14]])
X = dataSet[:,0].reshape(-1,1)
y = dataSet[:,1]
linear = linear_model.LinearRegression()
linear.fit(X,y) #根据横、纵坐标构造回归函数
X_new = np.array([[7]])
plt.figure(facecolor = 'w')
plt.axis([0,16,0,16])
plt.scatter(X, y, color='black') #绘制所有点
plt.plot(X, linear.predict(X), color='blue',linewidth=3)
plt.plot(X_new , linear.predict(X_new ), 'Dr', markersize=17)
plt.show()
```

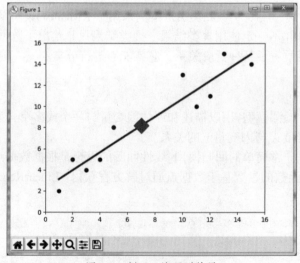

图 7-6   例 7-3 的预测结果

7.2.5 主成分分析

主成分分析（Principal Component Analysis，PCA）是一种通过统计学方式进行特征降维的方法。PCA 通过正交变换将一组可能存在相关关系的变量转换为一组线性不相关的变量，转换后的这组变量叫作主成分。

PCA 常用于对高维特征进行降维处理，是一种线性变换，这种变换要把原始数据映射到一个新的坐标系中，同时要保留原有数据中的大部分信息，即保持投影数据的方差最大。PCA 变换在找到第一主成分后，在剩余部分中寻找与第一主成分的方向垂直，且投影方差最大的坐标系，即第二主成分，直到剩余方差足够小或不可再分。在 sklearn 库中可使用 decomposition 模块的 PCA() 进行主成分分析，基本用法如下：

```
from sklearn.decomposition import PCA
model = PCA()                    #输入参数建立模型
model.fit(Data)                  #将数据集 Data 提供给模型进行拟合
model.transform(Data)            #将数据集 Data 提供给模型进行降维
```

【例 7-4】将二维坐标系中的 10 个坐标点降维到一维。假设有 10 个点：(1,2)、(2,5)、(3,4)、(4,5)、(5,8)、(10,13)、(11,10)、(12,11)、(13,15)、(15,14)，原始数据坐标如图 7-7 所示。请将它们降维到一维。

采用 PCA() 的代码如下。

```
# PCA10Points.py
import pandas as pd
from sklearn.decomposition import PCA
import matplotlib.pyplot as plt
import seaborn as sns
plt.rcParams['font.sans-serif'] = 'SimHei'
plt.rcParams['axes.unicode_minus'] = False
df = pd.DataFrame([[1, 2],[2, 5],[3, 4],[4, 5],[5, 8],
                  [10, 13],[11, 10],[12, 11],[13, 15],[15, 14]], columns=['X', 'Y'])
plt.title('原始数据坐标图')
sns.scatterplot(data=df, x='X', y='Y')
plt.show()
pca = PCA(n_components=2)     # 要保留的维度为 2
pca.fit(df)
print(f'可解释方差比例: {pca.explained_variance_ratio_}')

pca = PCA(n_components=1)     # 要保留的维度为 1
pca.fit(df)
df_new = pca.transform(df)
print('PCA 降维后的数据: ')
print(df_new)
```

运行结果如下：

```
可解释方差比例: [0.97409711 0.02590289]
PCA 降维后的数据:
```

```
[[ 9.38326578]
 [ 6.64495742]
 [ 6.55995269]
 [ 5.14829615]
 [ 2.40998779]
 [-4.64829493]
 [-3.40664784]
 [-4.81830439]
 [-8.21993865]
 [-9.05327401]]
```

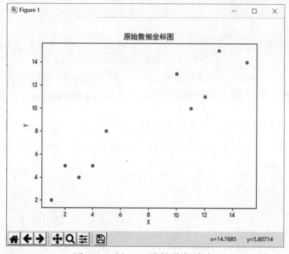

图 7-7   例 7-4 原始数据坐标

由运行结果可知，此二维坐标系中的 10 个点，在使用 PCA 进行 2 个维度上的投影后，其特征维度的方差比例大约为 97.4%和 2.6%，投影后第一个特征占据了绝大部分的主成分比例。由此，我们可将 10 个坐标点降维到一维。

7.2.6   鸢尾花相关的分类、预测及降维

在了解聚类、分类和回归的基础上，对 iris 数据集还可以进行进一步操作。iris 数据集中每个数据有 4 个属性特征：萼片长度、萼片宽度、花瓣长度、花瓣宽度。可以利用这些特征训练一个分类模型，用来对不同品种的鸢尾花进行分类。

鸢尾花分类、鸢尾花萼片宽度预测

1. 鸢尾花分类

分类模型中常用的是 KNN 算法。该算法首先需要学习，所以将 iris 数据集随机分成包含 140 条数据的训练集和 10 条数据的测试集，并对预测准确度进行计算。由于 iris 数据集包括人工识别的标签，因此用 140 条数据来学习将比较准确。对于实际应用，可以采集一个小规模数据集并进行人工分类，再利用分类结果识别大规模数据集内容。

```
#IrisClassifier.py
from sklearn import datasets
from sklearn.neighbors import KNeighborsClassifier
import numpy as np
```

```
def loadIris():
    iris = datasets.load_iris()                    #从 datasets 中导入数据
    Data = iris.data                               #每个鸢尾花有 4 个属性特征
    Label = iris.target                            #每个鸢尾花所属品种
    np.random.seed(0) #设置随机种子
    indices = np.random.permutation(len(Data))
    DataTrain = Data[indices[:140]]                #训练数据有 140 条
    LabelTrain = Label[indices[:140]]
    DataTest = Data[indices[-10:]]                 #测试数据有 10 条
    LabelTest = Label[indices[-10:]]
    return DataTrain, LabelTrain, DataTest, LabelTest
def calPrecision(prediction, truth):
    numSamples = len(prediction)
    numCorrect = 0
    for k in range(0, numSamples):
        if prediction[k] == truth[k]:
            numCorrect += 1
    precision = float(numCorrect) / float(numSamples)
    return precision
def main():
    iris_data_train, iris_label_train, iris_data_test\
    ,iris_label_test=loadIris()
    knn = KNeighborsClassifier()                    #将分类器实例化并赋给变量 knn
    knn.fit(iris_data_train, iris_label_train)#调用 fit()将训练数据导入分类器进行训练
    predict_label = knn.predict(iris_data_test)
    print('测试集中鸢尾花的预测类别: {}'.format(predict_label))
    print('测试集中鸢尾花的真实类别: {}'.format(iris_label_test))
    precision = calPrecision(predict_label,iris_label_test)
    print('KNN 分类器的准确度: {} %'.format(precision*100))
main()
```

为了计算预测的准确度，定义一个函数 calPrecision()，通过比较测试集数据的预测结果和 iris 数据集中记录的真实分类情况的差异，对 KNN 分类器的准确度进行评价。依次对两个列表中相同位置的值进行比较，统计预测正确的次数。最后将正确次数除以总预测数，得到预测准确度。

运行结果如下：

```
测试集中鸢尾花的预测类别: [1 2 1 0 0 0 2 1 2 0]
测试集中鸢尾花的真实类别: [1 1 1 0 0 0 2 1 2 0]
KNN 分类器的准确度: 90.0 %
```

2．鸢尾花萼片宽度预测

iris 数据集已经给出了 3 种鸢尾花的花瓣数据，假设将目光投向外太空，已知外星鸢尾花的萼片长度，希望预测它的萼片宽度，该怎么做呢？这就需要用到回归模型。

假设外星鸢尾花都是山鸢尾类型，首先使用地球上 iris 数据集中所有山鸢尾数据进行

训练，得到线性回归模型。然后输入外星鸢尾花的萼片长度，使用线性回归拟合得到萼片宽度预测值。

实例代码直接使用了 sklearn 库的线性回归函数 LinearRegression()，对 iris 模型中已知的 50 个山鸢尾花进行数据处理，得到回归模型。然后根据用户输入的外星鸢尾花的萼片长度，预测对应的萼片宽度。

```python
#IrisPredict.py
import numpy as np
from sklearn import datasets
from sklearn import linear_model
import matplotlib.pyplot as plt
import matplotlib
matplotlib.rcParams['font.family']='SimHei'
matplotlib.rcParams['font.sans-serif'] = ['SimHei']
def loadIris():
    iris = datasets.load_iris()              #加载 iris 数据集
    iris_X = iris.data[:50, 0].reshape(-1, 1)
    iris_y = iris.data[:50, 1]
    return iris_X, iris_y                     #返回萼片长度 iris_X 和萼片宽度 iris_y
def showLR(regr, iris_X, iris_y):
    plt.figure(facecolor='w')
    plt.scatter(iris_X, iris_y, color='black')        #将训练数据以散点图的形式绘制在图像中
    plt.plot(iris_X,regr.predict(iris_X),color='blue',linewidth=3)#同时绘制已经训练好的线性回归函数
    plt.title('鸢尾花的线性预测')
    plt.xlabel('鸢尾花的萼片长度')
    plt.ylabel('鸢尾花的萼片宽度')
    plt.show()
def main():
    X,y= loadIris()
    liner = linear_model.LinearRegression()     #根据线性回归函数构造线性回归模型
    liner.fit(X,y)                               #对数据进行训练
    showLR(liner, X, y)                          #将训练数据以散点图的形式绘制在图像中
    x = input("请输入萼片长度（单位 cm）: ")
    x = np.array(float(x)).reshape(1, -1)
    print("预测的萼片宽度是{:.2} cm".format(liner.predict(x)[0]))     #保留两位小数
main()
```

实例效果如图 7-8 所示，运行结果如下：

```
请输入萼片长度（单位 cm）: 1
预测的萼片宽度是 0.23 cm
```

3. 鸢尾花数据降维

前文对 iris 数据集进行分类和预测的基础是 4 维数据，也可以先利用 PCA 对 iris 数据进行降维，然后在降维后的数据上进行分类和回归。

鸢尾花数据降维

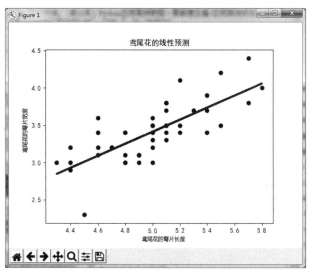

图 7-8　预测萼片宽度

实例代码直接使用了 sklearn 库的主成分分析函数 PCA()，对 iris 数据集中已有的 4 维数据进行拟合，得到 PCA 模型。然后以经 PCA 映射后的新特征为坐标，绘制出鸢尾花数据的散点图，如图 7-9 所示。

```
# IrisPCA.py
from sklearn.datasets import load_iris
from sklearn.decomposition import PCA
import pandas as pd
import matplotlib.pyplot as plt
import seaborn as sns
plt.rcParams['font.sans-serif'] = 'SimHei'
plt.rcParams['axes.unicode_minus'] = False
iris = load_iris()    # 加载 iris 数据集
X = iris.data    # 获取 iris 的 4 维数据
y = iris.target    # 获取 iris 分类标签
print(f'原始 iris 数据集的特征维度：{X.shape}')

pca = PCA(n_components=0.95)    # 创建 PCA 对象，保留 95%的累积方差比例
pca.fit(X, y)
print(f'PCA 映射后的数据特征方差比例：{pca.explained_variance_ratio_}')
print(f'PCA 映射后的数据特征方差比例和：{pca.explained_variance_ratio_.sum()}')

iris_pca = pca.transform(X)    # 降维后的新特征
print(f'降维后的 iris 数据集的特征维度：{iris_pca.shape}')
# 以新特征绘制鸢尾花散点图
plt.title('鸢尾花数据 PCA 示例图')
sns.scatterplot(x=iris_pca[:, 0], y=iris_pca[:, 1], hue=y, style=y, palette='bright')
plt.xlabel('PCA 映射后的主成分 1')
```

```
plt.ylabel('PCA 映射后的主成分 2')
plt.show()
```

运行结果如下：

```
原始 iris 数据集的特征维度: (150, 4)
PCA 映射后的数据特征方差比例: [0.92461872 0.05306648]
PCA 映射后的数据特征方差比例和: 0.977685206318795
降维后的 iris 数据集的特征维度: (150, 2)
```

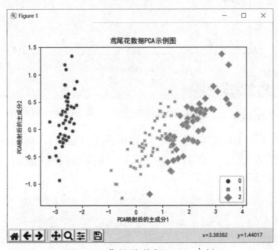

图 7-9　鸢尾花数据 PCA 示例

习　　题

1. 假设有如下 8 个点：(3,1)、(3,2)、(4,1)、(4,2)、(1,3)、(1,4)、(2,3)、(2,4)。使用 K-Means 算法对其进行聚类。假设初始聚类中心点分别为(0,4)和(3,3)，则最终的聚类中心点为(____,____)和(____,____)。

2. 在空白处补充一个函数，用于获取 data 中每一条数据的聚类标签。

```
data = loadData()
km = KMeans(n_clusters=3)
label = km._____(data)
```

3. 请使用 sklearn 中提供的其他分类模型，对 iris 数据集进行分类及评估。

4. 参考鸢尾花萼片宽度预测示例，试根据鸢尾花的花瓣长度对花瓣宽度进行预测。

5. 请使用线性回归模型对波士顿房价数据集中的房价进行预测。

实验七　sklearn 机器学习应用

实验七-1　　实验七-2

一、实验目的

通过本实验，掌握 sklearn 库中数据集的加载和使用方法，以及机器学习算法各接口的调用方法。深入理解各机器学习算法的实现原理及参数、超参数优化设置，学习在程序设计中运用各机器学习算法解决实际问题，从而进一步体会 sklearn 库的规范、便捷与高效。

二、实验要求

1. 掌握 sklearn 中数据集、算法库的加载与调用方法。
2. 根据实际任务判断适合使用哪些机器学习模型，掌握各模型的调用方法及参数设置方法。
3. 通过程序实现对所选择模型的实例化，完成对模型的训练与预测。

三、实验内容与步骤

本实验将分别使用决策树分类算法和回归算法完成一个红酒分类任务和一个房价预测任务。决策树（Decision Tree），顾名思义，是一种树形结构，它是一种既可以完成分类，又可以完成回归的监督学习模型。人类的许多决策过程通常可抽象为自顶向下的二叉树或多叉树，树的每个内部节点表示一个基于某数据样本属性的判断，每个分支则代表一个判断的结果；分类树最后的每个叶子节点代表一个分类标签，而回归树的叶子节点则是遍历完整棵树后的一个预测结果。任何一个从"根"出发的数据输入，总会到达唯一的叶子节点，这就是决策树的工作原理。

1. 使用决策树分类算法对 sklearn 中内置的红酒数据集进行分类预测，要求如下。
（1）导入相关库文件。
（2）加载并认识数据集。
（3）划分训练集、测试集。
（4）训练决策树分类模型，进行分类预测。
（5）评估分类模型准确度。
（6）决策树分类算法可视化。
程序代码：

```
# 导入相关库文件
from sklearn.datasets import load_wine
from sklearn.tree import DecisionTreeClassifier, plot_tree
from sklearn.model_selection import train_test_split
import matplotlib.pyplot as plt

def model(X, y, crit='gini', spli='best', max_d=None, min_samp_leaf=1):
    """根据不同参数，训练决策树分类模型"""
    clf = DecisionTreeClassifier(criterion=crit, splitter=spli, max_depth=max_d,
min_samples_leaf=min_samp_leaf, random_state=1024)
    clf.fit(X, y)
    return clf

if __name__ == '__main__':
    # 加载并认识数据集
    wine = load_wine()
    print(f'红酒数据集特征大小: {wine.data.shape}')
    print(f'红酒数据集分类标注: \n{wine.target}')
```

```
    print(f'红酒数据集特征名称：\n{wine.feature_names}')
    print(f'红酒数据集分类名称：\n{wine.target_names}')


    # 划分训练集、测试集
    X = wine.data
    y = wine.target
    X_train, X_test, y_train, y_test = train_test_split(X, y, test_size=0.2, ran
dom_state=1024)
    print(f'训练集记录数：{X_train.shape[0]}')
    print(f'测试集记录数：{X_test.shape[0]}')


    # 调用函数训练模型进行分类预测
    mdl = model(X_train, y_train, crit='entropy')
    y_pred = mdl.predict(X_test)


    # 评估模型分类准确度
    print(f'测试集预测分类：{y_pred}')
    print(f'测试集实际分类：{y_test}')
    print(f'模型分类正确率：{mdl.score(X_test, y_test)}')


    # 决策树模型可视化
    plt.figure(figsize=(20, 10))
    plot_tree(mdl, feature_names=wine.feature_names, class_names=wine.target_nam
es, filled=True)
    plt.show()
```

拓展：请尝试为模型设置不同的参数，比较分类效果。

2. 使用决策树回归算法对波士顿房价进行预测。

程序代码：

```
from sklearn.datasets import load_boston
from sklearn.tree import DecisionTreeRegressor
from sklearn.model_selection import train_test_split
from sklearn import metrics
import pandas as pd
import warnings
import matplotlib.pyplot as plt
import seaborn as sns
plt.style.use('seaborn-whitegrid')
plt.rcParams['font.sans-serif'] = ['Kaiti', 'Arial']
warnings.filterwarnings('ignore')


# 加载并认识数据集
boston = load_boston()
print(f'波士顿房价数据集特征大小：{boston.data.shape}')
print(f'波士顿房价数据集房价数据量：{boston.target.shape[0]}')
print(f'波士顿房价数据集特征名称：{boston.feature_names}')
```

```
print(f'波士顿房价数据集信息描述: \n{boston.DESCR}')

#  划分训练集、测试集
X = boston.data
y = boston.target
X_train, X_test, y_train, y_test = train_test_split(X, y, train_size=0.7, random
_state=1024)
print(f'训练集记录数: {X_train.shape[0]}')
print(f'测试集记录数: {X_test.shape[0]}')

#  构建、训练并预测模型
mdl = DecisionTreeRegressor(max_depth=4, random_state=1024)
mdl.fit(X_train, y_train)
y_pred = mdl.predict(X_test)

#  模型预测可视化
d = {'真实值': y_test, '预测值': y_pred}
df_price = pd.DataFrame(data=d)

plt.figure(figsize=(16, 9))
plt.title('波士顿房价预测值与真实值对比图')
sns.lineplot(data=df_price, markers=True, palette='bright')
plt.ylabel('房价')
plt.xlabel('索引')
plt.show()

#  模型评估
print('决策树回归模型评估结果: ')
print(f'回归得分r2（越接近1越好）: {metrics.r2_score(y_test, y_pred)}')
print(f'绝对均值误差MAE（越小越好）: {metrics.mean_absolute_error(y_test, y_pred)}')

#  特征重要性可视化
df_feature_importance = pd.DataFrame(mdl.feature_importances_ * 100, index=boston.feature_names, columns=['importance'])
df_feature_importance.sort_values(by='importance', ascending=False, inplace=True)

plt.figure(figsize=(9, 6))
plt.title('波士顿房价决策树回归预测特征重要性对比图')
sns.barplot(data=df_feature_importance, x=df_feature_importance.index, y=df_feature_importance.importance)
plt.xlabel('特征名称')
plt.ylabel('特征重要性')
plt.show()
```

拓展：如何优化该决策树？

第8章 数据可视化

Matplotlib 是 Python 的二维、三维绘图库，十分适合交互式地进行可视化。我们要绘制图表，或者在图像上绘制点、直线和曲线时，Matplotlib 是一个很好的库，它具有比 PIL 更强大的绘图功能。除了 Matplotlib，Python 常用的绘图库还包括 seaborn、pyecharts 等。在做数据分析时，经常需要对数据进行可视化操作，以便更直观地了解和分析数据。本章将通过这些库提供的函数实现数据可视化和数据分析。

8.1 Matplotlib 绘图可视化

Matplotlib 旨在用 Python 实现 MATLAB 的功能，是 Python 中最出色的绘图库之一，功能很完善，继承了 Python 简单明了的风格，可以很方便地绘制和输出二维以及三维的图形，并提供了常规的笛卡儿坐标、极坐标、球坐标、三维坐标等。Matplotlib 输出的图片的质量达到了科技论文中图片印刷质量的要求，能轻松完成日常基本绘图。

Matplotlib 实际上是一套面向对象的绘图库，它所绘制的图表中的每个元素（如线条、文字、刻度等）都有一个对象与之对应。为了方便用户快速绘图，Matplotlib 通过 pyplot 模块提供了一套和 MATLAB 类似的绘图 API，将众多绘图对象的复杂结构隐藏在这套 API 内部。我们只需要调用 pyplot 模块所提供的函数就可以快速绘图以及设置图表的各种细节。虽然 pyplot 模块用法简单，但它不适合在较大的应用程序中使用。

安装 Matplotlib 之前先要安装 NumPy。Matplotlib 是开源工具，可以从其官网免费下载，官网提供非常详尽的使用说明。

8.1.1 Matplotlib.pyplot 模块——快速绘图

Matplotlib 的 pyplot 模块方便用户快速绘制二维图表。Matplotlib 还提供一个名为 pylab 的模块，其中有许多 NumPy 和 pyplot 模块中常用的函数，方便用户快速进行计算和绘图，十分适合在 IPython 交互式环境中使用。

快速绘图 1

快速绘图 2

先看一个简单的绘制正弦函数 $y=\sin(x)$ 的例子。

```
# 绘制 0～4π 的正弦波
import matplotlib.pyplot as plt
from numpy import *                          #也可以使用 from pylab import *
plt.figure(figsize=(8,4))                    #创建一个绘图对象，大小为 800 像素×400 像素
x_values = arange(0.0, pi * 4, 0.01)         #步长为 0.01，初始值为 0.0，终值为 4π
y_values = sin(x_values)
```

```
plt.plot(x_values, y_values, 'b--',linewidth=1.0,label='sin(x)')    #绘图
plt.xlabel('x')                                  #设置 x 轴的文字
plt.ylabel('sin(x)')                             #设置 y 轴的文字
plt.ylim(-1, 1)                                  #设置 y 轴的显示范围
plt.title('Simple plot')                         #设置图表的标题
plt.legend()                                     #显示图例
plt.grid(True)
plt.savefig("sin.png")
plt.show()
```

效果如图 8-1 所示。

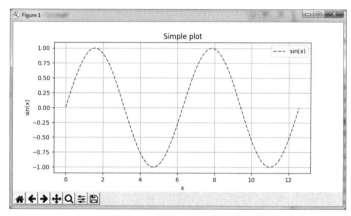

图 8-1　绘制正弦三角函数

1．调用 figure()创建一个绘图对象

```
plt.figure(figsize=(8,4))
```

调用 figure()可创建一个绘图对象，也可以不创建绘图对象直接调用 plot()绘图，Matplotlib 会为我们自动创建一个绘图对象。

如果需要同时绘制多幅图表，可以给 figure()传递一个整型参数指定绘图对象的序号。如果指定序号的绘图对象已经存在，将不创建新的绘图对象，而只是让它成为当前绘图对象。

figsize 参数指定绘图对象的宽度和高度，单位为英寸；dpi 参数指定绘图对象的分辨率，即每英寸有多少个像素，默认值为 100。因此本例中所创建的绘图对象的宽度为 800（8×100）像素，高度为 400（4×100）像素。

执行 plt.show()后，在显示图表的窗口的工具栏中单击"保存"按钮，将图表保存为 PNG图像，该图像的大小是 800 像素×400 像素。dpi 参数的值可以通过如下语句进行查看：

```
>>> import matplotlib
>>> matplotlib.rcParams["figure.dpi"]    #每英寸有多少个像素
100
```

2．通过调用 plot()函数在当前的绘图对象中绘图

创建绘图对象之后，接下来调用 plot()在当前的绘图对象中绘图。实际上 plot()在 Axes（子图）对象上绘图，如果当前的绘图对象中没有子图对象，Matplotlib 将会为之创建一个

几乎充满整个图表的子图对象，并且使此子图对象成为当前的子图对象。

```
x_values = arange(0.0, math.pi * 4, 0.01)
y_values = sin(x_values)
plt.plot(x_values, y_values, 'b--',linewidth=1.0,label="sin(x)")
```

（1）第 3 行代码将 x_values, y_values 数组传递给 plot()。

（2）通过第三个参数"b--"指定曲线的颜色和线型，这个参数称为格式化参数，它能够通过一些易记的符号快速指定曲线的样式。其中 b 表示蓝色，--表示线型为虚线。常用作图参数如下。

① color：颜色，简写为 c。

- 'b'（blue）：蓝色。
- 'g'（green）：绿色。
- 'r'（red）：红色。
- 'c'（cyan）：蓝绿色（墨绿色）。
- 'm'（magenta）：红紫色（洋红）。
- 'y'（yellow）：黄色。
- 'k'（black）：黑色。
- 'w'（white）：白色。
- 灰度表示：例如 0.75（[0,1]内任意浮点数）。
- RGB 表示法：例如'#2F4F4F' 或（0.18, 0.31, 0.31）。

② linestyles：线型，简写为 ls。

- '-': 实线。
- '--': 虚线。
- '-.': 点画线。
- ':': 点线。
- '.': 点。
- '*': 星形。

pyplot 的 plot()函数与 MATLAB 的很相似，也可以在调用时增加属性值，支持的属性值可以用 help 查看。

```
>>> import matplotlib.pyplot as plt
>>> help(plt.plot)
```

例如，调用时增加'r*'，即用红色星形来画图：

```
import math
import matplotlib.pyplot as plt
y_values = []
x_values = []
num = 0.0
#绘制正弦波
while num < math.pi * 4:
    y_values.append(math.sin(num))
    x_values.append(num)
    num += 0.1
plt.plot(x_values,y_values,'r*')
```

```
plt.show()
```

效果如图 8-2 所示。

（3）可以用关键字参数指定各种属性。

label：给所绘制的曲线指定一个名字，此名字在图例中显示。只要在字符串前后添加"$"符号，Matplotlib就会使用内嵌的 LaTeX 引擎绘制数学公式。

color：指定曲线的颜色。

linewidth：指定曲线的宽度，浮点型。

例如：

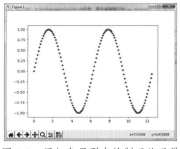

图 8-2　用红色星形来绘制正弦函数

```
plt.plot(x_values, y_values, color='r*', linewidth=1.0)  #曲线颜色为红色，宽度为1
```

3．设置绘图对象的各个属性

具体属性如下。

xlabel、ylabel：分别设置 x 轴、y 轴的标签。

title：设置图的标题。

xlim、ylim：分别设置 x 轴、y 轴的显示范围。

legend()：显示图例，即表示每条曲线的标签和样式的矩形区域。

例如：

```
plt.xlabel('x')                    #设置 x 轴的标签
plt.ylabel('sin(x)')               #设置 y 轴的标签
plt.ylim(-1, 1)                    #设置 y 轴的显示范围
plt.title('Simple plot')           #设置图表的标题
plt.legend()                       #显示图例
```

pyplot 模块提供了一组与读取和显示相关的函数，用于在绘图区域中增加显示内容及读入数据，如表 8-1 所示。这些函数需要与其他函数搭配使用，此处读者有所了解即可。

表 8-1　pyplot 模块与读取和显示相关的函数

函数	功能
plt.legend()	在绘图区域中放置绘图标签（也称图注或者图例）
plt.show()	显示创建的绘图对象
plt.matshow()	在窗口显示数组矩阵
plt.imshow()	在子图上显示图像
plt.imsave()	保存数组为图像文件
plt.imread()	从图像文件中读取数组

4．清空绘制的内容

程序代码：

```
plt.cla()                          # 清空绘制的内容
```

```
plt.close(0)                                    # 关闭 0 号图
plt.close('all')                                # 关闭所有图
```

5. 图形保存和输出设置

可以调用 plt.savefig()将当前的 Figure 对象保存成图像文件，图像格式由图像文件的扩展名决定。下面的代码将当前的图表保存为 "sin.png"，并且通过 dpi 参数指定图像的分辨率为 120，因此输出图像的宽度为 960（8×120）像素。

```
plt.savefig("sin.png",dpi=120)
```

在 Matplotlib 中绘制完成的图形通过 show()展示出来，我们可以通过图形用户界面中的工具栏对其进行设置和保存。例如，图形用户界面下方工具栏中的 "Configure Subplots" 按钮可以设置图形上、下、左、右的边距。

6. 绘制多子图

可以使用 subplot()快速绘制包含多个子图的图表，它的调用形式如下：

```
subplot(numRows, numCols, plotNum)
```

subplot()将整个绘图区域等分为 numRows×numCols 个子图，然后按照从左到右、从上到下的顺序对每个子图进行编号，左上角的子图的编号为 1。plotNum 参数可指定使用第几个子图。

如果 numRows、numCols 和 plotNum 这 3 个参数都小于 10，则可以把它们简写为一个整数，例如，subplot(324)和 subplot(3,2,4)的作用是相同的，都意味着图表被分割成 3×2（3 行 2 列）的网格，在第 4 个子图绘制。

subplot()会在参数 plotNum 指定的区域中创建一个轴对象。如果新创建的轴和先前创建的轴重叠，之前的轴将被删除。

通过 axisbg 参数（2.0 版本为 facecolor 参数）可以给每个轴设置不同的背景颜色。例如，下面的程序创建 6 个子图，并通过 facecolor 参数给每个子图设置不同的背景颜色。

```
for idx, color in enumerate("rgbyck"):          #红色、绿色、蓝色、黄色、蓝绿色、黑色
    plt.subplot(321+idx, facecolor=color)       #axisbg=color
plt.show()
```

运行效果如图 8-3 所示。

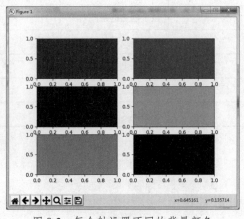

图 8-3　每个轴设置不同的背景颜色

subplot()返回它所创建的子图对象，我们可以将它用变量保存起来，然后用 sca()交替让它们成为当前子图对象，并调用 plot()在其中绘图。

7. 调节轴的间距和轴与边框的距离

当绘图对象中有多个轴时，可以通过工具栏中的"Configure Subplots"按钮，交互式地调节轴的间距和轴与边框的距离。

如果希望在程序中调节，则可以调用 subplots_adjust()函数，它有 left、right、bottom、top、wspace、hspace 等关键字参数，这些参数的值都是 0~1 的小数，它们是以绘图区域的宽、高为 1 进行正规化之后的坐标或者长度。

8. 绘制多幅图表

下面的程序演示了如何依次在不同图表的不同子图中绘制曲线。

```python
import numpy as np
import matplotlib.pyplot as plt
plt.figure(1)              # 创建图表 1
plt.figure(2)              # 创建图表 2
ax1 = plt.subplot(211)    # 在图表 2 中创建子图 1
ax2 = plt.subplot(212)    # 在图表 2 中创建子图 2
x = np.linspace(0, 3, 100)
for i in x:
    plt.figure(1)          # 选择图表 1
    plt.plot(x, np.exp(i*x/3))
    plt.sca(ax1)           # 选择图表 2 的子图 1
    plt.plot(x, np.sin(i*x))
    plt.sca(ax2)           # 选择图表 2 的子图 2
    plt.plot(x, np.cos(i*x))
plt.show()
```

在 for 循环中，先调用 figure(1)让图表 1 成为当前图表，并在其中绘图。然后调用 sca(ax1)和 sca(ax2)分别让子图 1 和子图 2 成为当前子图，并在其中绘图。当它们成为当前子图时，包含它们的图表 2 也自动成为当前图表，因此不需要调用 figure(2)。依次在图表 1 和图表 2 的两个子图之间切换，逐步在其中添加新的曲线。运行效果如图 8-4 所示。

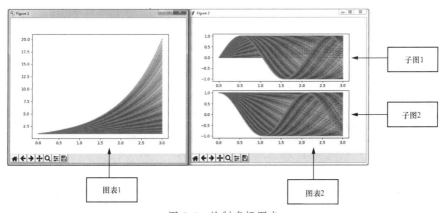

图 8-4　绘制多幅图表

数据可视化 / 第 8 章

9. 在图表中显示中文

Matplotlib 的默认配置文件中所使用的字体无法正确显示中文。为了让图表能正确显示中文，在.py 文件头部加上如下内容：

```
plt.rcParams['font.sans-serif'] = ['SimHei']        #指定默认字体
plt.rcParams['axes.unicode_minus'] = False          #解决保存图像时负号显示为方块的问题
```

其中'SimHei'表示黑体。常用中文字体及其英文表示：宋体（SimSun）、黑体（SimHei）、楷体（KaiTi）、微软雅黑（Microsoft YaHei）、隶书（LiSu）、仿宋（FangSong）、幼圆（YouYuan）、华文宋体（STSong）、华文黑体（STHeiti）、苹果俪中黑（Apple LiGothic Medium）。

8.1.2　绘制直方图、条形图、散点图、饼图

Matplotlib 是一个 Python 的绘图库，使用其绘制出来的图形和 MATLAB 绘制的图形类似。pyplot 模块提供了大量用于绘制基础图表的常用函数，如表 8-2 所示。

绘制直方图、条形图、散点图、饼图

表 8-2　pyplot 模块中绘制基础图表的函数

函数	功能
plt.plot(x, y, label, color, width)	根据 x、y 数组绘制点、直线或曲线
plt.boxplot(data, notch, position)	绘制箱线图
plt.bar(left, height, width, bottom)	绘制条形图
plt.barh(bottom, width, height, left)	绘制水平方向条形图
plt.polar(theta, r)	绘制极坐标图
plt.pie(data,explode)	绘制饼图
plt.psd(x, NFFT=256, pad_to, Fs)	绘制功率谱密度图
plt.specgram(x, NFFT=256, pad_to, F)	绘制谱图
plt.cohere (x, y, NFFT=256, Fs)	绘制 x、y 的相关性函数
plt.scatter(x,y)	绘制散点图（x、y 是长度相同的序列）
plt.step(x, y, where)	绘制步阶图
plt.hist(x, bins, normed),	绘制直方图
plt.contour(X, Y, Z, N)	绘制等值线
plt.vlines(x,ymin,ymax)	绘制垂直线
plt.stem(x, y, linefmt, markerfmt, basefmt)	绘制曲线上每个点到 x 轴的垂线
plt.plot_date()	绘制时序图
plt.plothle()	绘制数据后写入文件

pyplot 模块提供了 3 个区域填充函数，用于对绘图区域填充颜色，如表 8-3 所示。

表 8-3　　pyplot 模块的区域填充函数

函数	功能
fill(x,y,c,color)	填充多边形
fill_between(x,y1,y2,where,color)	填充两条曲线围成的多边形
fill_betweenx(y,x1,x2,where,hold)	填充两条水平线之间的区域

下面通过一些简单的代码介绍如何使用 pyplot 模块绘图。

1．直方图

直方图（Histogram）又称质量分布图，是一种统计报告图，采用一系列高度不等的纵向条纹或线段（也称"箱子"）表示数据分布的情况。一般用横轴表示数据类型，纵轴表示分布情况。直方图的绘制通过 pyplot 中的 hist() 来实现。

```
pyplot.hist(x, bins=10, color=None, range=None, rwidth=None, normed=False, orien
tation=u'vertical', **kwargs)
```

hist 的主要参数如下。

x：这个参数是数组，指定每个箱子分布的位置。

bins：这个参数指定箱子的个数，也就是总共有几条条纹或线段。

normed：是否对 y 轴数据进行标准化（如果为 True，则 y 轴数据是本区间的点出现的次数）。normed 参数现在已经不用了，替换成 density，density=True 表示绘制概率分布直方图。

color：指定箱子的颜色。

下例中 Python 产生 2 万个正态分布随机数，用概率分布直方图显示。运行效果如图 8-5 所示。

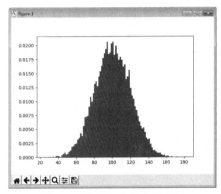

图 8-5　概率分布直方图实例

```
# 概率分布直方图，本例是正态分布
import matplotlib.pyplot as plt
import numpy as np
mu=100              # 设置均值，即中心点
sigma=20            # 用于对每个点扩大响应的倍数
# x 中的点分布在 mu 周围，以 mu 为中心点
x=mu+sigma*np.random.randn(20000)# 随机样本数量为 20000
# bins 设置箱子的个数为 100
#plt.hist(x,bins=100,color='green',normed=True)    #旧版本语法
plt.hist(x,bins=100,color='green',density= True, stacked=True)
plt.show()
```

2．条形图

条形图（Bar Chart）是用一个单位长度表示一定的数量，根据数量的大小画出长短不同的直条，然后把这些直条按一定的顺序排列起来。从条形图中很容易看出数量的大小关系。条形图的绘制通过 pyplot 中的 bar() 或者是 barh() 来实现。bar() 默认绘制竖直方向的条

形图，也可以通过设置参数 orientation = "horizontal"来绘制水平方向的条形图。而 barh()默认绘制水平方向的条形图。

```
import matplotlib.pyplot as plt
import numpy as np
y=[20,10,30,25,15,34,22,11]
x=np.arange(8)    # 0～7
plt.bar(x=x,height=y,color='green',width=0.5)# 通过设置 x 来设置并列显示
plt.show()
```

以上代码运行效果如图 8-6 所示。也可以绘制层叠的条形图，效果如图 8-7 所示。

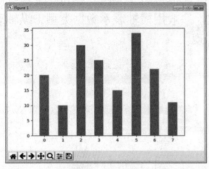

图 8-6　条形图实例

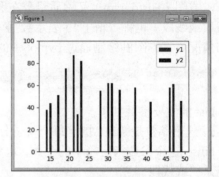

图 8-7　层叠的条形图实例

```
import numpy as np
import matplotlib.pyplot as plt
x = np.random.randint(10, 50, 20)
y1 = np.random.randint(10, 50, 20)
y2 = np.random.randint(10, 50, 20)
plt.ylim(0, 100) # 设置 y 轴的显示范围
plt.bar(x= x, height = y1, width = 0.5, color = "red", label = "$y1$")
# 设置一个底部，底部就是 y1 的显示结果，y2 在上面继续累加即可
plt.bar(x= x, height= y2, bottom= y1, width = 0.5, color = "blue", label = "$y2$")
plt.legend()
plt.show()
```

3. 散点图

散点图（Scatter Diagram）在回归分析中显示数据点在直角坐标系平面上的分布。我们一般用两组数据构成多个数据点，考察数据点的分布，判断两变量之间是否存在某种关联或总结数据点的分布模式。可使用 pyplot 中的 scatter ()绘制散点图。

```
import matplotlib.pyplot as plt
import numpy as np
# 产生10 个随机整数
x = np.random.randint(100, 200, 10)
y = np.random.randint(100, 130, 10)
# x指 x 轴，y 指 y 轴
# s 设置数据点显示的大小（面积），c 设置显示的颜色
```

```
# marker 设置数据点显示的形状，"o"是圆，"v"是向下三角形，"^"是向上三角形，其他类型参见官网的相
关文档
  # alpha 设置数据点的透明度
  plt.scatter(x, y, s= 100, c= "r", marker= "v", alpha= 0.5) # 绘制散点图
  plt.show() # 显示图形
```

散点图实例效果如图 8-8 所示。

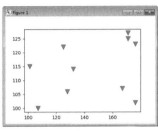

图 8-8　散点图实例

4．饼图

饼图（Sector Graph 或 Pie Graph）显示一个数据系列中各项的大小与各项总和的比例，
用百分数表示。可使用 pyplot 中的 pie()绘制饼图。

```
import numpy as np
import matplotlib.pyplot as plt
labels = ["一季度", "二季度", "三季度", "四季度"]
facts = [25, 40, 20, 15]
explode = [0, 0.03, 0, 0.03]
# 设置显示一个圆，长宽比为 1:1
plt.axes(aspect = 1)
# x 为数据，根据数据在所有数据中所占的比例显示结果
# labels 设置每个数据的标签
# autopct 设置每一块所占的百分比
# explode 设置某一块或者很多块突出显示出来，由上面定义的 explode 数组决定
# shadow 设置阴影，这样显示的效果更好
plt.pie(x = facts, labels = labels, autopct = "%.0f%%", explode= explode, shadow
= True)
plt.rcParams['font.sans-serif'] = ['SimHei']            # 指定默认字体
plt.show()
```

饼图实例效果如图 8-9 所示。

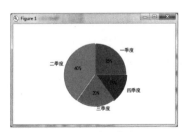

图 8-9　饼图实例

　　　　　　　　　　　　　　　　　　　　数据可视化　第 8 章

8.1.3 交互式标注

有时用户需要和某些应用交互，例如，在一幅图像中标注一些点，或者标注一些训练数据。matplotlib.pyplot 库中的 ginput()可以实现交互式标注。下面是一个简单的例子。

交互式标注

```
#交互式标注
from PIL import Image
from numpy import *
import matplotlib.pyplot as plt
im = array(Image.open('D:\\test.jpg'))
plt.imshow(im)                            # 显示 test.jpg 图像
print('Please click 3 points')
x = plt.ginput(3)                         # 等待用户单击 3 次
print('you clicked:',x  )
plt.show()
```

上面的程序首先绘制一幅图像，然后等待用户在绘图窗口的图像区域单击 3 次。程序将被单击过的坐标(x, y)自动保存在 x 列表里。

8.2 seaborn 绘图可视化

seaborn 是 Python 中用于制作有丰富信息的统计图形的库，也是基于 Matplotlib 的 Python 可视化库。它为绘制有吸引力的统计图形提供了高级接口，从而使得绘图更加容易。在大多数情况下，使用 seaborn 就能绘制出很有吸引力的图形。seaborn 是针对统计图形的，能满足数据分析中绝大部分的绘图需求，可以把 seaborn 视为 Matplotlib 的补充。读者可以去 seaborn 官网进一步学习。

seaborn 安装和内置数据集、设置背景与边框、绘制散点图

8.2.1 seaborn 安装和内置数据集

安装 seaborn 库可在命令提示符窗口中运行如下命令：

```
pip install seaborn
```

导入命令如下：

```
import seaborn as sns # 或者 import seaborn
```

seaborn 中有内置的数据集，可以通过 load_dataset()从在线存储库加载数据集。

```
import matplotlib.pyplot as plt
import seaborn as sns
import numpy as np
import pandas as pd
names = sns.get_dataset_names()
```

通过在 sns.load_dataset()方法中指定数据集名称可以加载数据集,加载 tips 数据集如下：

```
df = sns.load_dataset("tips")             # 加载 seaborn 官方的 tips 数据集
df.head(2)
```

加载出来的 tips 数据集被保存为 Pandas 中 DataFrame 对象实例。

这里准备一组数据，方便后文展示使用。

```
import pandas as pd
import numpy as np
import matplotlib.pyplot as plt
import seaborn as sns
pd.set_option('display.unicode.east_asian_width', True)
df1 = pd.DataFrame(
    {'数据序号': [1, 2, 3, 4, 5, 6, 7, 8, 9, 10, 11, 12],
        '厂商编号': ['001', '001', '001', '002', '002', '002', '003', '003', '003',
'004', '004', '004'],
        '产品类型': ['AAA', 'BBB', 'CCC', 'AAA', 'BBB', 'CCC', 'AAA', 'BBB', 'CCC',
'AAA', 'BBB', 'CCC'],
        'A 属性值': [40, 70, 60, 75, 90, 82, 73, 99, 125, 105, 137, 120],
        'B 属性值': [24, 36, 52, 32, 49, 68, 77, 90, 74, 88, 98, 99],
        'C 属性值': [30, 36, 55, 46, 68, 77, 72, 89, 99, 90, 115, 101]
    }
)
print(df1)
```

运行结果如下：

	数据序号	厂商编号	产品类型	A 属性值	B 属性值	C 属性值
0	1	001	AAA	40	24	30
1	2	001	BBB	70	36	36
2	3	001	CCC	60	52	55
3	4	002	AAA	75	32	46
4	5	002	BBB	90	49	68
5	6	002	CCC	82	68	77
6	7	003	AAA	73	77	72
7	8	003	BBB	99	90	89
8	9	003	CCC	125	74	99
9	10	004	AAA	105	88	90
10	11	004	BBB	137	98	115
11	12	004	CCC	120	99	101

8.2.2　seaborn 设置背景与边框

1．设置背景风格

seaborn 设置背景风格使用的是 set_style()方法，且内置的背景风格是用背景颜色来表示的，但是实际设置的内容不限于背景颜色。

```
sns.set_style()
```

可以选择的背景风格有 whitegrid（白色网格）、darkgrid（灰色网格）、white（白色背景）、dark（灰色背景）和 ticks（四周带刻度线的白色背景）。例如：

```
sns.set()                        # 使用 set()单独设置画图样式和风格，如未写任何参数则使用
```

默认样式和风格

```
sns.set_style("darkgrid")              # 灰色网格
sns.set_style("white")                 # 白色背景
sns.set_style("ticks")                 # 四周带刻度线的白色背景
```

其中 sns.set()表示使用自定义样式，如果没有传入参数，则默认使用灰色网格。如果没有使用 set()，也没有使用 set_style()，则默认使用白色背景。

seaborn 库是基于 Matplotlib 库封装的，封装好的风格可以使我们的绘图工作更加方便。而 Matplotlib 库中常用的语句，在使用 seaborn 库时也依然有效。关于设置与风格相关的其他属性，如字体，有一个需要注意的细节是，这些代码必须写在 sns.set_style()的后方才有效，如将字体设置为黑体（避免中文显示乱码）的代码：

```
plt.rcParams["font.sans-serif"] = ["SimHei"]
```

如果在 sns.set_style()中先设置字体后设置风格，则设置好的字体会被风格覆盖，从而产生警告，其他属性同理。

2．控制边框显示

despine()方法控制边框显示。

```
sns.despine()# 移除上边框和右边框，只保留左边框和下边框
sns.despine(offset=10,trim=True)
sns.despine(left=True)# 移除左边框
# 移除指定边框（以只保留下边框为例）
sns.despine(fig=None, ax=None, top=True, right=True, left=True, bottom=False, of
fset=None, trim=False)
```

8.2.3　seaborn 绘制散点图

使用 seaborn 库绘制散点图，可以使用 relplot()方法，也可以使用 scatterplot()方法。

```
seaborn.relplot(x=None, y=None, data=None,hue=None, size=None,
                sizes=None, size_order=None, size_norm=None,
                markers=None, dashes=None, style_order=None,
                legend='brief', kind='scatter', height=5,
                aspect=1, facet_kws=None, **kwargs)
```

relplot()方法的必选参数有 x、y 和 data，其他参数均为可选参数。参数 x、y 是数据中变量的名称，参数 data 是 DataFrame 类型的。可选参数 kind 默认是'scatter'，表示绘制散点图。可选参数 hue 表示在该维度上用颜色进行分组。

下面举例说明 relplot()方法和 scatterplot()方法的使用。

① 对 A 属性值和数据序号绘制散点图，采用红色散点和灰色网格，效果如图 8-10（a）所示。

```
import pandas as pd
import numpy as np
import matplotlib.pyplot as plt
import seaborn as sns
df1 = pd.DataFrame(
```

```
         {'数据序号': [1, 2, 3, 4, 5, 6, 7, 8, 9, 10, 11, 12],
...
         })                    # df1为8.2.1小节准备的数据
sns.set_style('darkgrid')
plt.rcParams['font.sans-serif'] = ['SimHei']
sns.relplot(x='数据序号', y='A属性值', data=df1, color='red')
plt.show()         # 调用show()方法显示图形
```

② 对 A 属性值和数据序号绘制散点图，散点根据产品类型的不同显示不同的颜色，背景采用白色网格，效果如图 8-10（b）所示。

```
sns.set_style('whitegrid')                    #白色网格
plt.rcParams['font.sans-serif'] = ['SimHei']
sns.relplot(x='数据序号', y='A属性值', hue='产品类型', data=df1)
plt.show()
```

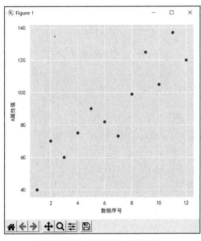 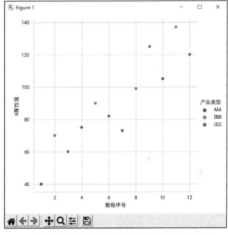

（a）采用红色散点和灰色网格　　　　　　（b）根据产品类型的不同显示不同的颜色

图 8-10　用 relplot()方法绘制散点图

③ 将 A 属性值、B 属性值、C 属性值这 3 个字段用不同的样式绘制在同一张散点图上，x 轴数据是[0,2,4,6,8,…]，采用 ticks 风格（4 个方向都有边框），字体使用华文楷体。效果如图 8-11 所示。

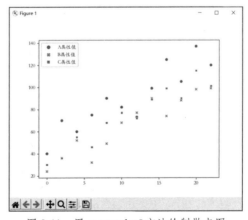

图 8-11　用 scatterplot()方法绘制散点图

数据可视化　第 8 章

```
sns.set_style('ticks')              #4 个方向的边框都有
plt.rcParams['font.sans-serif'] = ['STKAITI']
df2 = df1.copy()
df2.index = list(range(0, len(df2)*2, 2))
dfs = [df2['A属性值'], df2['B属性值'], df2['C属性值']]
sns.scatterplot(data=dfs)
plt.show()
```

8.2.4　seaborn 绘制折线图

使用 seaborn 库绘制折线图，可以使用 relplot()方法，也可以使用
lineplot()方法。

relplot()默认绘制的是散点图，绘制折线图时只需把参数 kind 改为'line'。
使用 lineplot()方法绘制折线图时，参数与 relplot()的基本相同。

① 绘制 A 属性值与数据序号的折线图。效果如图 8-12 所示。

```
sns.set_style('ticks')
plt.rcParams['font.sans-serif'] = ['STKAITI']    #字体为华文楷体
sns.relplot(x='数据序号', y='A属性值', data=df1, color='purple', kind='line')
#以下 3 行调整标题、两轴标签的字体大小
plt.title('折线图', fontsize=18)
plt.xlabel('数据序号', fontsize=18)
plt.ylabel('A属性值', fontsize=16)
#设置坐标系与边框的距离
plt.subplots_adjust(left=0.15, right=0.9, bottom=0.1, top=0.9)
plt.show()
```

也可以使用 lineplot()方法绘制折线图，其细节与 relplot()的基本相同，示例代码如下：

```
sns.set_style('darkgrid')
plt.rcParams['font.sans-serif'] = ['STKAITI']
sns.lineplot(x='数据序号', y='A属性值', data=df1, color='purple')
plt.title('折线图', fontsize=18)
plt.xlabel('数据序号', fontsize=18)
plt.ylabel('A属性值', fontsize=16)
plt.subplots_adjust(left=0.15, right=0.9, bottom=0.1, top=0.9)
plt.show()
```

② 绘制不同产品类型的 A 属性值折线图（3 条折线共用一张图），使用白色网格，华
文楷体。效果如图 8-13 所示。

```
sns.set_style('whitegrid')
plt.rcParams['font.sans-serif'] = ['STKAITI']
sns.relplot(x='数据序号', y='A属性值', hue='产品类型', data=df1, kind='line')
plt.title('折线图', fontsize=18)
plt.xlabel('数据序号', fontsize=18)
plt.ylabel('A属性值', fontsize=16)
plt.subplots_adjust(left=0.15, right=0.9, bottom=0.1, top=0.9)
plt.show()
```

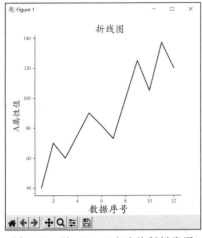

图 8-12　用 relplot()方法绘制折线图

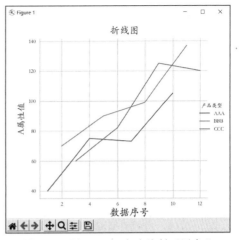

图 8-13　用 relplot()方法绘制不同产品
类型的 A 属性折线图

③ 将 A 属性值、B 属性值、C 属性值 3 个字段用不同的样式绘制在同一张折线图上，x 轴数据是[0,2,4,6,8,…]，使用灰色网格，华文楷体，并加入 x 轴标签、y 轴标签和标题，使间距合适。效果如图 8-14 所示。

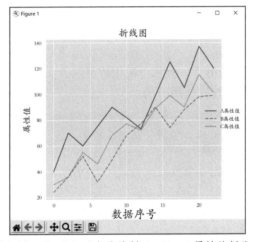

图 8-14　用 relplot()方法绘制 A、B、C 属性的折线图

```
sns.set_style('darkgrid')
plt.rcParams['font.sans-serif'] = ['STKAITI']
df2 = df1.copy()
df2.index = list(range(0, len(df2)*2, 2))
dfs = [df2['A属性值'], df2['B属性值'], df2['C属性值']]
sns.relplot(data=dfs, kind='line')
plt.title('折线图', fontsize=18)
plt.xlabel('数据序号', fontsize=18)
plt.ylabel('属性值', fontsize=16)
plt.subplots_adjust(left=0.15, right=0.9, bottom=0.1, top=0.9)
plt.show()
```

8.2.5　seaborn 绘制直方图

seaborn 绘制
直方图

对于单变量的数据来说，采用直方图或核密度估计曲线进行可视化是不错的选择；对于双变量的数据来说，可采用散点图、二维直方图、核密度估计曲线等进行可视化。seaborn 绘制直方图使用 displot()方法。

下面介绍 displot()方法。

1．绘制单变量分布

可以采用简单的直方图描述单变量的分布情况。seaborn 提供了 displot()方法，它默认绘制带有核密度估计曲线的直方图。displot()方法的语法格式如下：

```
seaborn.displot(data=None, bins=None, x=None, y=None, hue=None, row=None, col=None,
weights=None, kind='hist', kde=True, rug=False, kde_kws=None, rug_kws=None, log_scale=
None, legend=True, palette=None, hue_order=None, hue_norm=None, color=None, col_wrap=No
ne, row_order=None, col_order=None, height=5, aspect=1, facet_kws=None, **kwargs)
```

常用参数的含义如下。

data：表示要绘制的数据，可以是 Series、一维数组或列表。

x, y：指定 x 轴和 y 轴位置的变量。

bins：用于控制箱子的数量。

kde：接收布尔值，表示是否绘制核密度估计曲线。

rug：接收布尔值，表示是否在支持的轴方向上绘制 rugplot。如果为 True，则用边缘记号显示代表观测数据的小细条。

kind：取值有 his、kde、ecdf 等，表示可视化数据的方法。默认为 hist，表示使用直方图。

下例是 data 和 bins 等参数的使用方法。

```
sns.set_style('darkgrid')
plt.rcParams['font.sans-serif'] = ['STKAITI']
sns.displot(data=df1[['C属性值']], bins=6, rug=True, kde=True)
plt.title('直方图', fontsize=18)
plt.xlabel('C属性值', fontsize=18)
plt.ylabel('数量', fontsize=16)
plt.subplots_adjust(left=0.15, right=0.9, bottom=0.1, top=0.9)
plt.show()
```

bins=6 表示分成 6 个区间绘图，rug=True 表示在 x 轴上显示代表观测数据的小细条，kde=True 表示显示核密度估计曲线。效果如图 8-15 所示。

下面随机生成 300 个正态分布数据，并绘制直方图，显示核密度估计曲线。效果如图 8-16 所示。

```
sns.set_style('darkgrid')
plt.rcParams['font.sans-serif'] = ['STKAITI']
np.random.seed(13)
Y = np.random.randn(300)
sns.displot(Y, bins=9, rug=True, kde=True)
plt.title('直方图', fontsize=18)
plt.xlabel('随机数据', fontsize=18)
```

```
plt.ylabel('数量', fontsize=16)
plt.subplots_adjust(left=0.15, right=0.9, bottom=0.1, top=0.9)
plt.show()
```

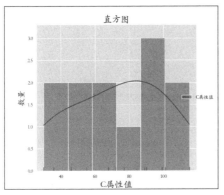

图 8-15　用 displot()方法绘制直方图和核密度估计曲线

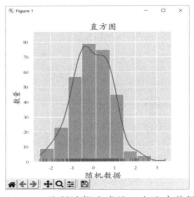

图 8-16　绘制随机生成的正态分布数据

2．绘制多变量分布

两个变量的二元分布可视化也很有用。在 seaborn 中较简单的方法是使用 jointplot()方法，该方法可以创建散点图、二维直方图、核密度估计曲线等，以显示两个变量之间的关系及每个变量在单独坐标轴上的单变量分布。

jointplot()方法的语法格式如下：

```
serborn.jointplot(x, y, data=None, kind='scatter', stat_func=, color=None, size=6,
ratio=5, space=0.2, dropna=True, xlim=None, ylim=None, joint_kws=None, marginal_kws=None,
annot_kws=None, **kwargs)
```

常用参数的含义如下。

kind：表示绘制图形的类型。类型有 scatter（散点图）、reg（线性回归拟合图）、resid（线性回归拟合误差图）、kde（核密度估计曲线）、hex（二维直方图）等。默认为 scatter。

stat_func：用于计算有关的统计量并标注在图上。

color：表示绘图元素的颜色。

size：用于设置图的大小（正方形）。

ratio：表示中心图与侧边图的比例。该参数的值越大，中心图的占比越大。

space：用于设置中心图与侧边图的间隔大小。

xlim、ylim：表示 x 轴、y 轴的显示范围。

下面通过代码演示用 jointplot()绘制散点图、二维直方图、核密度估计曲线。

① 绘制散点图，效果如图 8-17 所示。

```
import numpy as np
import seaborn as sns
import pandas as pd
import matplotlib.pyplot as plt
dataframe=pd.DataFrame({"x":np.random.randn(500),
                        "y":np.random.randn(500)})
sns.jointplot(x="x",y="y",data=dataframe)
plt.show()
```

数据可视化　第 8 章

② 绘制二维直方图，效果如图 8-18 所示。

```
import numpy as np
import seaborn as sns
import pandas as pd
import matplotlib.pyplot as plt
dataframe=pd.DataFrame({"x":np.random.randn(500),
                        "y":np.random.randn(500)})
sns.jointplot(x="x",y="y",data=dataframe,kind='hex')
plt.show()
```

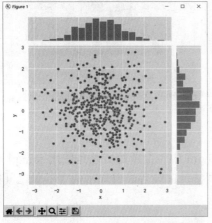

图 8-17　用 jointplot()方法绘制散点图

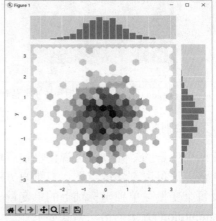

图 8-18　用 jointplot()方法绘制二维直方图

③ 绘制核密度估计曲线，效果如图 8-19 所示。

```
import numpy as np
import seaborn as sns
import pandas as pd
import matplotlib.pyplot as plt
dataframe=pd.DataFrame({"x":np.random.randn(500),
                        "y":np.random.randn(500)})
sns.jointplot(x="x",y="y",data=dataframe,kind='kde')
plt.show()
```

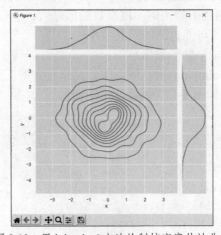

图 8-19　用 jointplot()方法绘制核密度估计曲线

8.2.6　seaborn 绘制条形图

在 seaborn 中，绘制条形图使用的是 barplot()方法。barplot()方法的语法格式如下：

```
seaborn.barplot(x=None, y=None, hue=None, data=None, order=None, hue_order=None,
estimator=<function mean>,ci=95, n_boot=1000, units=None, orient=None, color=None, pal
ette=None, saturation=0.75, errcolor='.26', errwidth=None, capsize=None, dodge=
True, ax=None, **kwargs)
```

部分参数的含义如下。

x、y、hue：主要参数，用于绘制图表的 *x* 轴数据、*y* 轴数据和分类字段。

data：用于绘图的数据集，可以使用 DataFrame、数组等。

下面以产品类型字段数据作为 *x* 轴数据，A 属性值数据作为 *y* 轴数据，并按照厂商编号字段进行分类。具体代码如下：

seaborn 绘制
条形图

```
sns.set_style('darkgrid')
plt.rcParams['font.sans-serif'] = ['STKAITI']
sns.barplot(x='产品类型', y='A属性值', hue='厂商编号', data=df1)
plt.title('条形图', fontsize=18)
plt.xlabel('产品类型', fontsize=18)
plt.ylabel('数量', fontsize=16)
plt.subplots_adjust(left=0.15, right=0.9, bottom=0.15, top=0.9)
plt.show()
```

运行效果如图 8-20 所示。

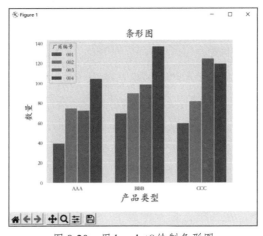

图 8-20　用 barplot()绘制条形图

8.2.7　seaborn 绘制线性回归模型

在 seaborn 中，绘制线性回归模型使用的是 lmplot()方法。lmplot()方法的语法格式如下：

seaborn 绘制线
性回归模型

```
seaborn.lmplot(x, y, data, hue=None, col=None, row=None, palette=
None, col_wrap=None, size=5, aspect=1, markers='o', sharex=True, shar
ey=True, hue_order=None, col_order=None, row_order=None, legend=True,
```

```
legend_out=True, x_estimator=None, x_bins=None, x_ci='ci', scatter=True, fit_reg=Tr
ue, ci=95, n_boot=1000, units=None, order=1, logistic=False, lowess=False, robust=Fa
lse, logx=False, x_partial=None, y_partial=None, truncate=False, x_jitter=None, y_ji
tter=None, scatter_kws=None, line_kws=None)
```

主要参数为 x、y、data，分别表示 x 轴数据、y 轴数据和数据集数据。除此之外，还可以通过 hue 指定分类字段；通过 col 指定列分类字段，以绘制横向多重子图；通过 row 指定行分类字段，以绘制纵向多重子图；通过 col_wrap 控制每行子图的数量；通过 size 控制子图的高度；通过 markers 控制点的形状。

下面对 A 属性值和 B 属性值做线性回归，代码如下：

```
sns.set_style('darkgrid')
plt.rcParams['font.sans-serif'] = ['STKAITI']
sns.lmplot(x='A属性值', y='B属性值', data=df1)
plt.title('线性回归模型', fontsize=18)
plt.xlabel('A属性值', fontsize=18)
plt.ylabel('D属性值', fontsize=16)
plt.subplots_adjust(left=0.15, right=0.9, bottom=0.15, top=0.9)
plt.show()
```

效果如图 8-21 所示。

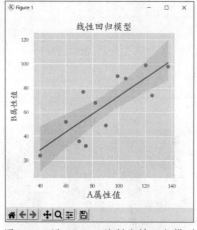

图 8-21   用 lmplot()绘制线性回归模型

8.2.8   seaborn 绘制箱线图

箱线图又称为盒须图、盒式图，是一种显示一组数据分散情况的统计图。它能显示出一组数据的最大值、最小值、中位数，以及第一四分位数、第三四分位数。

seaborn 绘制
箱线图

1．极差、分位数和四分位数间距

设 $x_1, x_2, \cdots, x_n$ 为某数值属性上的观测集合，该集合的极差是最大值与最小值之差。

分位数取自数据分布的每隔一定间隔的点，可把数据划分成基本上大小相等的连贯集合。给定数据分布的第 k 个 q-分位数是值 x，使得小于 x 的数据值最多占 k/q，而大于 x 的数据值最多占（$q-k$）$/q$，其中 k 是整数，使得 $0<k<q$。我们有 $q-1$ 个 q-分位数。

2-分位数（二分位数）有一个数据点，它把数据分布划分成两部分。2-分位数对应于中位数。

4-分位数（四分位数）有 3 个数据点，它们把数据分布划分成 4 个部分，使得每部分表示数据分布的四分之一。其中每部分包含 25%的数据。如图 8-22 所示，中间的四分位数 Q_2 就是中位数，通常在 25%位置上的 Q_1 称为第一四分位数，处在 75%位置上的 Q_3 称为第三四分位数。

100-分位数通常称作百分位数，它们把数据分布划分成 100 个大小相等的连贯集合。

四分位数中的四分位距（Interquartile Range，IQR）定义为 IQR=Q_3-Q_1，它给出被数据的中间一半所覆盖的范围。

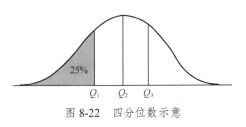

图 8-22　四分位数示意

2．五数概括与箱线图

因为 Q_1、Q_2 和 Q_3 不包含数据的端点信息，所以对分布形状更完整的概括可以通过同时提供最小和最大观测值得到，这称作五数概括。分布的五数概括由 Q_2、Q_1、Q_3、最小和最大观测值组成。

箱线图如图 8-23 所示，是一种流行的分布的直观表示。箱线图体现了五数概括。

（1）箱子的端点一般在四分位数上，使得箱子的长度是四分位距。

（2）Q_2 用箱子内的线标记。

（3）箱子外的两条线（称作胡须）延伸到最小和最大观测值。

seaborn 绘制箱线图使用的是 boxplot()方法。boxplot()的语法格式如下：

```
seaborn.boxplot(x=None, y=None, hue=None, data=None, order=None, hue_order=None,
 orient=None, color=None, palette=None, saturation=0.75, width=0.8, dodge=True, flie
rsize=5, linewidth=None, whis=1.5, notch=False, ax=None, **kwargs)
```

基本的参数有 x、y、data。除此之外，hue 表示分类字段；width 用于调节箱子的宽度；notch 表示中间箱子是否显示缺口，默认为 False，表示不显示；orient 用于控制图像是水平还是竖直显示，取值为"v"或者"h"，此参数一般在不传入 x、y，只传入 data 的时候使用。

鉴于前边的数据数据量不够，不便展示，这里再生成一组数据：

```
import numpy as np
import seaborn as sns
import pandas as pd
import matplotlib.pyplot as plt
np.random.seed(13)
#np.random.randint(low,high=None,size=None)
Y = np.random.randint(20, 150, 360)        #随机生成包含 360 个元素的一维数组
df2 = pd.DataFrame(
{'厂商编号': ['001', '001', '001', '002', '002', '002', '003', '003', '003', '004',
'004', '004'] * 30,
 '产品类型': ['AAA', 'BBB', 'CCC', 'AAA', 'BBB', 'CCC', 'AAA', 'BBB', 'CCC', 'AAA',
'BBB', 'CCC'] * 30,
 'XXX 属性值': Y}
 )
```

数据生成好后，开始绘制箱线图：

```
plt.rcParams['font.sans-serif']= ['STKAITI']
sns.boxplot(x='产品类型', y='XXX属性值', data=df2)
plt.show()
```

效果如图 8-23 所示。

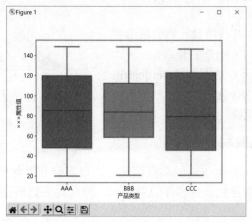

图 8-23　箱线图

交换 *x* 轴、*y* 轴数据后：

```
plt.rcParams['font.sans-serif'] = ['STKAITI']
sns.boxplot(y='产品类型', x='XXX属性值', data=df2)
plt.show()
```

效果如图 8-24 所示。可以看到箱线图的方向也随之改变。

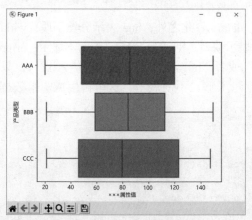

图 8-24　改变方向绘制箱线图

将厂商编号作为分类字段：

```
plt.rcParams['font.sans-serif'] = ['STKAITI']
sns.boxplot(x='产品类型', y='XXX属性值', data=df2, hue='厂商编号')
plt.show()
```

效果如图 8-25 所示。

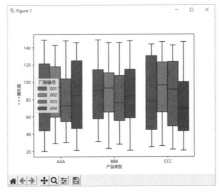

图 8-25 厂商编号作为分类字段绘制箱线图

8.3 pyecharts 绘图可视化

ECharts 是一个由百度开源的 JavaScript 数据可视化库，凭借着良好的交互性、精巧的图表设计，得到了众多开发者的认可。ECharts 可以流畅地运行在计算机和移动设备上，兼容当前绝大部分浏览器（Chrome、Firefox、Safari 等），提供直观、交互丰富、可高度个性化定制的数据可视化图表。

8.3.1 安装 pyecharts

在 Python 中使用 ECharts 库需要安装 pyecharts。pyecharts 是一个用于生成 ECharts 图表的类库，实际上就是 ECharts 与 Python 的"对接"。

安装 pyecharts

pyecharts 分为 v0.5.x 和 v1 两大版本，两者互不兼容。v1 版本是全新的版本，支持链式调用，导入方式也发生了变化。研发团队已不再对 v0.5.x 版本进行维护。pyecharts v1 仅支持 Python 3.6+，其后的新版本从 pyecharts v1.0.0 开始。本书采用 pyecharts v1。

安装 pyecharts 库：

```
pip install pyecharts
```

如果需要绘制地图相关内容，需要一并安装如下资源。

全球国家地图：echarts-countries-pypkg。

中国省级地图：echarts-china-provinces-pypkg。

中国市级地图：echarts-china-cities-pypkg。

程序代码：

```
pip install echarts-countries-pypkg
pip install echarts-china-provinces-pypkg
pip install echarts-china-cities-pypkg
```

pyecharts 特性如下。
- 简洁的 API 设计，使用流畅，支持链式调用。
- 囊括 30 多种常见图表。
- 支持 Notebook、Jupyter Notebook 和 JupyterLab 等。
- 可轻松集成至 Flask、Django 等主流 Web 框架。
- 具有非常灵活的配置项，可轻松搭配出精美的图表。

- 多达 400 个地图文件以及原生的百度地图，为地理数据可视化提供强有力的支持。

8.3.2 体验图表

体验图表

pyecharts 可以绘制如下类型的图表。
- Bar（柱状图/条形图）。
- Bar3D（三维柱状图）。
- Boxplot（箱线图）。
- EffectScatter（带有涟漪特效动画的散点图）。
- Funnel（漏斗图）。
- Gauge（仪表盘）。
- Geo（地理坐标系）。
- Graph（关系图）。
- HeatMap（热力图）。
- Kline（K 线图）。
- Line（折线/面积图）。
- Line3D（三维折线图）。
- Liquid（水球图）。
- Map（地图）。
- Parallel（平行坐标图）。
- Pie（饼图）。
- Polar（极坐标图）。
- Radar（雷达图）。
- Sankey（桑基图）。
- Scatter（散点图）。
- Scatter3D（三维散点图）。
- ThemeRiver（主题河流图）。
- WordCloud（词云图）。

1．使用 pyecharts 绘制图表

使用 pyecharts 绘制图表的步骤如下。
第 1 步：导入图表类型，构造具体的图表对象。

```
from pyecharts.charts import 图表类型
图表对象=图表类型("图的名字")
```

第 2 步：添加图表的数据。
第 3 步：对图表进行配置（主要是对图元、文字、标签、线型、标记点、标记线等内容进行配置）。

```
图表对象.set_series_opts
```

第 4 步：对全局进行配置（可配置内容包括 x 轴、y 轴、工具箱、标题、区域缩放、图例、消息框等参数）。

```
图表对象.set_global_opts
```

第 5 步：渲染图片，把图片保存到本地，格式是 HTML。

```
图表对象.render()
图表对象.render(path)          # 将图片保存为 HTML 文件
图表对象.render_notebook() # 直接在 Jupyter Notebook 中渲染
```

下面演示使用 pyecharts 绘制条形图。

```
from pyecharts.charts import Bar          # 导入包
bar = Bar()
# 设置 x 轴
bar.add_xaxis(["甲", "乙", "丙", "丁", "戊", "己"])
# 设置 y 轴, y 轴的值为 90, 50, 76, 100, 75, 90
bar.add_yaxis("成绩", [90, 50, 76, 100, 75, 90])
# render()会生成本地 HTML 文件, 默认会在当前目录生成 render.html 文件
# 也可以传入路径参数, 如 bar.render("mycharts.html")
bar.render("xmjl.html")
```

图形以 HTML 格式保存在当前路径下（xmjl.html），可以网页形式打开。效果如
图 8-26 所示。

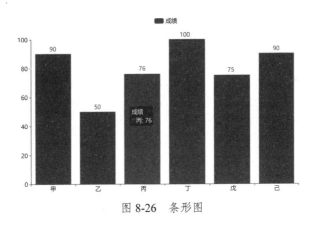

图 8-26　条形图

pyecharts 中所有方法均支持链式调用。

```
from pyecharts.charts import Bar
bar = (
    Bar()
    .add_xaxis(["甲", "乙", "丙", "丁", "戊", "己"])
.add_yaxis("成绩", [90, 50, 76, 100, 75, 90])
)
bar.render()
```

当然，读者要是对链式调用感到不习惯，也可以如前例一样单独调用。

2．使用配置项和主题

图 8-26 所示的条形图中缺少了一些配置项，如图中的线条粗细、颜色（主题）等，需
要使用 options 模块。

首先导入 options 模块。

```
from pyecharts import options as opts
```

接下来可以在函数体中设置参数。

```
.set_global_opts(title_opts=opts.TitleOpts(title="主标题", subtitle="副标题"))
```

也可以使用字典来设置参数。

```
.set_global_opts(title_opts= {"text": "主标题", "subtext": "副标题"})
```

pyecharts 提供了 10 多种内置主题,用户可以使用自己喜欢的主题,如 WHITE、DARK、CHALK、ESSOS.INFOGRAPHIC、MACARONS、PURPLE_PASSION、WESTEROS、WONDERLAND 等。使用主题需要导入模块 ThemeType。

```
from pyecharts.globals import ThemeType
```

接下来可以在函数体中加入 init_opts 参数项。

```
init_opts=opts.InitOpts(theme=ThemeType.LIGHT)
```

使用配置项和主题例子如下:

```
from pyecharts.charts import Bar
# 使用配置项, 在 pyecharts 中一切皆 options
from pyecharts import options as opts
# 内置主题类型可通过 pyecharts.globals.ThemeType 查看
from pyecharts.globals import ThemeType
bar = (
    Bar(init_opts=opts.InitOpts(theme=ThemeType.LIGHT))
    .add_xaxis(["甲", "乙", "丙", "丁", "戊", "己"])
    .add_yaxis("A", [5, 20, 36, 10, 75, 90])
    .add_yaxis("B", [15, 6, 45, 20, 35, 66])
    # 全局配置项可通过 set_global_opts()方法设置
    .set_global_opts(title_opts=opts.TitleOpts(title="主标题", subtitle="副标题"))
)
bar.render()
```

效果如图 8-27 所示。

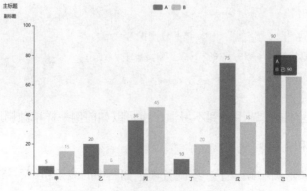

图 8-27 使用配置项和主题的条形图

8.3.3　常用图表

1．饼图

一个整体被分成几个部分，这类情况会用到饼图，如公司利润的来源构成等。

当研究的数据不超过 9 个时，可以使用饼图来表示，如果超过了 9 个建议使用条形图来展示。

下面看看当代大学生的时间都去哪里了。大学生时间分配饼图的代码如下：

```
from pyecharts import options as opts
from pyecharts.charts import Pie
from pyecharts.faker import Collector, Faker
c = (
        Pie()
        .add("", [list(z) for z in zip(['上课','睡眠','餐饮','娱乐','聊天学习','健身'], [6,8,3,3,3,1])])
        .set_colors(["blue", "green", "purple", "red", "pink","orange"])
        .set_global_opts(title_opts=opts.TitleOpts(title="这一天天的"))
        .set_series_opts(label_opts=opts.LabelOpts(formatter="{b}: {c}"))
    )
c.render()        # 如果不指定路径，则默认在当前路径下生成 render.html
```

效果如图 8-28 所示。

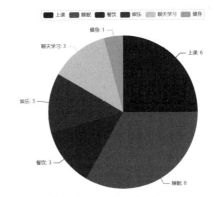

图 8-28　大学生时间分配饼图

2．折线图

当数据为连续数值（如时间上连续）且我们需要观察数据变化趋势时，折线图是非常好的选择。比如将成都飞往北京和成都飞往昆明的航班最近 6 天的价格（最低价格）绘制折线图，代码如下：

```
import pyecharts.options as opts
from pyecharts.charts import Line
attr = ["10.13", "10.14", "10.15", "10.16", "10.17", " 10.18"]
v1 = [1650, 1700, 1461, 1350, 1100, 1500]
v2 = [1020, 575, 400, 350, 330, 480]
m= (
```

　　数据可视化／第 8 章

```
          Line()
          .add_xaxis(attr)
          .add_yaxis("成都飞往北京", v1)
          .add_yaxis("成都飞往昆明", v2)
          .set_global_opts(title_opts=opts.TitleOpts(title="航班价格折线图"))
      )
  m.render()
```

效果如图 8-29 所示。

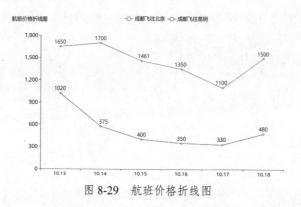

图 8-29　航班价格折线图

3．条形图

当条目较多，如大于 12 时，移动端上竖直方向的条形图会显得拥挤不堪，此时更适合用水平方向的条形图。条形图中数据条目一般不要超过 30，否则易带来视觉和记忆负担。成绩分布条形图的代码如下：

```
from pyecharts.charts import Bar
import pyecharts.options as opts
bar = Bar()
bar.add_xaxis(["甲", "乙", "丙", "丁", "戊", "己", "庚", "辛", "壬", "癸"])
bar.add_yaxis("成绩", [90, 50, 76, 100, 75, 90, 55, 78, 86, 70])
bar.set_global_opts(title_opts=opts.TitleOpts(title="条形图"))
bar.reversal_axis()  #翻转 x 轴、y 轴，将竖直方向的条形图转换为水平方向的条形图
bar.render()
```

效果如图 8-30 所示。

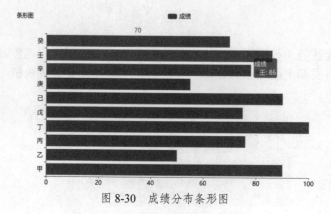

图 8-30　成绩分布条形图

4．热力图

传统的热力图如图 8-31 所示，x 轴是一天 24 小时，y 轴是一周 7 天，颜色的深浅代表该位置值的大小。

热力图的数据主要由 x 轴项名 xaxis、y 轴项名 yaxis、主体数据 3 个部分组成。x 轴和 y 轴均为列表，主体数据的格式为嵌套列表，其中第二层列表为[x,y,value]。

例如，统计某个商品一星期中每小时的销售量：

```
x = [x for y in range(24)]        # x 轴为小时：0 代表 24 时
y = [y for x in range(7)]         # y 轴为星期：0 代表周日
```

data 主体数据：

```
data = [
['1点','周一',20],
['2点','周一',30],
['3点','周一',40],
…
]
```

主体数据的项数=x 轴项数×y 轴项数。

下面随机生成某商品一星期中每小时的销售量数据，据此来生成热力图。

```python
# 热力图
import random
from pyecharts import options as opts
from pyecharts.charts import HeatMap
from pyecharts.faker import Faker
value = [[i, j, random.randint(0, 50)] for i in range(24) for j in range(7)]
c = (
    HeatMap()
    #.add_xaxis(Faker.clock)   # 一天 24 小时
    .add_xaxis([x+1 for x in range(24)])
    .add_yaxis(
        "",
        Faker.week,              # 周一到周日，也可使用[y+1 for y in range(7)]
        value,
        label_opts=opts.LabelOpts(is_show=True, position="inside"),
    )
    .set_global_opts(
        title_opts=opts.TitleOpts(title="基础热力图"),
        visualmap_opts=opts.VisualMapOpts(),
    )
)
c.render("基础热力图.html")
```

运行效果如图 8-31 所示。每个单元格颜色的深浅代表数值的大小，通过颜色就能迅速发现每天各时间段销售情况的好坏。

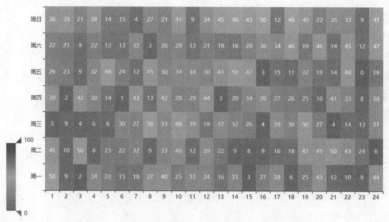

基础热力图

图 8-31　某商品一星期中每小时的销售量热力图

　　这里 Faker.week 代表星期一到星期天的序列。Faker 数据集是 pyecharts 自带的数据集，pyecharts 图表案例中使用的可视化数据都来源于 pyecharts 中的 faker.py 文件。数据部分使用的是 pyecharts 自带的数据演示数据字典，这部分的数据是随机选取的，使用模板时用自己的数据直接替换对应的内容即可，也可以直接在 Faker 中设置自己需要的数据集。Faker 数据集如表 8-4 所示。

表 8-4　Faker 数据集

名称	对应内容
Faker.clothes	['衬衫', '毛衣', '领带', '裤子', '风衣', '高跟鞋', '袜子']
Faker.drinks	['可乐', '雪碧', '橙汁', '绿茶', '奶茶', '百威', '青岛']
Faker.phones	['小米', '三星', '华为', '苹果', '魅族', 'VIVO', 'OPPO']
Faker.fruits	['草莓', '芒果', '葡萄', '雪梨', '西瓜', '柠檬', '车厘子']
Faker.animal	['河马', '蟒蛇', '老虎', '大象', '兔子', '熊猫', '狮子']
Faker.cars	['宝马', '法拉利', '奔驰', '奥迪', '大众', '丰田', '特斯拉']
Faker.dogs	['哈士奇', '萨摩耶', '泰迪', '金毛', '牧羊犬', '吉娃娃', '柯基']
Faker.week	['周一', '周二', '周三', '周四', '周五', '周六', '周日']
Faker.week_en	['Saturday', 'Friday', 'Thursday', 'Wednesday', 'Tuesday', 'Monday', 'Sunday']
Faker.clock	['12a', '1a', '2a', '3a', '4a', '5a', '6a', '7a', '8a', '9a', '10a', '11a', '12p', '1p', '2p', '3p', '4p', '5p', '6p', '7p', '8p', '9p', '10p', '11p']
Faker.visual_color	['#313695', '#4575b4', '#74add1', '#abd9e9', '#e0f3f8', '#ffffbf', '#fee090', '#fdae61', '#f46d43', '#d73027', '#a50026']
Faker.months	['1 月', '2 月', '3 月', '4 月', '5 月', '6 月', '7 月', '8 月', '9 月', '10 月', '11 月', '12 月']，即['{}月'.format(i) for i in range(1, 13)]
Faker.provinces	['广东', '北京', '上海', '江西', '湖南', '浙江', '江苏']
Faker.guangdong_city	['汕头市', '汕尾市', '揭阳市', '阳江市', '肇庆市', '广州市', '惠州市']
Faker.country	['China', 'Canada', 'Brazil', 'Russia', 'United States', 'Africa', 'Germany']

名称	对应内容
Faker.days_attrs	['0 天', '1 天', '2 天', '3 天', '4 天', '5 天', '6 天', '7 天', '8 天', '9 天', '10 天', '11 天', '12 天', '13 天', '14 天', '15 天', '16 天', '17 天', '18 天', '19 天', '20 天', '21 天', '22 天', '23 天', '24 天', '25 天', '26 天', '27 天', '28 天', '29 天'], 即["{}天".format(i) for i in range(30)]
Faker.days_values	生成 1～30 的随机天数，顺序是打乱的，排序后是 1～30

程序代码：

```
print(Faker.clothes)
```

结果：

```
['衬衫', '毛衣', '领带', '裤子', '风衣', '高跟鞋', '袜子']
```

程序代码：

```
print(Faker.drinks)
```

结果：

```
['可乐', '雪碧', '橙汁', '绿茶', '奶茶', '百威', '青岛']
```

5．南丁格尔玫瑰图

当需要对比差异不是很明显的数据时，可以使用南丁格尔玫瑰图，其原理为扇形的半径和面积是平方关系。南丁格尔玫瑰图会将数值之间的差异放大，适合对比大小相近的数值。不适合对比差异较大的数值。

此外，因为圆有周期性，南丁格尔玫瑰图也适合表示周期/时间概念，如星期、月份。依然建议数据量不超过 30 条。

下面绘制南丁格尔玫瑰图。

```
import pyecharts.options as opts
from pyecharts.charts import Pie
c = (
Pie()
.add("",[list(z) for z in zip(["201{}年/{}季度".format(y,z)for y in range(2)
for z in range(1,3)], [4.80,4.10,5.80,5.20])],
    radius=["0%", "75%"],    #设置内径和外径
    rosetype="radius",        #南丁格尔玫瑰图有两种类型
    label_opts=opts.LabelOpts(is_show=True),)
.set_global_opts(title_opts=opts.TitleOpts(title="南丁格尔玫瑰图"))
)
c.render()
```

效果如图 8-32 所示。

6．桑基图

桑基图（Sankey Diagram），即桑基能量分流图，也叫桑基能量平衡图。它是一种特定类型的流程图，图中延伸的分支的宽度对应数据流量的大小，通常应用于能源、材料成分、金融等的数据可视化。该图因 1898 年桑基绘制的"蒸汽机的能源效率图"而闻名，此后便

得名"桑基图"。

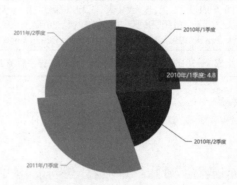

图 8-32　南丁格尔玫瑰图

桑基图较明显的特征就是，始、末端的分支宽度总和相等，即所有主支宽度的总和应与所有分支宽度的总和相等，保持能量的平衡。

桑基图的数据分为两部分，分别为 nodes 和 links。

nodes 为所有类别的集合，其格式是将字典数据通过列表进行封装。

links 是"派生类-基类-数值"的集合，字典的 key 对应的名称为"'source(来源)','target(目标)','value'"。

```
nodes = [{'name':'支出'},{'name':'水果'},{'name':'苹果'},{'name':'橘子'},{'name':'交通工具'},{'name':'自行车'}]
links = [
{'source':'水果','target':'支出','value':50},{'source':'交通工具','target':'支出','value':50},
{'source':'苹果','target':'水果','value':25},{'source':'橘子','target':'水果','value':25},
{'source':'自行车','target':'交通工具','value':50}
]
```

关于消费支出的桑基图的示例代码如下。

```
from pyecharts import options as opts
from pyecharts.charts import Sankey
from pyecharts.render import make_snapshot
c = (
    Sankey()
    .add(
    "sankey",
    nodes,
    links,
    linestyle_opt=opts.LineStyleOpts(opacity=0.2, curve=0.5, color="source"),
    label_opts=opts.LabelOpts(position="right")
    )
    .set_global_opts(title_opts=opts.TitleOpts(title="桑基图"))
)
c.render("桑基图.html")
```

效果如图 8-33 所示。

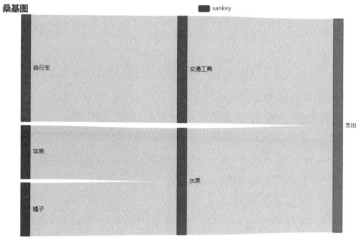

图 8-33　桑基图

Pandas 数据分析应用案例——天气数据分析和展示

本案例使用 Python 中的 requests 和 BeautifulSoup 库对中国天气网中 7 天的天气数据进行爬取，并将数据保存为 CSV 文件；之后用 Matplotlib、NumPy、Pandas 对数据进行可视化处理和分析。

天气数据分析
和展示

8.4.1　爬取数据

首先查看中国天气网：http://www.weather.com.cn/weather/101180101. shtml。这里访问的是郑州本地的天气网页，如果想爬取不同城市的天气数据，修改最后的 101180101（城市编码）即可，城市编码前面的 weather 代表 7 天，若为 weather1d 代表当天，若为 weather15d 代表 15 天。

Python 爬取网页数据时，使用 requests 库和 urllib 库的原理相似且方法基本一致，都是根据 HTTP 操作各种消息和页面。一般情况下，使用 requests 库比 urllib 库更简单。本节采用 requests.get() 方法访问网页，如果成功访问，则得到网页的所有字符串。

以下是使用 requests 库获取网页的字符串的代码：

```
#导入相关库
import requests
from bs4 import BeautifulSoup
import pandas as pd
import matplotlib.pyplot as plt
import numpy as np
def get_data(url):
 """请求获得网页内容"""
 try:
  r = requests.get(url, timeout = 30)
  r.raise_for_status()
```

```
    r.encoding = r.apparent_encoding
    print("成功访问")
    return r.text
except:
    print("访问错误")
    return" "
```

接着采用 BeautifulSoup 库从刚刚获取的字符串中提取天气数据。首先要对网页标签结构（见图 8-34）进行分析，找到需要获取的天气数据所在标签。

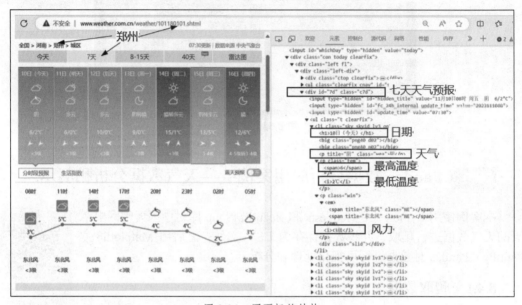

图 8-34　网页标签结构

可以发现 7 天的天气预报数据在<div>标签中并且 id="7d"，每天的日期、天气、温度、风力等信息都在一个 ul 的<li>标签中。所以程序可以使用 BeautifulSoup 查找获取的网页字符串中 id="7d"的<div>标签，找出它包含的所有的 ul 的<li>标签，之后提取标签中相应的天气数据值保存到列表中。

这里要注意一个细节，有时日期没有对应的最高气温数据，对于没有数据的情况要进行判断和处理。另外，对于一些数据保存的格式也要提前进行处理，如温度值后面的摄氏度符号的提取、日期数字的提取和风力文字的提取，这需要用到字符查找及字符串切片处理方法。

```
URL = 'http://www.weather.com.cn/weather/101180101.shtml'
#调用函数获取网页源代码
html_code = get_data(URL)
soup = BeautifulSoup(html_code, "html.parser")

div = soup.find("div", id="7d")
#获取<div>标签，下面这种方式也可以
#div = soup.find('div', attrs={'id': '7d', 'class': 'c7d'})
ul = div.find("ul")                 #ul
lis = ul.find_all("li")             #找到所有的<li>标签，每天的天气数据对应一个<li>
```

```
li_today = lis[0]                    #当天的<li>标签
weather = []
weather_all = []
#添加 7 天的天气数据
for li in lis:
    date = li.find('h1').text                                      #日期
    wea = li.find('p', class_="wea").text                          #天气
    tem_h = li.find('p', class_="tem").find("span").text           #最高温度
    tem_l = li.find('p', class_="tem").find("i").text              #最低温度
    spans = li.find('p', attrs={"class": "win"}).find("span")      #找到<span>标签
    win1 = spans.get('title')                                      #风向
    win2 = li.find('p', attrs={"class": "win"}).find("i").text     #风力
    weather = [date, wea, tem_h, tem_l, win1 , win2]     #每天的天气数据组合成一个列表
    weather_all.append(weather)                          #每天的天气数据加入二维列表
print(weather_all)
```

8.4.2　Pandas 处理分析数据

先将 weather_all 二维列表转换为 DataFrame，再导出为 CSV 文件并存储。

```
df_weather=pd.DataFrame(weather_all,columns=['日期','天气','最高温度','最低温度','风
向','风力'])
#print(df_weather)      #查看 DataFrame
df_weather.to_csv('天气.csv',encoding='gbk',index=False)      #存储为 CSV 文件
for m in weather_all:
    print(m)
```

8.4.3　数据可视化展示

使用 Matplotlib 进行最高温度和最低温度的可视化，通过对比可以明显看出近期温度的变化情况。

```
#设置正常显示中文
plt.rcParams['font.sans-serif'] = ['Microsoft YaHei']
plt.rcParams['axes.unicode_minus']=False
#创建绘图对象
plt.figure(figsize=(10,10))#设置画布大小
df=pd.DataFrame(df_weather[['日期','最高温度','最低温度']],columns=['日期','最高温度',
'最低温度'])
df['最低温度']=df['最低温度'].map(lambda x: str(x)[:-1])      #删除最低温度后的"℃"符号

f=df.loc[:,'日期']
g=df.loc[:,'最高温度'].map(lambda x: int(x))      #转换成数字
g2=df.loc[:,'最低温度'].map(lambda x: int(x))     #转换成数字

my_y_ticks = np.arange(-5, 20, 1)
```

　　　　数据可视化 / 第 8 章

```
plt.yticks(my_y_ticks)            #纵坐标上的刻度
plt.tick_params(axis='y',colors='blue')
#添加 label 设置图例名称
plt.plot(f,g,label='最高温度')        #绘制最高温度折线图
plt.plot(f,g2,label='最低温度')       #绘制最低温度折线图
plt.title("郑州天气")
plt.grid()
plt.legend()
plt.show()
```

最终运行效果如图 8-35 所示。

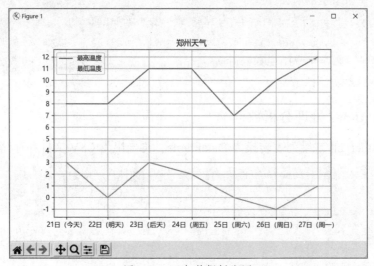

图 8-35　天气数据折线图

　　读者也可以获取 2 个城市的天气数据，对温度情况进行对比展示。

　　下面统计未来 7 天的风向和平均风力，并且采用极坐标格式，将圆分为 8 个部分，代表 8 个方向，绘制雷达图。

```
#构造数据
#values = df_weather['风力']                          #由于风力数据是"3级""<3级""3~4级"
等文字，需要进行复杂的处理
values = [3.2, 2.1, 0, 2.8,1.3, 3, 6 ,4]             #所以采用假设的平均风力数据
#feature = df_weather['风向']
feature =['东风', '东北风', '北风', '西北风', '西风', '西南风', '南风', '东南风']

N = len(values)
#设置雷达图的角度，用于平分圆面
angles = np.linspace(0, 2 * np.pi, N, endpoint=False)
#为了使雷达图封闭起来，需要执行下面的步骤
values = np.concatenate((values, [values[0]]))
angles = np.concatenate((angles, [angles[0]]))
feature=np.concatenate((feature,[feature[0]]))      #对标签进行封闭
```

```
#绘图
fig = plt.figure()
ax = fig.add_subplot(111, polar=True)          #这里一定要设置为极坐标格式
ax.plot(angles, values, 'o-', linewidth=2)     #绘制折线图
ax.fill(angles, values, alpha=0.25)            #填充颜色
ax.set_thetagrids(angles * 180 / np.pi, feature) #添加每个特征的标签

ax.set_ylim(0, 8)                              #设置雷达图的范围
plt.title('风力属性')                           #添加标题
ax.grid(True)                                  #添加网格线
plt.show()                                     #显示图形
```

最终运行效果如图 8-36 所示。

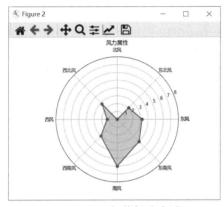

图 8-36　天气数据雷达图

分析后可以发现未来 7 天南风、东南风是主要风向，风级最高达到了 6 级；此外，未来 7 天没有北风。

8.5 数据可视化应用案例——学生成绩分布条形图展示

学生成绩存储在 Excel 文件（见表 8-5）中，本程序从 Excel 文件中读取学生成绩，统计各个分数段（90 分及以上、80～89 分、70～79 分、60～69 分、60 分以下）的学生人数，并用条形图（见图 8-37）展示学生成绩分布，同时计算出最高分、最低分、平均分等分析指标。

学生成绩分布
条形图展示

表 8-5　marks.xlsx 文件

xuehao	name	physics	Python	math	English
199901	张海	100	100	95	72
199902	赵大强	95	94	94	88
199903	李志宽	94	76	93	91
199904	吉建军	89	78	96	100
...	...	...	...	...	...

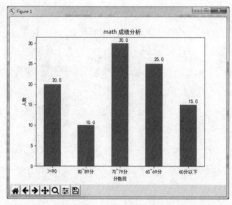

图 8-37 学生成绩分布条形图示意

8.5.1 程序设计的思路

本程序涉及从 Excel 文件中读取学生成绩，这里使用第三方库的 xlrd 和 xlwt 两个模块来读和写，获取学生成绩后存储到二维列表这样的数据结构中。学生成绩分布条形图可采用 Python 下出色的绘图库 Matplotlib 绘制，它可以轻松实现条形图、饼图等可视化图形的绘制。

8.5.2 程序设计的步骤

1. 读取学生成绩 Excel 文件

程序代码：

```
import xlrd
wb = xlrd.open_workbook('marks.xlsx')        #打开文件
sheetNames = wb.sheet_names()                #查看包含的工作表
#获取工作表的两种方法
sh = wb.sheet_by_index(0)
sh = wb.sheet_by_name('Sheet1')              #通过名称Sheet1获取对应的工作表
#第一行的值，课程名
courseList = sh.row_values(0)
print(courseList[2:])                        #输出所有课程名
course=input("请输入需要展示的课程名:")
m=courseList.index(course)
#第m列的值
columnValueList = sh.col_values(m)           #['math', 95.0, 94.0, 93.0, 96.0]
print(columnValueList)                        #展示指定课程的分数
scoreList = columnValueList[1:]
print('最高分:',max(scoreList))
print('最低分:',min(scoreList))
print('平均分:',sum(scoreList)/len(scoreList) )
```

运行结果如下：

请输入需要展示的课程名: English
['English', 72.0, 88.0, 91.0, 100.0, 56.0, 75.0, 23.0, 72.0, 88.0, 56.0, 88.0, 7

8.0, 88.0, 99.0, 88.0, 88.0, 88.0, 66.0, 88.0, 78.0, 88.0, 77.0, 77.0, 77.0, 88.0, 7
7.0, 77.0]

最高分：100.0

最低分：23.0

平均分：78.92592592592592

提示：xlrd 的 2.0.1 版本不支持.xlsx 文件的读取，此时需要安装 xlrd 的 1.2.0 版本。

2．用条形图展示学生成绩分布

程序代码：

```python
import matplotlib.pyplot as plt
import numpy as np
y = [0,0,0,0,0]                    #存放各分数段人数
for score in scoreList:
    if score>=90:
        y[0]+=1
    elif score>=80:
        y[1]+=1
    elif score>=70:
        y[2]+=1
    elif score>=60:
        y[3]+=1
    else:
        y[4]+=1
x1=['>=90分','80~89分','70~79分','60~69分','60分以下']
plt.xlabel("分数段")
plt.ylabel("人数")
plt.rcParams['font.sans-serif'] = ['SimHei']          #指定默认字体
rects=plt.bar(x=x1,height=y,color='green',width=0.5)  #绘制条形图
plt.title(course+"成绩分析")                           #设置图表标题
for rect in rects:                                    #显示每个条形图对应的数字
    height = rect.get_height()
    plt.text(rect.get_x()+rect.get_width()/2.0, 1.03*height, "%s" %float(height))
plt.show()
```

运行效果如图 8-38 所示。

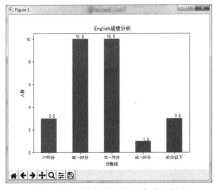

图 8-38　学生成绩分布条形图

<h1 align="center">习　题</h1>

1. 编写绘制余弦函数 $y=\cos 2x$ 的程序。
2. 使用 plot()函数绘制 $y=x^2+4x+3$（$x\in[-8,8]$）。
3. 绘制学生成绩分布折线图和饼图。
4. 查找资料获取近 10 年参加高考的人数，绘制反映人数变化趋势的条形图。

实验八　数据可视化

一、实验目的

通过本实验，了解数据可视化的常用绘图工具的使用方法，以及在不同的应用场景中选择哪种工具能更好地展示并分析数据。重点掌握 Matplotlib、seaborn、pyecharts 这 3 种绘图工具的应用。

二、实验要求

1. 掌握 Matplotlib 中 pyplot 模块绘制直线、曲线、条形图、饼图、散点图以及多子图的方法。
2. 掌握 seaborn 绘制散点图、折线图、直方图、条形图等的方法。
3. 掌握 pyecharts 绘制饼图、折线图等的方法。

三、实验内容与步骤

1. 绘制包含两个子图的曲线图，在子图分别绘制正弦函数和余弦函数（自变量区间为 $[0,6\pi)$），效果如图 8-39 所示。

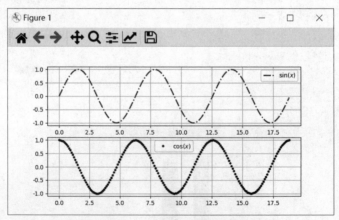

图 8-39　包含两个子图的曲线图

代码如下：

```
import numpy as np
import matplotlib.pyplot as plt
plt.figure(figsize=(8,4))
```

```
ax1 = plt.subplot(2,1,1)              # 在图表中创建子图 1
ax2 = plt.subplot(2,1,2)              # 在图表中创建子图 2
x = np.arange(0, 6*np.pi, 0.1)        #  x 坐标序列
plt.sca(ax1)                          # 选择图表的子图 1
plt.grid(True)
plt.plot(x,np.sin(x),'r-.',linewidth=2.0,label='$sin(x)$')
plt.legend()
plt.sca(ax2)                          # 选择图表的子图 2
plt.grid(True)
plt.plot(x,np.cos(x),'b.',label='$cos(x)$')
plt.legend()
plt.rcParams['axes.unicode_minus'] = False # 解决保存图像时负号显示为方块的问题
plt.show()
```

2. 在平面坐标(0,0)~(1,1)的矩形区域随机产生 100 个点，并绘制散点图，效果如图 8-40 所示。

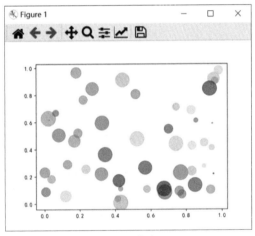

图 8-40　散点图

代码如下：

```
import matplotlib.pyplot as plt
import numpy as np
# 产生 0~1 的 50 个随机数
x = np.random.random(50)
y = np.random.random(50)
colors = np.random.random(50)
sizes=800*np.random.random(50)
# x 指 x 轴，y 指 y 轴
# s 设置数据点显示的大小（面积），c 设置数据点显示的颜色
# marker 设置数据点显示的形状，"o" 表示圆，"v"表示向下三角形，" ^ "表示向上三角形
# alpha 设置数据点的透明度
plt.scatter(x, y,c= colors, s=sizes,marker= "o", alpha= 0.5) # 绘制图形
plt.show() # 显示图形
```

数据可视化　第 8 章

3. 某公司销售部要对两个销售组的销量进行对比，有 5 个产品[产品 1,产品 2,产品 3,产品 4,产品 5]，销售一组的销量为[35,72,58,65,87]，销售二组的销量为[55,49,98,82,61]，请绘制条形图进行对比，效果如图 8-41 所示。

代码如下：

```python
import matplotlib.pyplot as plt
import numpy as np
labels = ['产品1', '产品2', '产品3', '产品4','产品5']
class1_avg = [35, 72, 58, 65, 87]                    #销售一组销量
class2_avg = [55, 49, 98, 82, 61]                    #销售二组销量
plt.rcParams['font.sans-serif'] = ['SimHei']         #指定默认字体
x = np.arange(len(labels))                           #柱的索引
width = 0.35                                          #柱的宽度
rects1 = plt.bar(x - width/2, class1_avg, width, label='销售一组')
rects2 = plt.bar(x + width/2, class2_avg, width, label='销售二组')
plt.ylabel('销量')
plt.title('销量分析')
plt.xticks(x,labels)                                 #设置 x 轴标签
plt.legend()                                         #显示图例
plt.show()
```

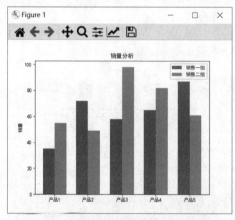

图 8-41　两个销售组销量分析条形图

4. 假设有一个成绩单文件 score.xlsx，如表 8-6 所示。要求输出每月 math 和 English 两门课程的平均分，并绘制每门课程的折线图，如图 8-42 所示。

表 8-6　成绩单文件 score.xlsx

date	xuehao	math	English
2020-1	199901	78	95
2020-1	199902	89	82
2020-1	199903	65	71
…	…	…	…

date	xuehao	math	English
2020-2	199901	81	80
2020-2	199902	52	98
2020-2	199903	66	75
...	...	...	...
2020-6	199901	95	88
2020-6	199902	85	89
2020-6	199903	91	61
...	...	...	...

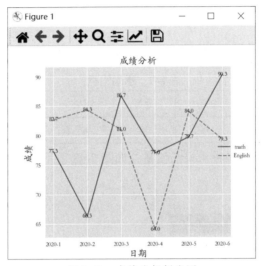

图 8-42　成绩分析折线图

代码如下：

```
import pandas as pd
import matplotlib.pyplot as plt
import seaborn as sns
sns.set_style('darkgrid')
df=pd.read_excel("score.xlsx")
plt.rcParams['font.sans-serif'] = ['STKAITI']      #字体为华文楷体
grouped=df.groupby('date')                          #根据date分组
sc_means=grouped[['math','English']].mean().round(1) #求每组中每门课程的平均分,保留
1位小数
print(sc_means)
sns.relplot(data=sc_means,kind='line')
plt.title('成绩分析', fontsize=16)
plt.xlabel('日期', fontsize=16)
plt.ylabel('成绩', fontsize=16)
#折线图的每个数据点显示数据值
```

```
for x in sc_means.index:
    for y in [sc_means.math[x],sc_means.English[x]]:
        plt.text(x,y,'%.1f'%y,ha='center',va='center',fontsize=10,color='black')
#设置坐标系与画布边缘的距离
plt.subplots_adjust(left=0.15, right=0.9, bottom=0.1, top=0.9)
plt.show()
```

运行结果如下：

```
math    English
date
2020-1  77.3    82.7
2020-2  66.3    84.3
2020-3  86.7    81.0
2020-4  77.0    64.0
2020-5  79.7    84.0
2020-6  90.3    79.3
```

5. 对某水果超市各种水果的销量进行分析，数据如表 8-7 所示。

表 8-7　水果销量

名称	草莓	芒果	葡萄	雪梨	西瓜	柠檬	车厘子
数量/kg	76	58	33	85	106	18	42

（1）绘制条形图，展示各种水果的销量，如图 8-43 所示。

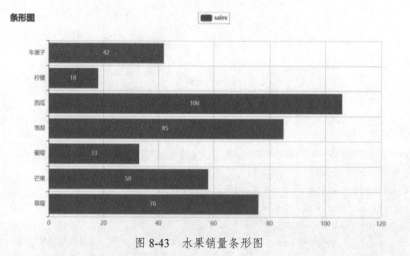

图 8-43　水果销量条形图

代码如下：

```
from pyecharts.charts import Bar
import pyecharts.options as opts
import pandas as pd
df=pd.DataFrame({'name':['草莓','芒果','葡萄','雪梨','西瓜','柠檬','车厘子'],
                 'sales':[76,58,33,85,106,18,42]})
bar = Bar()
bar.add_xaxis(df['name'].tolist())                    #将数据转换为列表
```

```
bar.add_yaxis('sales',df['sales'].tolist())    #将数据转换为列表
bar.set_global_opts(title_opts=opts.TitleOpts(title="条形图"))
bar.reversal_axis()                            #翻转 x 轴、y 轴
bar.render()
```

（2）绘制饼图，展示各种水果的销量百分比，如图 8-44 所示。

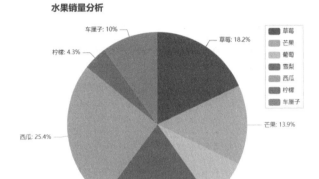

图 8-44　水果销量饼图

代码如下：

```
from pyecharts import options as opts
from pyecharts.charts import Pie
import pandas as pd
df=pd.DataFrame({'name':['草莓', '芒果', '葡萄', '雪梨', '西瓜', '柠檬', '车厘子'],
                 'sales':[76,58,33,85,106,18,42]})
#df 中增加一列 sales_percent，计算水果的销量百分比
df['sales_percent']=(df['sales']/df['sales'].sum()*100).round(1)
c = (    Pie()
        .add("", [list(z) for z in zip(df['name'],df['sales_percent'])])
        .set_global_opts(title_opts=opts.TitleOpts(title="水果销量分析",pos_left=
'25%'),
                        legend_opts=opts.LegendOpts(
                            type_='scroll',
                            pos_left='75%',
                            pos_top='10%',
                            orient='vertical'),
                )
        .set_series_opts(label_opts=opts.LabelOpts(formatter="{b}: {c}%"))
    )
c.render()
```

饼图的展示方式有很多，图 8-45 所示为水果销量环状饼图，通过 add()方法中的 radius 参数实现。在 add()方法中增加如下语句：

```
radius=["30%","65%"]    #饼图内半径和外半径的大小比例
```

数据可视化／第 8 章

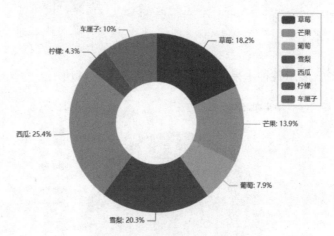

图 8-45 水果销量环状饼图

提示：本例中的水果数据来源于 pyecharts 自带的数据集 Faker.fruits，因此以下这段代码也是可行的。

```
from pyecharts.faker import Collector, Faker
df=pd.DataFrame({'name':Faker.fruits,
                'sales':[76,58,33,85,106,18,42]})
```

四、编程并上机调试

1. 使用 plot()函数绘制 $y=x^2-6x+5$（$x\in[0,6]$），效果如图 8-46 所示。

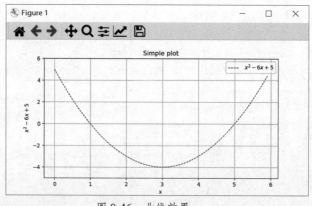

图 8-46 曲线效果

2. 一个班的成绩优秀、良好、中、及格、不及格的学生人数分别为 15、33、42、21、7，据此绘制饼图，并设置图例。

3. 绘制中国 GDP（Gross Domestic Product，国内生产总值）排名前 8 的城市的条形图，可使用竖直方向条形图来展示它们的 GDP 水平，要求在 x 轴上显示城市名称。

4. 参照实验六中的表 6-4 和表 6-5，完成以下两个任务。

（1）统计不同地区（region）的水果销量，绘制条形图。

（2）统计 2015 年—2017 年每月水果的销售额，绘制销售额的折线图。

第9章 案例实战——股票数据量化分析

案例背景与功能、
程序设计思路

9.1 股票数据量化分析的背景与功能

股票市场在金融投资领域占据越来越重要的地位。尽管我国股票市场比美国股票市场起步晚，但中国为全球第二大市值的股票市场，仅次于美国股票市场。

虽然我国股票市场经过了多年的建设与发展，但股票市场复杂多变、难以捉摸，交易量和价格经常大起大落，呈现不稳定的特征。随着人工智能及大数据的发展，我们可以利用先进的计算机技术编写程序以创建合适的数学模型，快速、准确地处理与分析大规模的股票数据，从数据中洞悉更多事件，减少投资者情绪波动影响，判断市场走势、风险和盈利，从而尽可能做出理性的投资决策。

本案例基于 Tushare 平台，利用 Python 语言对股票市场上证指数及个股进行数据分析、收益率计算，利用 Matplotlib 及 seaborn 库对股票数据、股票走势等进行可视化，以消除量化投资技术障碍，更有效地专注于市场本身。

9.2 程序设计的思路

1. 股票数据获取

若要实现对股票数据进行分析，首先要完成对股票数据的采集。可通过网络爬虫进行数据采集，也可通过一些网站公开的数据接口直接获取数据。本程序的数据来源于 Tushare 大数据开放平台。

Tushare 是一个开放的、免费的平台。其提供的数据内容包含股票、基金、期货、债券、外汇，是全数据品类的金融大数据平台。Tushare 返回的数据格式绝大部分都是 Pandas 的 DataFrame 类型，非常便于使用 Pandas、NumPy、Matplotlib、seaborn 等进行数据分析和可视化。Tushare 现已更新至 Pro 版本，但 Pro 版本中数据的获取有积分限制，因此本案例采用 Tushare 旧版所提供的 API，直接获取股票数据。

2. 大盘指数分析

大盘指数一般是指沪市的"上证综合指数"（简称上证指数）和深市的"深证成份股指数"（简称深证指数）。它能科学地反映整个股票市场的行情，如股票的整体涨跌或股票的价格走势等。如果大盘指数逐渐上涨，即可判断多数的股票价格都在上涨。相反，如果大盘指数逐渐下降，即可判断大多数股票价格都在下跌。本案例使用 seaborn 库对上证指数及深证指数数据进行可视化，以直观了解大盘指数"收盘价"和"成交量"走势。

seaborn 是一个基于 Matplotlib 的 Python 数据可视化库，其提供了一种较 Matplotlib 更高阶的操作方式，使用户更容易制作出各种更具吸引力的交互式图表。seaborn 可以兼容 Matplotlib 中的各种参数，也可以高度兼容 NumPy、Pandas 数据结构以及 SciPy、statsmodels 等统计模块。seaborn 可作为 Matplotlib 的有效补充，而不是替代 Matplotlib。通常可以使用 seaborn 制作更美观的默认图表，再通过对 Matplotlib 各参数进行设置实现对图表的个性化。seaborn 库中各 API 的使用可参考其官网，如图 9-1 所示。

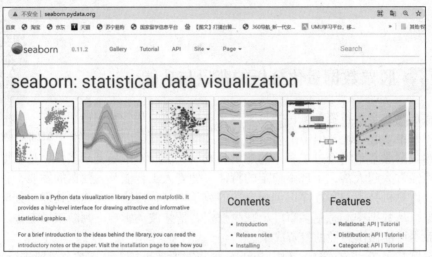

图 9-1　seaborn 官网首页

3．个股分析

在投资活动中，收益和风险是投资者关心的两个基本问题。收益可以通过各股票的"日均收益率"、"累积日收益率"及"平均年化收益率"等数据来衡量；风险可视为投资收益的不确定性，这种不确定性可用统计学中的方差或标准差来衡量，也可以通过平均差、极差、四分位距、离散系数、偏度和峰度等统计量来衡量。

可从股票数据中选择各类型的若干只股票，本案例选择了"中国电信""建业股份""新华联"及"南山铝业"4 只股票进行收益计算、风险评估，并对结果数据进行可视化。

9.3　程序设计的步骤

程序设计步骤-1　　程序设计步骤-2　　程序设计步骤-3

1．安装 tushare 库

tushare 库为第三方库，使用前必须先安装此库，可使用 pip install tushare 命令进行安装。

2．导入所需第三方库

导入本案例所需第三方库，包括 Pandas、NumPy、Matplotlib.pyplot、seaborn、datetime 以及 tushare 等，并为后续统计图中能够正确显示中文及符号进行相关设置。

```
import pandas as pd
import numpy as np
import matplotlib.pyplot as plt
```

```
import seaborn as sns
import datetime as dt
import tushare as ts                         #导入 tushare 库
plt.rcParams['font.sans-serif'] = 'SimHei'   #设置可视化图表中允许中文正常显示,字体为黑体
plt.rcParams['axes.unicode_minus'] = False   #设置可视化图表中允许负号正常显示
```

3．获取上证指数及深证指数数据

目前，我国有上海证券交易所（简称上交所）、深圳证券交易所（简称深交所），以及 2021 年 9 月 3 日成立的北京证券交易所（简称北交所）。

（1）get_k_data()接口

本案例使用 tushare 的 get_k_data()接口，获取上交所及深交所自 1990 年至 2021 年底的所有指数数据。get_k_data()是一个统一的行情数据接口，是 Tushare 平台最常用的接口之一，用于获取 K 线数据。

```
get_k_data(code=None, start='', end='', ktype='D', autype='qfq', index=False, re
try_count=3, pause=0.001)
```

get_k_data()参数说明如表 9-1 所示。

表 9-1　get_k_data()参数说明

参数	参数类型	说明
code	字符串类型	股票代码或指数代码，支持沪深 A、B 股（6 位数字代码，如 600848），支持全部指数（sh 表示上证指数，sz 表示深证指数，hs300 表示沪深 300 指数，sz50 表示上证 50 指数，zxb 表示中小板，cyb 表示创业板）
start	字符串类型	开始日期。格式为 YYYY-MM-DD。为空时取上市首日
end	字符串类型	结束日期。格式为 YYYY-MM-DD。为空时取最近一个交易日
ktype	字符串类型	K 线数据类型。D 表示日 K 线，W 表示周 K 线，M 表示月 K 线，5 表示 5 分钟 K 线，15 表示 15 分钟 K 线，30 表示 30 分钟 K 线，默认为 D
autype	字符串类型	复权类型，有 3 个可选值：qfq 表示前复权；hfq 表示后复权；None 表示不复权。默认为 qfq
index	布尔类型	值为 True 时，接口自动匹配指数代码
retry_count	整型	遇网络等问题时重复执行的次数，默认值为 3
pause	整型	重复请求数据过程中暂停的秒数，防止请求间隔时间太短出现问题，默认值为 0.001

（2）案例代码

代码如下：

```
sh = ts.get_k_data(code='sh', start='1990-12-20', end='2021-12-31')
#获取截至 2021-12-31 的所有上证指数历史数据
sz = ts.get_k_data(code='sz', start='1993-01-03', end='2021-12-31')
#获取截至 2021-12-31 的所有深证指数历史数据

print(sh)  #若在 Jupyter Notebook 中可不使用 print()，直接调用 sh 输出显示
print(sz)  #若在 Jupyter Notebook 中可不使用 print()，直接调用 sz 输出显示，但需在不同的单元
格中运行
```

运行此段代码，获取上证指数（1990-12-20—2021-12-31）、深证指数（1993-01-03—2021-12-31），数据如图 9-2、图 9-3 所示。

	date	open	close	high	low	volume	code
1	1990-12-20	113.10	113.50	113.50	112.85	1990.0	sh
2	1990-12-21	113.50	113.50	113.50	113.40	1190.0	sh
3	1990-12-24	113.50	114.00	114.00	113.30	8070.0	sh
4	1990-12-25	114.00	114.10	114.20	114.00	2780.0	sh
5	1990-12-26	114.40	114.30	114.40	114.20	310.0	sh
...	...	...	...	...	...	...	...
7408	2021-12-27	3613.05	3615.97	3632.19	3601.94	329235293.0	sh
7409	2021-12-28	3619.64	3630.11	3631.08	3607.36	316202242.0	sh
7410	2021-12-29	3630.92	3597.00	3630.92	3596.32	305131766.0	sh
7411	2021-12-30	3596.49	3619.19	3628.92	3595.50	307839291.0	sh
7412	2021-12-31	3626.24	3639.78	3642.84	3624.94	329681932.0	sh

7412 rows × 7 columns

图 9-2　上证指数数据

	date	open	close	high	low	volume	code
0	1993-01-03	2316.17	2412.51	2418.15	2313.25	100.0	sz
1	1993-01-04	2424.00	2376.38	2452.60	2368.37	100.0	sz
2	1993-01-05	2372.15	2376.13	2423.98	2361.33	100.0	sz
3	1993-01-06	2377.64	2403.59	2407.68	2367.87	100.0	sz
4	1993-01-07	2411.45	2429.85	2438.89	2400.30	100.0	sz
...	...	...	...	...	...	...	...
7049	2021-12-27	14704.29	14715.65	14802.35	14652.42	436106669.0	sz
7050	2021-12-28	14736.73	14837.87	14841.88	14696.45	432157118.0	sz
7051	2021-12-29	14828.19	14653.82	14828.19	14645.20	424280068.0	sz
7052	2021-12-30	14652.08	14796.23	14846.82	14652.08	455430806.0	sz
7053	2021-12-31	14842.07	14857.35	14871.98	14797.11	468675226.0	sz

7054 rows × 7 columns

图 9-3　深证指数数据

为保证案例数据获取及显示的一致性，遵循以下 3 点原则：

① 使用 Tushare Pro 获取数据有积分限制，为保证代码一致性，此处使用旧版接口；

② 截图显示的数据格式为使用 Jupyter Notebook 代码编辑器的输出结果，使用其他（如 PyCharm）编辑器，显示格式略有不同；

③ 为保证案例演示效果的一致性，本案例中数据获取截至 2021-12-31，读者可根据情况自行选择获取数据到当日。

观察图 9-2、图 9-3，可以了解上证指数数据集包含 7412 行×7 列数据，深证指数数据集包含 7054 行×7 列数据，其数据列含义如表 9-2 所示。

表 9-2　数据列含义说明

列名	含义	列名	含义
date	交易日期	low	最低价
open	开盘价	volume	成交量
close	收盘价	code	股票代码
high	最高价		

4．保存数据集至 CSV 文件

使用 Pandas 的 to_csv()将获取的大盘指数数据保存至 CSV 文件。后续需要时可重新从平台获取，也可直接读取保存至 CSV 文件中的数据（速度较从平台获取数据更快）。

```
sh.to_csv('SH_SZ.csv', index=False, float_format='%.2f')
#将上证指数写入 CSV 文件，不保留默认索引

sz.to_csv('SH_SZ.csv', index=False, mode='a', header=False, float_format='%.2f')
#将深证指数追加写入 CSV 文件，不保留默认索引，不另加标题
```

5．大盘指数数据预处理

（1）读取数据集并查看简要信息

使用 Pandas 的 read_csv()读取保存后的大盘指数数据，然后使用 DataFrame 的 info()来

查看数据集的简要信息，包括各列的数据类型、是否为空值、内存占用情况。若查看后发现数据类型不符合后续分析需求，可对其进行相应数据转换；若查看后发现包含缺失值，可根据缺失值的多少及实际应用需求进行相关缺失值处理。

代码如下：

```
data = pd.read_csv('SH_SZ.csv')
data.info()
```

上述代码运行结果如图 9-4 所示，该数据记录中无缺失值，数据类型仅有 float64 类型和 object 类型。

（2）转换数据类型

在上述数据集中，date 列为 object 类型，为了后续按时间序列对股票信息进行分析及可视化，可使用 Pandas 的 to_datetime() 将其转换为 datetime 类型。

```
data['date'] = pd.to_datetime(data.date)      #转换为 datetime 类型
print(data['date'].dtype)                      #显示 date 列的数据类型
data.head()                                    #展示数据前 5 行
```

转换后 date 列的数据类型及数据集如图 9-5 所示。

```
<class 'pandas.core.frame.DataFrame'>
RangeIndex: 14466 entries, 0 to 14465
Data columns (total 7 columns):
 #   Column  Non-Null Count  Dtype
---  ------  --------------  -----
 0   date    14466 non-null  object
 1   open    14466 non-null  float64
 2   close   14466 non-null  float64
 3   high    14466 non-null  float64
 4   low     14466 non-null  float64
 5   volume  14466 non-null  float64
 6   code    14466 non-null  object
dtypes: float64(5), object(2)
memory usage: 791.2+ KB
```

图 9-4　大盘指数简易信息

datetime64[ns]							
	date	open	close	high	low	volume	code
0	1990-12-20	113.10	113.50	113.50	112.85	1990.0	sh
1	1990-12-21	113.50	113.50	113.50	113.40	1190.0	sh
2	1990-12-24	113.50	114.00	114.00	113.30	8070.0	sh
3	1990-12-25	114.00	114.10	114.20	114.00	2780.0	sh
4	1990-12-26	114.40	114.30	114.40	114.20	310.0	sh
...	...	...	...	...	...	...	...
14461	2021-12-27	14704.29	14715.65	14802.35	14652.42	436106669.0	sz
14462	2021-12-28	14736.73	14837.87	14841.88	14696.45	432157118.0	sz
14463	2021-12-29	14828.19	14653.82	14828.19	14645.20	424280068.0	sz
14464	2021-12-30	14652.08	14796.23	14846.82	14652.08	455430806.0	sz
14465	2021-12-31	14842.07	14857.35	14871.98	14797.11	468675226.0	sz
14466 rows × 7 columns							

图 9-5　转换数据类型后的大盘指数数据

6．大盘指数总体分析

要掌握股票市场动向，首先要观察每日"收盘价"及"成交量"走势。"收盘价"显示了股票市场的意愿，对比昨天/以往的"收盘价"，其价格是高了还是低了，一定程度上预示着今天/近期的股价是上涨还是下跌；"成交量"的大小则表示一天之内交易的活跃程度。

本案例分别根据每日收盘价及每日成交量，使用 seaborn 库的 lineplot() 绘制上证指数、深证指数走势图。

（1）案例代码

代码如下：

```
fig = plt.figure(figsize=(12, 5))      #创建画布，尺寸为 12 英寸×5 英寸


axes1 = fig.add_subplot(1,2,1)         #添加子图 axes1
axes2 = fig.add_subplot(1,2,2)         #添加子图 axes2
```

```
axes1.set_title('1990-2021上证-深证指数每日收盘价走势图')
sns.lineplot(x=data.date, y=data.close, hue=data.code, ax=axes1)

axes2.set_title('1990-2021上证-深证每日成交量走势图')
sns.lineplot(x=data.date, y=data.volume, hue=data.code, ax=axes2)
plt.show()
```

（2）可视化

上段代码使用 lineplot()绘制了从 1990 年 12 月至 2021 年 12 月上证指数、深证指数每日收盘价走势图及每日成交量走势图，如图 9-6 所示。

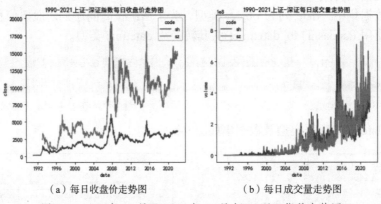

（a）每日收盘价走势图　　　　　　　　（b）每日成交量走势图

图 9-6　1990 年 12 月至 2021 年 12 月上证-深证指数走势图

（3）lineplot()说明

lineplot()语法格式如下：

```
seaborn.lineplot(x=None, y=None, hue=None,
                size=None, style=None, data=None,
                palette=None, hue_order=None, hue_norm=None,
                sizes=None, size_order=None, size_norm=None,
                dashes=True, markers=None, style_order=None,
                units=None, estimator='mean', ci=95, n_boot=1000,
                sort=True, err_style='band', err_kws=None,
                legend='brief', ax=None, **kwargs)
```

lineplot()常用参数如表 9-3 所示。

表 9-3　lineplot()常用参数

参数	描述
x, y	指定在 x 轴和 y 轴上所显示的数据。本案例中： x=data.date，在 x 轴显示"交易日期"； y=data.close，在 y 轴显示"收盘价"； y=data.volume，在 y 轴显示"成交量"
hue	seaborn 可直接在图中根据不同的分组采用不同的线条进行绘制。按 hue 参数指定的数据进行分组，可在同一个子图/图中生成不同的折线线条。本案例中： hue=data.code，按照股票代码（sh 和 sz）进行分组，在子图中分别绘制 sh、sz 的走势线

参数	描述
style	对不同的折线使用不同的样式。本案例中： style=data.code，将按股票代码所绘制的 sh 走势线和 sz 走势线分别绘制为实线和虚线
data	指定 DataFrame 类型的数据作为所绘制图表的数据源，可选参数。 本案例中： 未单独指定数据源，而是在 x 和 y 中分别指定数据来源于案例数据集的哪一列
ax	指定要绘制的子图（该子图需已存在）。本案例中： ax=axes1，在子图 axes1 中绘制（sh、sz 的收盘价走势线）； ax=axes2，在子图 axes2 中绘制（sh、sz 的成交量走势线）

（4）结果分析

从图 9-6 中，可以看到从开市以来大盘指数整体呈上涨趋势，但小范围内震荡明显，而且相对于国内经济形势的明显提升，"收盘价"走势所呈现的股市表现并不是那么使人满意。

观察图 9-6（a）所示的收盘价走势图，可以看到 1990 年至 2021 年有两个明显的峰值，可根据上证指数收盘价设置过滤阈值为 5000，查看峰值时间。

```
sh_5000 = data[(data.code == 'sh') & (data.close > 5000)]
                # 过滤条件 1：上证指数
                # 过滤条件 2：收盘价大于 5000
sh_5000
```

运行结果如图 9-7 所示，可大致判断两个峰值时间分别为 2007 年和 2015 年，对应两次股票"牛市"。

	date	open	close	high	low	volume	code
3918	2007-08-23	5002.84	5032.49	5050.38	4968.33	99309400.0	sh
3919	2007-08-24	5070.65	5107.67	5125.36	5052.24	108996000.0	sh
3920	2007-08-27	5144.82	5150.12	5192.06	5092.08	116154000.0	sh
3921	2007-08-28	5134.14	5194.69	5209.51	5058.45	105437000.0	sh
3922	2007-08-29	5147.71	5109.43	5204.53	5063.41	100824000.0	sh
...	...	...	...	...	...	...	...
5811	2015-06-09	5145.98	5113.53	5147.45	5042.96	729893818.0	sh
5812	2015-06-10	5049.20	5106.04	5164.16	5001.49	596969001.0	sh
5813	2015-06-11	5101.44	5121.59	5122.46	5050.77	563990522.0	sh
5814	2015-06-12	5143.34	5166.35	5178.19	5103.40	625627854.0	sh
5815	2015-06-15	5174.42	5062.99	5176.79	5048.74	637803984.0	sh

96 rows × 7 columns

图 9-7　1990 年 12 月至 2021 年 12 月上证指数峰值过滤结果

可进一步使用 Pandas 的 pivot_table() 对股票牛市期间的大盘指数均值及总成交量做统计分析，参考代码如下，运行结果如图 9-8 所示。

```
pd.pivot_table(sh_5000, index=[sh_5000.date.dt.year, sh_5000.date.dt.month],
            values=['close', 'volume'], aggfunc={'close': np.mean, 'volume':
np.sum})
```

由图 9-8 可知，2007 年 10 月的上证大盘指数的月均收盘价达到峰值 5824.12，之后开始下跌。成交量则在 12 月达到此轮牛市的巅峰。第二轮牛市则在 2015 年的 6 月达到了月均收盘价的巅峰。同时对比图 9-6(b) 所示的成交量走势图，可以看到当两轮牛市到来，成交量也随之暴涨，大约在 2015 年达到历史巅峰。

我们可进一步提取 2015 年的数据，分别对 2015 年各月的开盘价均值、收盘价均值、最高最高价、最低最低价、每月成交量总数进行统计分析。参考代码如下：

date	date		close	volume
2007	8		5140.158571	7.354874e+08
	9		5360.101500	1.918855e+09
	10		5824.120000	1.340665e+09
	11		5374.338235	8.229744e+08
	12		5142.463571	9.272551e+08
2008	1		5359.660000	1.127737e+09
2015	6		5103.640000	4.781561e+09

图 9-8　1990 年 12 月至 2021 年 12 月上证收盘价大于 5000 汇总

```
sh_2015 = data[(data.date.dt.year == 2015) & (data.code == 'sh')]    #提取 2015 年
上证指数
    sh_2015.set_index(sh_2015.date, inplace=True)              #将交易日期设为索引

    #对 2015 年数据按月重采样，并对数据进行相应聚合统计
    sh_2015_M = sh_2015.resample('M').agg({'open': np.mean, 'close': np.mean,
                            'high': np.max , 'low': np.min,
                            'volume': np.sum})
    sns.lineplot(data=sh_2015_M['volume'])              #绘制2015年上证指数月成交量走势图
    plt.title('2015 年上证指数月成交量走势图')
    plt.show()


    sns.lineplot(data=sh_2015_M[['open', 'close', 'high', 'low']])   #绘制 2015 年上证指
数其余指标走势图
    plt.title('2015 年上证指数开盘价、收盘价、最高价、最低价走势图')
    plt.show()
```

运行结果如图 9-9 所示，从 2015 年整年来看，上证指数各项数据走势趋于一致，涨幅跌幅比较明显，投资风险较大，因此需要更好的投资决策。

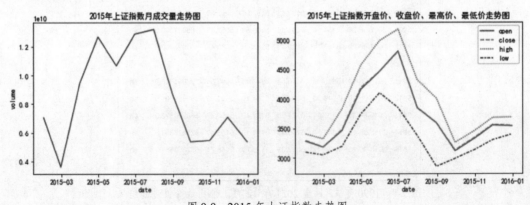

图 9-9　2015 年上证指数走势图

7．个股分析

（1）获取股票数据

本案例以 4 只股票数据为例，使用循环语句，通过 get_k_data() 接口，分别获得各股票

数据，再将各股票数据追加至同一数据集，并保存至 stocks.csv 文件。参考代码如下：

```
stocks = {'中国电信': '601728', '建业股份': '603948', '新华联': '000620', '南山铝业': '600219'}
df = pd.DataFrame()                               #创建 df 来存储股票数据
for stock_code in stocks.values():
    df_stock = ts.get_k_data(code=stock_code, start='2021-01-01')
#读取单只股票数据（2021 年至代码运行时）
    df = df.append(df_stock, ignore_index=True)    #将获取的数据追加至 df

df.to_csv('stocks.csv')                           #保存股票数据至 CSV 文件
df.head()                                         #显示 df 中前 5 行数据
```

运行结果如图 9-10 所示，其中"中国电信"上市时间为 2021 年 8 月 20 日。获取个股数据后即可对它们进行更为详细的分析。

	date	open	close	high	low	volume	code
0	2021-08-20	4.79	6.11	6.52	4.58	38846643.0	601728
1	2021-08-23	5.50	5.50	5.50	5.50	3109724.0	601728
2	2021-08-24	4.95	4.95	4.95	4.95	4065975.0	601728
3	2021-08-25	4.95	4.83	5.14	4.77	20840903.0	601728
4	2021-08-26	4.73	4.71	4.84	4.62	13816493.0	601728

图 9-10 个股数据获取参考

（2）日收益率计算

股票收益率是反映股票收益水平的指标。股票收益率分为算术收益率和对数收益率两种，其中算术收益率计算公式为 $R = \dfrac{p_t - p_{t-1}}{p_{t-1}}$。

其中，P_t 为 t 日的股票收盘价，P_{t-1} 为 $t-1$ 日的股票收盘价。即某股票的日算术收益率为其相邻两天的价格差除以其中前一天的价格。

而在金融领域的实际应用中，人们经常使用对数收益率来计算日收益率，其计算公式为 $R = \ln \dfrac{p_t}{p_{t-1}}$。即某股票的日对数收益率为其相邻两天的价格比的对数。

我们自定义两个函数，用来计算上述两种日收益率，并为数据集增加新的两列 simple_return_daily 和 log_return_daily，用以存储计算出的两种日收益率，代码如下。

```
def simple_return_daily(series):
    '''计算日算术收益率'''
    s = (series - series.shift(1)) / series.shift(1)
    #shift()对数据进行上移或下移：参数为正，上移；参数为负，下移；若移动后无值，则填充 NaN
    return s

def log_return_daily(series):
    '''计算日对数收益率'''
    s = np.log(series / series.shift(1))
```

```
            return s

#以股票代码为参考进行分组，使用各股票收盘价计算其日收益率
df['simple_return_daily'] = df.groupby('code')['close'].apply(simple_return_dail
y)   #算术日收益率
df['log_return_daily'] = df.groupby('code')['close'].apply(log_return_daily)
   #对数日收益率
df
```

运行结果如图 9-11 所示，每只股票日收益率的第一天收益率均为 NaN，因无前一天数据作为参考，后续计算累积日收益率及平均年化收益率等时可先使用 dropna()将其删除，再进行计算。

	date	open	close	high	low	volume	code	simple_return_daily	log_return_daily
0	2021-08-20	4.79	6.11	6.52	4.58	38846643.0	601728	NaN	NaN
1	2021-08-23	5.50	5.50	5.50	5.50	3109724.0	601728	-0.099836	-0.105179
2	2021-08-24	4.95	4.95	4.95	4.95	4065975.0	601728	-0.100000	-0.105361
3	2021-08-25	4.95	4.83	5.14	4.77	20840903.0	601728	-0.024242	-0.024541
4	2021-08-26	4.73	4.71	4.84	4.62	13816493.0	601728	-0.024845	-0.025159
...	...	...	...	...	...	...	...	...	...
917	2022-02-09	4.72	4.79	4.89	4.71	1856337.0	600219	0.043573	0.042650
918	2022-02-10	4.88	4.82	4.95	4.80	1318662.0	600219	0.006263	0.006244
919	2022-02-11	4.77	4.80	4.90	4.75	1062357.0	600219	-0.004149	-0.004158
920	2022-02-14	4.78	4.70	4.79	4.67	759494.0	600219	-0.020833	-0.021053
921	2022-02-15	4.72	4.65	4.72	4.63	456351.0	600219	-0.010638	-0.010695

922 rows × 9 columns

图 9-11   新增 simple_return_daily 和 log_return_daily 两列后的数据集

（3）累积日收益率、平均年化收益率计算

累积日收益率可用于定期确定投资价值。其计算方法为，每日收益率+1，并计算其累乘积。

平均年化收益率可由日收益率转化而来，（一般）假设一年有 252 个交易日，则平均年化收益率=$(1+平均年化收益率)^{252}-1$。

计算累积日收益率及平均年化收益率，并使用 seaborn 绘图，代码如下：

```
df['date'] = pd.to_datetime(df.date)    #将 date 列转换为 datetime 类型


return_yearly = []                       #用于存放各股票的平均年化收益率数据
for stock in stocks.values():
    #获取单只股票的相关数据
    stock_data = df[df.code == stock][['date', 'code', 'simple_return_daily', 'l
og_return_daily']]

    #计算股票的累积日收益率
    stock_data['accumulate'] = (1 + stock_data['simple_return_daily']).cumprod()
.dropna()
    #计算平均年化收益率
```

```
return_yearly.append((1 + np.mean(stock_data['log_return_daily'])) ** 252 - 1)

#seaborn 绘图: 累积日收益率图
plt.title('2021 年股票%s 的累积日收益率图' % stock)
sns.lineplot(data=stock_data, x='date', y='accumulate')
plt.show()

#创建各股票平均年化收益率的 DataFrame: stocks_yearly
stocks_yearly = pd.DataFrame(columns=['code', 'return_yearly'])
stocks_yearly['code'] = stocks.values()
stocks_yearly['return_yearly'] = return_yearly
#将 stocks_yearly 按照 "return_yearly" (平均年化收益率) 排序
stocks_yearly.sort_values('return_yearly', inplace=True)

#为平均年化收益率绘制条形图
plt.title('选定股票平均年化收益率图')
sns.barplot(data=stocks_yearly, x='code', y='return_yearly')
plt.show()
```

运行结果如图 9-12 及图 9-13 所示。在上述代码中,cumprod()可计算并返回 DataFrame 或 Series 的累积乘积,与之相似的函数如下。

DataFrame.cummax(): 返回累积最大值。

DataFrame.cummin(): 返回累积最小值。

DataFrame.cumsum(): 返回累积和。

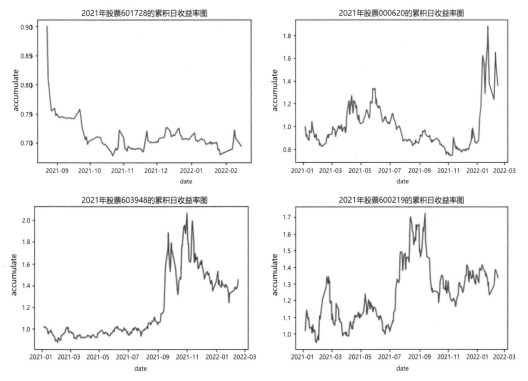

图 9-12　2021 年各股票累积日收益率

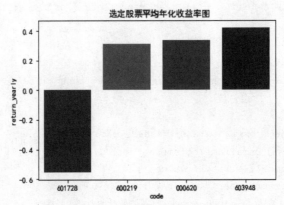

图 9-13 2021 年各股票平均年化收益率

通过图 9-12，可以看到"000620"从 2022 年开始，累积日收益率出现提升；"603948"的涨势从 2021 年 9 月开始，2022 年呈下跌趋势；"600219"的累积日收益率呈现明显波动，相对风险性高。通过图 9-13 则可以直观看到各股票平均年化收益率的差别，长期持股者可关注此数据，也可尝试计算更长历史时期内的平均年化收益率。

（4）个股风险分析

现代投资理论创始人马科维茨（Markowitz）认为投资风险即投资收益的不确定性，这种不确定性可用统计学中的方差或标准差来度量，也可以通过平均差、极差、四分位距、离散系数、偏度和峰度等统计量来衡量。

平均差：表示各个变量值之间差异程度的数值之一，指各个变量值同平均数的离差的绝对值的算术平均数。平均差越大，表明各变量值与算术平均数的差异程度越大，说明数据离散程度越大；反之，离散程度越小。

极差：最大值与最小值之差，计算公式为 $M=Max-Min$。极差标志值变动的最大范围，是基本的衡量数据离散程度的方式，受极值影响较大。

四分位距：第三四分位数（Q_3）与第一四分位数（Q_1）的差。计算公式为 $IQR=Q_3-Q_1$。四分位距反映了中间 50%数据的离散程度，其数值越小，说明中间的数据越集中；其数值越大，说明中间的数据越分散。四分位距不受极值的影响。

离散系数：即变异系数，为一组数据的标准差与平均数之比。计算公式为 $C=std/mean$。离散系数主要用于比较不同样本数据的离散程度。离散系数大，说明数据的离散程度也大；离散系数小，说明数据的离散程度也小。

日收益率均值、标准差、方差的计算可直接使用 NumPy 库下的函数实现，其余统计量则可通过自定义函数进行计算。以下是计算各统计量的函数定义及调用代码：

```python
def MeanDeviation(series):
    '''平均差计算'''
    d = np.abs(series - series.mean()).mean()
    return d
def MaxMinDeviation(series):
    '''极差计算'''
    d = series.max() - series.min()
    return d
def QuantileDeviation(series):
```

```
    '''四分位距计算'''
    d = series.quantile(0.75) - series.quantile(0.25)
    return d
def VariationCoef(series):
    '''离散系数计算'''
    d = series.std() / series.mean()
    return d
def Skewness(series):
    '''偏度计算'''
    return series.skew()
def Kurtosis(series):
    '''峰度计算'''
    return series.kurt()

df.groupby('code')[['log_return_daily']].agg([np.mean, np.std, np.var,MeanDeviat
ion, MaxMinDeviation, QuantileDeviation,Skewness, Kurtosis])
```

收益均值是一组常用的数据统计量，它反映了一段时期内股票历史收益的均值。图 9-14
中 mean 列显示，2021 年以来这 4 只股票，除"601728"外，其他各只股票的历史收益均
值均为正数，整体呈缓慢增长；而"601728"收益均值为负数。

| code | log_return_daily | | | | | | | |
	mean	std	var	MeanDeviation	MaxMinDeviation	QuantileDeviation	Skewness	Kurtosis
000620	0.001149	0.042085	0.001771	0.029774	0.203772	0.036095	0.377949	0.934156
600219	0.001081	0.032361	0.001047	0.023954	0.201935	0.034588	0.030547	1.485903
601728	-0.003205	0.018123	0.000328	0.009843	0.154264	0.008803	-2.858207	17.073225
603948	0.001390	0.033435	0.001118	0.021604	0.200770	0.025092	-0.049289	3.281889

图 9-14　个股风险统计量计算

均值虽然可以直接反映整体收益的正负增长，但却不能直观反映其波动性。"标准差"
和"方差"可表现数据的离散程度，股票收益的波动在某种程度上反映该股票收益的不确
定性。由图 9-14 中 std 和 var 列，可以看出这 4 只股票中波动性最大（std 值和 var 值最大），
即风险最大的是"000620"；波动性最小的则是"601728"。

偏态（Skewness）分布是相对于"正态分布"而言的，偏态系数一般可理解为均值相
对于中位数、众数的偏离程度，如图 9-15 所示，偏态系数> 0，称为正偏或右偏；偏态系数
<0，称为负偏或左偏。在金融领域，人们更喜欢正偏度，因为这意味着高盈利的概率更大。
由图 9-14 中的 Skewness 列可见，"601728"负偏度较大，意味着亏损的概率较大；"000620"
相对于"600219"有更大的盈利可能性。

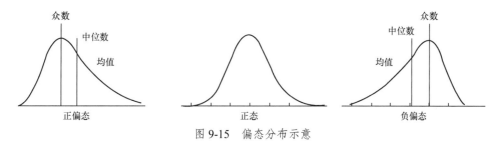

图 9-15　偏态分布示意

峰态/峰度（Kurtosis）系数，表征概率密度分布曲线在均值处峰值高低的特征数。样

本的峰度是和正态分布相比较而言的统计量，如图 9-16 所示。峰度>3，为尖峰态分布；峰度<3，为低峰态分布；正态分布的峰度=3。由图 9-14 中的 Kurtosis 列可见，"601728" 具有较大的峰态系数，可断定其日收益率不属于正态分布。

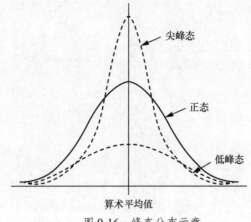

图 9-16　峰态分布示意

　　股票交易是数据分析领域的一个典型应用场景，本案例实现了对大盘指数及个股的浅略分析，帮助读者了解如何通过技术科学计算收益率、分析股市波动，尽可能减小投资风险。但股票的涨跌受诸多因素的影响，希望大家能够更为科学、理性地进行投资分析。

## 第 10 章

案例实战——销售业客户价值数据分析

10.1 销售业客户价值数据分析的意义

随着时代的发展，无论是对于电商平台还是线下零售企业，传统的销售模式都已不太能适应市场需求，未来销售业将以客户的需求为导向。需求导向的重点是聚焦正确的客户、提供合适的商品，以最低成本实现用户触达，实现个性化推荐、交叉销售和精准化运营。

案例实战-1

案例实战-2

案例实战-3

精准化运营的前提是客户关系管理，而客户关系管理的核心是客户分类。根据经济学中的帕累托原理，可认为企业中 20% 的客户贡献了企业收入的 80%。因此在资源有限的情况下，对不同类型的客户进行价值分类，尽量获取、留存优质客户，定制营销策略，能有效地提升企业效益。

10.2 程序设计的思路

1. 消费数据获取

本案例使用了 Kaggle 平台提供的数据集，该数据集为某零售商店 2016 年商品销售详细数据。这些数据是由商店通过"扫描"单个商品的条形码获得的，包含所销售商品的数量、特点、价值以及价格的详细信息。

2. 消费数据分析

（1）获取数据后，首先对数据集进行数据探索，充分了解数据，如有异常数据，需对数据进行清理。

（2）清理完成后，从时空维度对数据进行分析。因为本案例所用数据集不涉及空间数据，所以仅从时间维度进行分析，观察销售淡、旺季规律。

（3）从商品维度进行销售数据分析，找到销售数量 TOP 10（前十名）商品、销售金额 TOP 10 商品。如果数据集包含利润数据，也可找到利润的 TOP 10 商品。

（4）从客户维度进行销售数据分析，了解每月新增客户数，对客户首购行为和最近一次购物行为进行分析，根据销售数量和销售金额分析每位客户的消费数据、购物次数等。

（5）使用 RFM 模型及 K-Means 模型对客户进行分层分析，区分不同客户群体，制定不同的营销策略。

10.3 程序设计的步骤

1．数据集下载

在 Kaggle 平台下载 scanner_data.csv 数据集。

2．导入所需第三方库

导入本案例所需第三方库，包括 Pandas、NumPy、Matplotlib.pyplot、seaborn 等，并为后续统计图中能够正确显示中文及符号进行相关设置。

```
import pandas as pd
import numpy as np
import matplotlib.pyplot as plt
import seaborn as sns
import datotime
from sklearn.cluster import KMeans

plt.rcParams['font.sans-serif'] = 'SimHei'  #设置可视化图表中允许中文正常显示，字体为黑体
plt.rcParams['axes.unicode_minus'] = False  #设置可视化图表中允许负号正常显示
```

3．数据探索

（1）数据读取

程序代码：

```
df = pd.read_csv('scanner_data.csv', index_col=0)   #读取数据，指定第一列为索引
```

（2）数据描述

程序代码：

```
print(df.shape)       #显示 DataFrame 维度信息
df.info()             #显示 DataFrame 摘要信息
df.head()             #显示前 5 行数据信息
```

运行此段代码，结果如图 10-1 所示，显示该数据集共有 131706 行×7 列数据，其中有 2 列 float64 类型数据、2 列 int64 类型数据和 3 列 object 类型数据，各数据均非空。

```
(131706, 7)
<class 'pandas.core.frame.DataFrame'>
Int64Index: 131706 entries, 1 to 131706
Data columns (total 7 columns):
 #   Column          Non-Null Count   Dtype
---  ------          --------------   -----
 0   Date            131706 non-null  object
 1   Customer_ID     131706 non-null  int64
 2   Transaction_ID  131706 non-null  int64
 3   SKU_Category    131706 non-null  object
 4   SKU             131706 non-null  object
 5   Quantity        131706 non-null  float64
 6   Sales_Amount    131706 non-null  float64
dtypes: float64(2), int64(2), object(3)
memory usage: 8.0+ MB
```

	Date	Customer_ID	Transaction_ID	SKU_Category	SKU	Quantity	Sales_Amount
1	02/01/2016	2547	1	X52	0EM7L	1.0	3.13
2	02/01/2016	822	2	2ML	68BRQ	1.0	5.46
3	02/01/2016	3686	3	0H2	CZUZX	1.0	6.35
4	02/01/2016	3719	4	0H2	549KK	1.0	5.59
5	02/01/2016	9200	5	0H2	K8EHH	1.0	6.88

图 10-1　scanner_data.csv 维度信息、摘要信息及前 5 行数据

数据集属性详情如表 10-1 所示。

表 10-1　数据集属性详情

属性名	属性类型	说明
Date	object	交易日期
Customer_ID	int64	客户 ID
Transaction_ID	int64	交易 ID
SKU_Category	object	SKU 分类号
SKU	object	Stock Keeping Unit, 商品入库编码, 每种不同属性的商品均对应唯一的 SKU
Quantity	float64	销售数量
Sales_Amount	float64	销售金额（单价×销售数量）

4．数据清理

（1）重复值检查
程序代码：

```
df.duplicated().sum()     #重复值检查
```

结果显示为 0，即该数据集无重复记录。
（2）缺失值检查
程序代码：

```
df.isnull().sum()         #缺失值检查
```

在前述数据描述中，通过 df.info() 已经可以查看到该数据集各列均为非缺失值，此处运行结果如图 10-2 所示，可进一步验证各属性数据缺失值个数均为 0。

```
Date              0
Customer_ID       0
Transaction_ID    0
SKU_Category      0
SKU               0
Quantity          0
Sales_Amount      0
dtype: int64
```

图 10-2　缺失值检查

（3）异常值检查
可使用箱线图对数值型数据进行异常值检查，例如，在该数据集中为 Quantity 及 Sales_Amount 绘制箱线图，如图 10-3 所示。

```
# 异常值检查
plt.figure(figsize=(16, 6))
plt.subplot(1, 2, 1)                    # 1行2列子图中的子图1
sns.boxplot(x=df.Quantity)             # 为 Quantity 绘制箱线图
```

```
plt.subplot(1, 2, 2)                           # 1 行 2 列子图中的子图 2
sns.boxplot(x=df.Sales_Amount)                 # 为 Sales_Amount 绘制箱线图
plt.show()
```

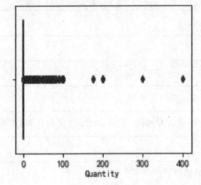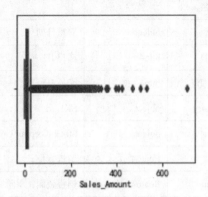

图 10-3　异常值检查

　　由图 10-3 可知，Quantity 及 Sales_Amount 的箱线图中，在数值较大处均有较多异常点，但因这两个属性分别是销售数量及销售金额，所以这些异常点对应购物数量较大的客户群体，为重要客户数据而非错误数据，无须进行处理。可使用 describe() 对这两组数据进行进一步的分布分析，结果如图 10-4 所示。Quantity 的第三四分位数为 1，最大值为 400，意味着大部分客户的购物数量均不超过 1，同时也存在购物数量较大的客户群体。Sales_Amount 的均值约为 11.98，中位数为 6.92，第三四分位数为 12.33，意味着消费金额高于消费金额均值的客户群体约占 25%。

```
df[['Quantity', 'Sales_Amount']].describe()          # 数值型数据描述
```

	Quantity	Sales_Amount
count	131706.000000	131706.000000
mean	1.485311	11.981524
std	3.872667	19.359699
min	0.010000	0.020000
25%	1.000000	4.230000
50%	1.000000	6.920000
75%	1.000000	12.330000
max	400.000000	707.730000

图 10-4　分布分析结果

5. 数据预处理

　　由前述探索性分析可知，Date 为 object 类型，为了便于对时间数据进行序列分析，可将其转换为 datetime 类型。数据集中 Customer_ID 为 int 类型，可将其转换为 str 类型。

```
df['Date'] = pd.to_datetime(df.Date, format='%d/%m/%Y')  #将 Date 转换为 datetime 类型
df['Customer_ID'] = df.Customer_ID.astype('str')         #将 Customer_ID 转换为 str 类型
df.info()
```

将 Date 设置为索引，便于对数据按周、按月等进行销售分析，结果如图 10-5 所示。

```
df.set_index('Date', inplace=True)    #设置 Date 为索引
df.head()
```

Date	Customer_ID	Transaction_ID	SKU_Category	SKU	Quantity	Sales_Amount
2016-01-02	2547	1	X52	0EM7L	1.0	3.13
2016-01-02	822	2	2ML	68BRQ	1.0	5.46
2016-01-02	3686	3	0H2	CZUZX	1.0	6.35
2016-01-02	3719	4	0H2	549KK	1.0	5.59
2016-01-02	9200	5	0H2	K8EHH	1.0	6.88

图 10-5　设置 Date 为索引后的数据集示例

6．时间维度销售数据分析与可视化

（1）销售金额分析

对销售金额分别按日、周、月、季度进行汇总求和，绘制折线图以更好地展示分组聚合后的数据，如图 10-6 所示。由图可知日销售金额波动较大，无明显规律可循；按周进行汇总后，销售金额相对稳定；按月汇总的销售金额，除 6 月、7 月、8 月、11 月降幅较大外，其余月份整体呈上升趋势；按季度汇总，一季度、三季度销售金额较低，二季度、四季度销售金额较高。以上是根据数据集所提供的 2016 年的销售数据获得的分析结果，如果要对比各年度的销售金额数据，还需进一步根据年度数据进行同比、环比分析。

```
fig, ax = plt.subplots(2, 2, figsize=(16, 6))
plt.tight_layout(pad=4)

ax[0, 0].set_title('2016年日销售金额折线图')
sales_day = df.groupby('Date')[['Sales_Amount']].sum()
sns.lineplot(x=sales_day.index, y=sales_day.Sales_Amount, ax=ax[0, 0])

ax[0, 1].set_title('2016年周销售金额折线图')
sales_week = df.resample('W')[['Sales_Amount']].sum()
sns.lineplot(x=sales_week.index, y=sales_week.Sales_Amount, ax=ax[0, 1])

ax[1, 0].set_title('2016年月销售金额折线图')
sales_month = df.resample('M')[['Sales_Amount']].sum()
sns.lineplot(x=sales_month.index, y=sales_month.Sales_Amount, ax=ax[1, 0])

ax[1, 1].set_title('2016年季度销售金额折线图')
sales_qurater = df.resample('Q')[['Sales_Amount']].sum()
sns.lineplot(x=sales_qurater.index, y=sales_qurater.Sales_Amount, ax=ax[1, 1])
plt.show()
```

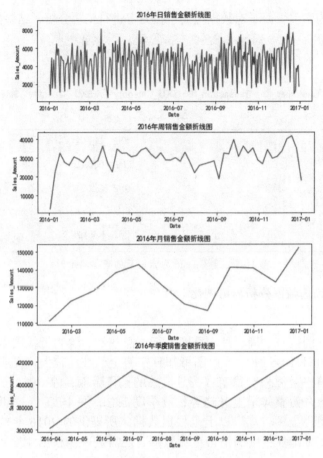

图 10-6　2016 年销售金额折线图

（2）每月销售数据分析

分别对每月销售数量、客户数量、交易次数、销售金额进行可视化分析，当然也可以按日、年等进行更多相似的分析。

```python
fig, ax = plt.subplots(1, 4, figsize=(16, 3))

ax[0].set_title('2016年每月销售数量折线图')
df.resample('M').sum()[['Quantity']].plot(ax=ax[0])

ax[1].set_title('2016年每月客户数量折线图')
df.resample('M')[['Customer_ID']].nunique().plot(ax=ax[1])

ax[2].set_title('2016年每月交易次数折线图')
df.resample('M')[['Transaction_ID']].nunique().plot(ax=ax[2])

ax[3].set_title('2016年每月销售金额折线图')
df.resample('M')[['Sales_Amount']].sum().plot(ax=ax[3])

plt.show()
```

由图 10-7 所示的运行结果可观察到，在 7 月、8 月，销售数量、销售金额、客户数量、交易次数均有显著降低，而在 5 月、12 月各数据值均较高，推测该零售商店受月份影响明显。可进一步核查是否由外部因素引起，例如，该商店是否开在学校附近，从而受寒暑假影响。排除外部因素后，可在 7 月、8 月举行一些营销活动刺激消费，以获取更高利润。

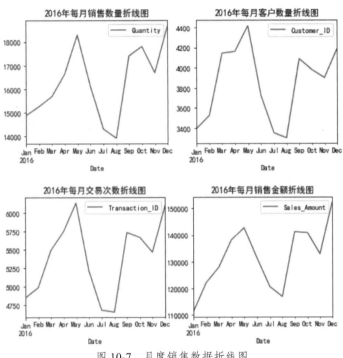

图 10-7　月度销售数据折线图

7. 商品维度销售数据分析与可视化

可视化年度销售数量 TOP 10 及销售金额 TOP 10 的商品，从而找出最受欢迎的商品，运行结果如图 10-8 所示。

```
fig, ax = plt.subplots(1, 2, figsize=(16, 6))

ax[0].set_title('2016年度销售数量 TOP 10商品')
quantity_SKU = df[['SKU', 'Quantity']].groupby('SKU').sum().sort_values(by='Quantity',

ascending=False).head(10)
sns.barplot(x=quantity_SKU.index, y=quantity_SKU.Quantity, ax=ax[0])
for x, y in enumerate(quantity_SKU.Quantity):
    ax[0].text(x, y + 5, y, ha='center', va='bottom')     # 增加数据标注

ax[1].set_title('2016年度销售金额 TOP 10商品')
sales_amount_SKU = df[['SKU', 'Sales_Amount']].groupby('SKU').sum().sort_values(
by='Sales_Amount', ascending=False).head(10)
sns.barplot(x=sales_amount_SKU.index, y=sales_amount_SKU.Sales_Amount, ax=ax[1])
for x, y in enumerate(sales_amount_SKU.Sales_Amount):
```

```
ax[1].text(x, y + 5, '%.2f'%y, ha='center', va='bottom')    # 增加数据标注

plt.show()
```

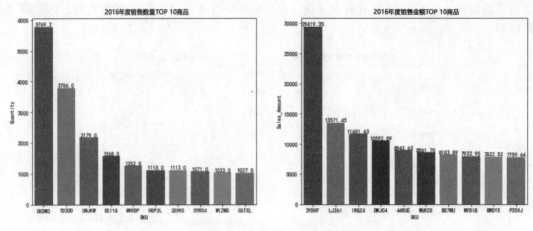

图 10-8　年度销售 TOP 10 商品

8. 客户维度销售数据分析与可视化

（1）每月新增客户数分析

新增客户数是销售业客户增长的重要指标之一。本案例所用数据集仅有 2016 年的销售数据，因此根据每月新出现的客户（Customer_ID）计算出每月新增客户数，在实际应用中该数据分析价值不大，读者可根据实际数据进行新客户的定义。本例中将 Customer_ID 出现的最早日期作为首购日期，从而统计出每月的新增客户数，运行结果如图 10-9 所示。由折线图可发现新增客户数呈逐月下降趋势，因此一方面要采取一定策略提升新增客户数，另一方面要尽量留存高价值客户，提高客户忠诚度，并进行精准营销以达到企业长远发展的目的。

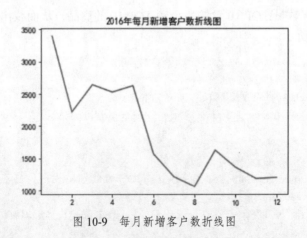

图 10-9　每月新增客户数折线图

```
new_customer = df.reset_index().groupby('Customer_ID')[['Date']].min()
new_customer['Month'] = new_customer.Date.dt.month    # 增加月份列
# 统计每月新增客户数，并按月份排序
new_customer_month = new_customer[['Month']].value_counts().sort_index()
```

```
plt.title('2016年每月新增客户数折线图')
sns.lineplot(x=range(1, 13), y=new_customer_month)
plt.show()
```

（2）客户最近一次购物时间分析

可视化客户最近一次购物的月份，并与首购（每月新增客户）数据进行对比，如图 10-10 所示。

```
last_shopping = df.reset_index().groupby('Customer_ID')[['Date']].max()
last_shopping['Month'] = last_shopping.Date.dt.month
last_shopping_month = last_shopping[['Month']].value_counts().sort_index()
# 统计每月最后一次购物客户数，并按月份排序

plt.title('2016年首购及最近消费分布折线图')
sns.lineplot(x=range(1, 13), y=new_customer_month, label='首购')
sns.lineplot(x=range(1, 13), y=last_shopping_month, label='最近消费')
plt.show()
```

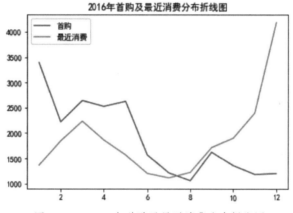

图 10-10　2016 年首购及最近消费分布折线图

（3）客户消费数据分析

根据本案例所用数据集的属性，可先对每位客户的购物数量及购物金额进行统计，并计算出每位客户购买商品单价的均值，对此进行描述性统计分析，运行结果如图 10-11 所示。客户的购物数量均值约为 8.65，而中位数为 3，说明该分布明显右偏，存在少量客户购物数量远大于均值，可看到某客户的购物数量为 814.9，为最大购物数量客户；同样，客户的购物金额均值约为 69.75，而中位数为 23.85，分布明显右偏，存在少量客户购物金额远超过均值，可看到某客户的购物金额为 3985.94，为最高消费客户；可对客户购买商品单价的均值进行类似分析，发现大部分客户的购买商品单价的均值在 10 以内。

```
customer_quantity_salesAmount = df.reset_index().groupby('Customer_ID')[['Quanti
ty', 'Sales_Amount']].sum()    # 每位客户的购物数量和购物金额

customer_quantity_salesAmount['unit_price_mean'] = customer_quantity_salesAmount
.Sales_Amount / customer_quantity_salesAmount.Quantity    # 增加客户购买商品单价的均值列

customer_quantity_salesAmount.describe()
```

	Quantity	Sales_Amount	unit_price_mean
count	22625.000000	22625.000000	22625.000000
mean	8.646384	69.747563	9.166923
std	20.984511	152.307769	9.378134
min	0.330000	0.140000	0.040900
25%	2.000000	10.170000	4.906667
50%	3.000000	23.850000	6.969167
75%	8.000000	63.070000	10.264118
max	814.900000	3985.940000	242.750000

图 10-11　客户购物数量和购物金额等描述性统计数据

　　要对客户购物数量和购物金额进行分布分析，可绘制其联合散点图，并分别绘制购物数量和购物金额的频率分布图。考虑到这两组数据均包含极值点，因此在绘制分布图时，选择不包含极值的 99% 的数据。可视化代码如下，结果如图 10-12 所示，客户购物数量与购物金额呈一定的相关性，大部分客户购物数量较少、购物金额较低。

```python
fig, ax = plt.subplots(1, 3, figsize=(16, 3))

ax[0].set_title('客户购物数量和购物金额分布图')
sns.scatterplot(x=customer_quantity_salesAmount.Quantity, y=customer_quantity_salesAmount.Sales_Amount, ax=ax[0])
ax[0].grid()

ax[1].set_title('客户购物数量分布图')
# 选择不包含极值的99%的数据进行绘制
customer_quantity_salesAmount.query('Quantity <= 8.64 + 3 * 20.98').Quantity.plot.hist(ax=ax[1])

ax[2].set_title('客户购物金额分布图')
customer_quantity_salesAmount.query('Sales_Amount <= 69.75 + 3 * 152.31').Sales_Amount.plot.hist(ax=ax[2])    # 选择不包含极值的99%的数据进行绘制
plt.show()
```

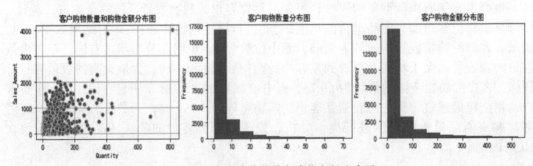

图 10-12　客户购物数量和购物金额分布图

（4）客户购物次数分析

　　可对客户的购物次数进行分析，了解某客户是仅购物一次的客户，还是多次购物的回头客。对客户购物次数进行如下描述性分析，结果如图 10-13 所示。

```
transaction_per_customer = df.reset_index().groupby('Customer_ID')[['Transaction
_ID']].count()
transaction_per_customer.describe()
```

	Transaction_ID
count	22625.000000
mean	5.821260
std	9.887028
min	1.000000
25%	1.000000
50%	3.000000
75%	6.000000
max	228.000000

图 10-13　客户购物次数描述性统计数据

客户购物次数均值约为 5.82，而中位数为 3，存在较大的极值，某客户的购物次数为 228，为最高购物次数客户，可绘制图 10-14 所示的客户购物次数分布图，获知超过 20000 名客户的购物次数较少，可视化代码如下：

```
plt.title('客户购物次数分布图')
transaction_per_customer.Transaction_ID.plot.hist(bins=20)
plt.grid()
plt.show()
```

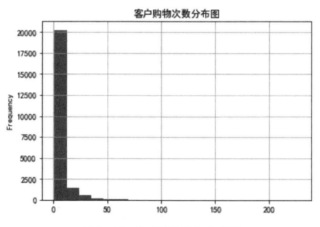

图 10-14　客户购物次数分布图

可对客户进行进一步的购物次数占比分析，运行结果如图 10-15 所示。约有 27.85%的客户仅购物一次，即约有 72.15%的客户有再次购物行为，其中购物次数在 10 次以内的客户约占总客户的 58.92%。

```
shopping_prop = transaction_per_customer.Transaction_ID.value_counts(bins=[0, 1,
10, 50, 100, 228], normalize=True).sort_index()
print('购物次数占比', shopping_prop, sep='\n')
print('购物次数累积占比', shopping_prop.cumsum(), sep='\n')
```

9．客户分层分析

在销售业中，对商家而言，每个客户因其购买能力及对商品的实际需求不同而具有不同的“价值”，建立客户价值模型有助于对客户进行分层分析，以便实施个性化营销策略，获取更高的收益。RFM 模型是衡量客户价值的经典模型，该模型通过客户的近期购物行为、购物频率及购物总金额来描述客户价值。

```
购物次数占比
(-0.001, 1.0]      0.278497
(1.0, 10.0]        0.589215
(10.0, 50.0]       0.123757
(50.0, 100.0]      0.007293
(100.0, 228.0]     0.001238
Name: Transaction_ID, dtype: float64
购物次数累积占比
(-0.001, 1.0]      0.278497
(1.0, 10.0]        0.867713
(10.0, 50.0]       0.991470
(50.0, 100.0]      0.998762
(100.0, 228.0]     1.000000
Name: Transaction_ID, dtype: float64
```

图 10-15　客户购物次数占比分布

R（Recency）：最近一次购物时间与观测结束时间的间隔。R 值越大，表示最近一次购物时间距现在越久。

F（Frequency）：购物频率。F 值越大，表示客户在观测期内的购物次数越多。

M（Monetary）：购物总金额。M 值越大，表示客户在观测期内的累积购物金额越高。

（1）RFM 指标构建

由于本数据集中最后一次销售记录的时间为 2016 年 12 月，因此在本案例中构建 RFM 模型时，可将观测期的结束时间定为 2017 年 1 月 1 日。构建的指标如图 10-16 所示。

```
RFM_df = df.reset_index().groupby('Customer_ID')[['Date', 'Transaction_ID', 'Sales_Amount']].agg({'Date': np.max,
'Transaction_ID': np.size,
'Sales_Amount': np.sum})
RFM_df.rename(columns={'Date': 'Recency', 'Transaction_ID': 'Frequency', 'Sales_Amount': 'Monetary'}, inplace=True)
RFM_df['Recency'] = (datetime.datetime(2017, 1, 1) - RFM_df.Recency) / np.timedelta64(1, 'D')
RFM_df
```

	Recency	Frequency	Monetary
Customer_ID			
1	345.0	2	16.29
10	324.0	1	110.31
100	364.0	2	13.13
1000	321.0	1	21.54
10000	229.0	3	22.28
...	...	...	...
9995	11.0	8	101.05
9996	77.0	9	82.98
9997	121.0	1	5.43
9998	172.0	2	8.99
9999	240.0	3	15.85

22625 rows × 3 columns

图 10-16　RFM 指标提取

（2）数据标准化处理

由于所提取出的 RFM 指标的数据范围差别较大，为了消除不同数据量级对后续建模的影响，可先对数据进行标准化处理，结果如图 10-17 所示。

```
def stdScaler(df):
    df = (df - df.mean()) / df.std()
```

```
        return df

RFM_df2 = stdScaler(RFM_df)
RFM_df2.head()
```

Customer_ID	Recency	Frequency	Monetary
1	1.577788	-0.386492	-0.350984
10	1.396635	-0.487635	0.266319
100	1.741690	-0.386492	-0.371731
1000	1.370756	-0.487635	-0.316514
10000	0.577130	-0.285350	-0.311656

图 10-17　RFM 指标标准化处理

（3）K-Means 客户聚类

本案例将采用 K-Means 算法对客户进行聚类，由于 K-Means 要求明确给出质心数，因此可先对数据进行预训练，以期找到最优的聚类质心数。

```
inertias = []

for k in range(1, 11):# k 为聚类质心数
    kmeans = KMeans(n_clusters=k)
    kmeans.fit(RFM_df2)
    inertias.append(kmeans.inertia_)      # 每个样本点到最近的簇中心的距离的平方和，又叫作簇
内平方和

plt.plot(range(1, 11), inertias, marker='o')
plt.show()
```

运行结果如图 10-18 所示。根据手肘法，当 k=3 时，簇内平方和的下降幅度出现较大转折，因此可将客户的聚类质心数设置为 3，重新建立 K-Means 模型进行客户分层，客户聚类结果如图 10-19 所示。

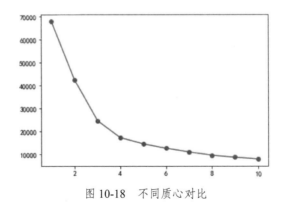

图 10-18　不同质心对比

程序代码：

```
kmeans_mdl = KMeans(n_clusters=3, max_iter=1000, random_state=1024)
kmeans_mdl.fit(RFM_df2)
RFM_df2['Label'] = kmeans_mdl.labels_      # 为客户标注聚类标签
```

```
RFM_df2.head(10)
# 注: 每次客户聚类结果的标签值可能不同
```

	Recency	Frequency	Monetary	Label
Customer_ID				
1	1.577788	-0.386492	-0.350984	0
10	1.396635	-0.487635	0.266319	0
100	1.741690	-0.386492	-0.371731	0
1000	1.370756	-0.487635	-0.316514	0
10000	0.577130	-0.285350	-0.311656	0
10001	-0.190617	0.018078	-0.226630	2
10002	-1.217156	0.827219	0.123385	2
10003	-1.363804	2.344359	1.739520	1
10004	-0.725452	1.939788	2.588787	1
10005	-0.527046	-0.386492	-0.374358	2

图 10-19 客户聚类结果

（4）客户聚类结果分析

对上述客户聚类结果进行特征分析，可为各客户群体分别绘制 Recency、Frequency、Monetary 箱线图，观察特征，判断其所属客户价值。

```
fig, ax = plt.subplots(1, 3, figsize=(12, 3))

ax[0].set_title('各客户群体 Recency 箱线图')
sns.boxplot(data=RFM_df2, x='Label', y='Recency', ax=ax[0])

ax[1].set_title('各客户群体 Frequency 箱线图')
sns.boxplot(data=RFM_df2, x='Label', y='Frequency', ax=ax[1])

ax[2].set_title('各客户群体 Monetary 箱线图')
sns.boxplot(data=RFM_df2, x='Label', y='Monetary', ax=ax[2])

plt.show()
```

运行结果如图 10-20 所示，其中不同客户群体的 R、F、M 特征如下。

R：0 类客户最近一次购物时间距观测结束时间最远，2 类客户次之，1 类客户有着相对最近的消费时间。

F：0 类客户购物频率最低，2 类客户次之，1 类用户有着相对最高的消费频率。

M：0 类客户购物总金额最低，2 类客户次之，1 类客户累积消费金额最高。

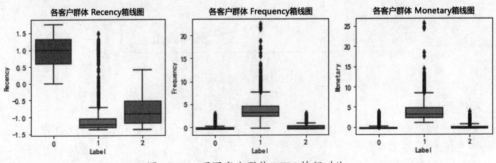

图 10-20 不同客户群体 RFM 特征对比

根据上述聚类结果及 RFM 数据的分布情况可知：

0 类客户，长时间未购物，购物频率低，累积消费金额低，可能已经流失，召回成本较高，在资源有限的情况下，可不针对其进行促销推广；

2 类客户，最近购物时间较远，购物频率一般，累积消费金额不高，属于一般保持客户；

1 类客户，最近有消费记录，购物频率较高，累积消费金额也较高，因此属于重要价值客户，应优先为其分配资源、保证服务质量以提高客户满意度、维持并提高此类客户的忠诚度。

继而对上述不同分层客户进行占比分析，绘制不同客户群体占比饼图，结果如图 10-21 所示（注：百分数精度所限，此饼图总和略小于 100%）。客户分层结果如图 10-22 所示。

```python
RFM_segment = RFM_df2[['Label']].astype('str')
RFM_segment['Label'] = RFM_segment.Label.map({'0': '低价值客户', '2': '一般保持客户', '1': '重要价值客户'})

# 绘制不同客户群体占比图
rfm0 = RFM_segment.reset_index().groupby('Label').count()
plt.title('不同客户群体占比饼图')
explodes = [ 0, 0, 0.1]    # 突出显示"重要价值客户"群体
plt.pie(rfm0.Customer_ID, explode=explodes,
        labels=rfm0.index,
        autopct='%.2f%%', startangle=60 )
plt.show()

RFM_segment.head(10)
```

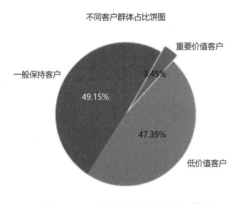

图 10-21　不同客户群体占比饼图

Customer_ID	Label
1	低价值客户
10	低价值客户
100	低价值客户
1000	低价值客户
10000	低价值客户
10001	一般保持客户
10002	一般保持客户
10003	重要价值客户
10004	重要价值客户
10005	一般保持客户

图 10-22　客户分层结果

由此可知，商家的"重要价值客户"仅占 3.45%，占比最高的是"一般保持客户"，"低价值客户"与"一般保持客户"占比较为接近。这意味着商家需要在留住"重要价值客户"的同时，寻找其他成本更低的方法去维护其他客户。

参考文献

[1] 刘浪. Python 基础教程[M]. 北京：人民邮电出版社，2015.

[2] 薛国伟. 数据分析技术[M]. 北京：高等教育出版社，2019.

[3] 郑丹青. Python 数据分析基础教程[M]. 北京：人民邮电出版社，2020.

[4] 魏伟一，李晓红，高志玲. Python 数据分析与可视化[M]. 2 版. 北京：清华大学出版社，2021.

[5] 余本国. Python 数据分析基础[M]. 北京：清华大学出版社. 2017.